KB116826

인간이 만든 물질
물질이 만든 인간

The Alchemy of Us
by Ainissa Ramirez

Copyright © 2020 Ainissa Ramirez
Korean translation copyright © 2022 Gimm-Young Publishers, Inc.
All rights reserved.

This Korean edition is published by arrangement with MIT Press through
Duran Kim Agency, Seoul.

이 책의 한국어판 저작권은 듀란킴 에이전시를 통한 저작권사와의 독점 계약으로 김영사에 있습니다.
저작권법에 의해 한국 내에서 보호를 받는 저작물이므로 무단전재와 무단복제를 금합니다.

인간이 만든 물질
물질이 만든 인간

아이나사 라미레즈

김명주 옮김

오늘의 세계를 빚어낸
발명의 연금술

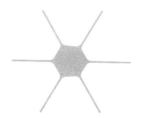

김영사

인간이 만든 물질, 물질이 만든 인간

1판 1쇄 인쇄 2022. 11. 23.
1판 1쇄 발행 2022. 11. 30.

지은이 아이니사 라미레즈
옮긴이 김명주

발행인 고세규
편집 임솜이   디자인 지은혜   마케팅 윤준원   홍보 장예림
발행처 김영사

등록 1979년 5월 17일 (제406-2003-036호)
주소 경기도 파주시 문발로 197(문발동) 우편번호 10881
전화 마케팅부 031)955-3100, 편집부 031)955-3200   팩스 031)955-3111

값은 뒤표지에 있습니다.
ISBN 978-89-349-4335-8 03500

홈페이지 www.gimmyoung.com   블로그 blog.naver.com/gybook
인스타그램 instagram.com/gimmyoung   이메일 bestbook@gimmyoung.com

좋은 독자가 좋은 책을 만듭니다.
김영사는 독자 여러분의 의견에 항상 귀 기울이고 있습니다.

이 책은 해동과학문화재단의 지원을 받아 NAEK 한국공학한림원과 김영사가 발간합니다.

어머니와 할머니께

뭔가를 만진다는 건
그것을 변화시키는 일.

뭔가를 변화시킨다는 건
그것이 당신을 변화시킨다는 뜻.

—

옥타비아 버틀러

— 서문

나는 네 살 때부터 과학자가 되고 싶었다. 그래서인지 뉴저지주의 내가 살던 동네에서 별난 여자애 취급을 받았다. 나는 왜 하늘이 파란지, 왜 나뭇잎의 색깔이 변하는지, 왜 눈 결정이 육면체인지 등 궁금한 게 너무나도 많은 아이였기에, 1970년대 후반부터 1980년대 말 호기심이 이끄는 대로 TV 프로그램을 보다가 결국 과학자가 되어야겠다고 생각했다. 당시 (스폭이 등장하는) 〈스타트렉Star Trek〉, 〈소머즈The Bionic Woman〉, 〈육백만 불의 사나이The Six Million Dollar Man〉 같은 프로그램을 무척 좋아했지만, 과학의 길을 가야겠다고 다짐한 건 공영방송 교육 TV에서 방영된 프로그램 〈3-2-1 콘택트〉를 보고 나서였다. 이 프로그램에는 매회 아프리카계 미국인 여자아이가 나와서 문제를 해결하는 코너가 있었는데, 그 아이가 골똘히 생각하는 모습을 보면마치 나 자신을 보는 것처럼 느껴졌다.

어린 시절의 과학은 이렇듯 즐거움과 경이로 가득했다. 하지만 그 후 과학자가 되겠다는 나의 꿈은 완전히 시들어버렸다. 어느 날 과학 강의를 듣고 있는데 눈물이 핑 돌았다. 어떤 강의도 재미와 경이를 불러일으키는 것과는 거리가 멀었다. 이 무미건조한 수업들은 학생들을 떨구어낼 작정인 것만 같았다. 화학 강의는 모든 과정이 정해진 요리책 같았고, 공학 실습은 증기 기관을 점검하는 것이었으며, 수학은 의욕이 생기지 않았다. 내가 알기로 이 과목들은 그보다는 나은 것이었다. 다행히 선배와

담당 교수의 도움을 받고 도서관에서 많은 시간을 보낸 덕분에 그럭저럭 이 시기를 넘길 수 있었다. 그러다 운 좋게도 경이를 되돌려주는 전공을 찾게 되었다. 그것은 재료과학이라는 그다지 유명하지 않은 분야였다. 나는 재료과학을 통해 우리 세계의 모든 것이 원자의 작용임을 알게 되었다.

재료과학은 내 고향인 뉴저지주와 비슷한 데가 있다. 더 유명한 두 존재 사이에 끼어 있다는 점에서 그렇다. 뉴저지주는 뉴욕시와 필라델피아시 사이에 끼어 있고, 재료과학은 화학과 물리학 사이에 끼어 있다. 재료과학은 뉴저지와 마찬가지로 자기주장을 제대로 하지 못했다. '형제애의 도시' 필라델피아와 '빅애플' 뉴욕이 없었다면 뉴저지는 모두의 추앙을 받는 멋진 주가 되었을 것이다. 뉴저지가 서쪽 어딘가, 이를테면 아이오와주 옆에 있었다면 훨씬 나았을지도 모른다. 누가 뭐래도 뉴저지는 독자적인 역사와 문화가 있고, 무엇보다도 독자적인 태도를 갖고 있으니까. 하지만 '정원의 주' 뉴저지는 위압적인 이웃 도시들의 그림자 속에서 기를 펴지 못하고 있다. 그건 재료과학도 마찬가지다.

진가를 인정받지 못하는 주와 과목에 끌린 것도 있지만, 내가 재료과학을 좋아하게 된 이유 중에는 브라운 대학에서 배운 교수님 말씀에 감동한 것도 있었다. "우리가 바닥을 뚫고 떨어지지 않는 것도, 내 스웨터가 파란색인 것도, 전등이 켜지는 것도 모두 원자들이 상호작용하기 때문"이라고 L. 벤 프룬드 교수는 말했다. 그리고 "원자가 어떻게 작용하는지 알아낼 수 있다면 원자의 움직임을 바꾸어 새로운 일을 시킬 수도 있다"라고 했다. 그 말을 들은 뒤부터 주변의 모든 것이 새롭게 보였다. 나는 연필을 보았다. 연필로 무엇인가를 쓸 수 있는 것은 탄소 원자의 층이 서로 미끄러져 지나가기 때문이다. 나는 내 안경을 보았다. 안경은 빛을 구부림으로써 다른 사람들보다 먼 내 망막에 빛이 닿을 수 있도록 돕는다. 나는 신고 있는 신발의 고무 부분을 보았다. 그것이 내 발에 푹신푹신한 느낌을 주는 것은 꼬인 코일 형태의 분자가 고무에 들어 있기 때문이다. 이 모든 일을 하는 것이 원자였다. 교수님 말씀 한마디에 온 세계가 의미 있는 것으로 변했다. 경이는 돌아왔다. 하지만 그렇게 되기까지 학부시절의 대부분이 걸렸다. 어려운 과학개론 수업에서 포기했다면 이 기회는 물거품처럼 사라졌을지도 모른다. 대학을 졸업하면서 나는 사람들이 과학을 배우는 것을 고통으로 여기지 않도록 내가 할 수 있는 일이라면 뭐든 하겠다고 다짐했다. 이 책에서 나는 그 오래된 약속을 지키려고 한다.

❖

그렇게 다짐한 지 20년 후, 그러니까 과학자가 되고 오랜 세월이 흘렀을 때 이 책에 대한 아이디어가 예기치 않게 떠올랐다. 나는 여전히 경이로운 것을 쫓아다니는 어른이었지만, 이 시점에 배움과 스릴이 반반 섞인 뭔가를 해보고 싶었다. 마침 유리불기가 딱 그런 일처럼 보여서 유리불기 수업에 등록하게 되었다.
　유리불기 수업은 나를 압도하는 것들로 가득했다. 이를테면 레이 선생님이 투명한 유리덩어리를 몇 번쯤 휙 잡아당겨 질주하는 말로 바꾸는 것을 지켜볼 때가 그랬다. 하지만 공포스러운 일도 도사리고 있었다. 바닥에 뜨거운 유리방울을 뚝뚝 흘리면 신발 밑창에 구멍이 날 수 있다며 선생님이 주의를 줄 때가 그랬다. 나는 유리를 연구할 때보다 유리로 뭔가를 만들면서 유리를 더 깊이 이해할 수 있었다. 그런데 나는 얼마 안 가 예상치 못했던 뭔가를 배우게 되었다.

어느 수요일, 나는 일에 지친 상태로 저녁 강좌에 도착했다. 평소 유리불기 수업에 오면 극도로 조심스럽게 유리 용액을 다루었다. 항상 유리 부는 장대를 큰 통에 담가 소량을 감아낸 후 골프공 크기로 부풀려 작은 꽃병 모양으로 만들었다. 그런데 그날 저녁 나는 평소와 달리 안전에 신경 쓰지 않았다.

뉴잉글랜드의 그 겨울밤, 나는 장대 끝에 평소의 세 배나 되는 유리를 감았다. 그러자 유리방울이 바닥에 뚝뚝 떨어졌고, 장대를 지탱하는 내 근육은 거의 한계에 이르렀다. 나는 그래도 개의치 않았다. 입김을 불어넣어 야구공 두 개만큼의 길이로 부풀린 다음 달구고 빚고, 달구고 돌리고, 달구고 빚었다. 어느덧 기운이 난 나는 이 꽃병이 지금까지 내가 만든 것들 중 최고의 작품이 될 것만 같았다. 거의 마지막 단계에 이르렀을 때 나는 꽃병이 달린 장대를 화로에 넣고는 동료들과 잡담을 나누기 시작했다. 그리고 꽃병 외의 다른 것들을 생각하기 시작했다. 그런데 그것은 절대 해서는 안 되는 일이었다.

잡담을 하느라 꽃병을 화로에 너무 오래 두었더니 꽃병이 눈부시게 밝은 오렌지색으로 달구어져 장대 끝에서 축 늘어졌다. 조금 전의 자부심은 온데간데없었다. 나는 유리를 180도 회전시켜보았지만 꽃병은 다시 아래로 축 늘어졌다. 다시 회전시키자 또다시 늘어졌다. 돌리면 처지고, 또 돌리면 또 처졌다. 땀방울이 입술까지 흘러내렸다.

나는 열린 창문으로 들어온 겨울바람이 제발 꽃병을 식혀서 굳혀주기를, 그래서 나를 이 궁지에서 구해주기만을 바랐다. 하지만 작업실의 화로 탓에 실내온도는 바깥 날씨에는 아랑곳없이 열대 기후를 유지했다. 나는 어쩔 줄을 몰랐고 유리병도 그것을 눈치 챈 듯했다.

이윽고 꽃병은 스스로 문제를 해결했다. 내가 장대를 다시 돌리자 꽃병이 바닥으로 떨어진 것이다. 나는 혹시 피부에 유리 파편이 박히지 않았는지 확인했지만 괜찮았다. 하지만 바닥에 널브러져 팔딱거리고 있는 꽃병은 괜찮지 않았다.

큰 소리로 레이 선생님을 부르자 선생님이 석면 장갑을 끼고 달려왔다. 그는 꽃병을 퍼 올려 내 장대에 다시 붙여서 화로에 넣었고, 얼마 후 다시 꺼내 내 작업대로 가져왔다. 레이 선생님은 장대를 앞뒤로 굴리며 꽃병의 다문 입술을 열고, 축축한 나무 블록으로 납작해진 옆면을 둥글게 만들었다. 꽃병은 살아나고 있었지만 이제 새로운 형태가 되었다.

유리병도 나도 진정이 좀 되었을 때 나는 방금 일어난 일을 차분히 생각해보았고 그때 어떤 생각이 떠올랐다. 내가 유리를 빚었지만 그 유리가 다시 나를 빚고 있었던 것이다. 나는 유리를 바닥에 떨어뜨렸을 때조차 유리의 형태를 만들고 있었다. 그 수요일 밤의 꽃병 만들기는 나의 기분을 풀어주었을 뿐 아니라, 내가 유리와 재료 전반을 더 깊이 이해하게 만들었다. 이런 생각은 좀 실존주의적일지도 모르지만 나는 그 사건에서 이 책에 대한 영감을 얻었다. 즉 물질과 인간이 서로의 형태를 만들고 있다는 생각을 토대로, 역사 속에서 물질 재료가 우리를 어떻게 빚었는지 탐구해보기로 했다.

◈

이 책에서 나는 발명가가 어떻게 재료를 빚었는지를 보여줄 뿐 아니라, 그런 재료가 어떻게 문화를 형성했는지도 소개할 참이다. 동사를 제목으로 하는 각 장에서, 재료가 어떻게 그 동사의 의미를 만들어냈는지 볼 수 있을 것이다. '쿼츠' 시계는 우리가 교류하게 했고, '강철' 철도 레일은 연결하게 했고, '구리' 통신케이블이 전하게 했고, '은' 사진필름은 포착하게 했고, '탄소' 전구 필라멘트는 보게 했고, '자기' 하드디스크는 공유하게 했고, '유리' 실험기구는 발견하게 했고, '실리콘' 칩은 생각하게 했다. 나는 과학기술에 대한 책들에서 대체로 빠져 있는 부분을 보충하기 위해 무명 발명가의 이야기를 소개하거나 유명한 발명가들을 다른 각도에서 조명하려 했다. 빠진 조각, 즉 역사에서 아무도 언급하지 않는 부분을 조사하기로 한 이유는 그 부분 또한 우리 문화를 만드는 데 기여했기 때문이다. 내가 '그 밖의 사람들'을 비출 때, 보다 많은 사람들이 그곳에서 자신의 모습을 발견했으면 좋겠다. 또한 나는 과학의 재미와 경이가 더 많은 사람들에게 전해지기를 바라는 마음으로 이 책에서 스토리텔링 기법을 사용했다.

이 책을 읽고 여러분이 주변에 넘쳐나는 과학기술의 진가를 이해하기를 바란다. 또한 여러분에게 위기감이 전해지기를 바란다. 인간의 미래를 최선으로 만들기 위해서는 우리 자신을 둘러싼 도구들에 대해 비판적으로 생각할 필요가 있다. 이 책을 통해 그런 관점을 기를 수 있기를 바란다. 이 책에서 여러분은 화젯거리를 많이 발견할 수 있을 것이며, 반복해서 되새겨볼 것들도 얻을 수 있을 것이다.

이 책 전반에 걸쳐 나는 세계에 대한, 역사에 대한, 그리고 서로에 대한 새로운 관계를 창조하려고 노력했다. 과학과 문화의 연결이라는 것이 어지러운 개념처럼 보일지도 모르지만, 20세기의 사회학자라고 불러도 무방한 마돈나가 〈머티리얼 걸Material Girl〉에서 우리는 물질계에 살고 있다고 노래할 때 이 둘은 연결되었다. 마돈나가 전적으로 옳았다. 우리를 둘러싼 모든 것은 무언가로 이루어져 있다. 그런데 우리는 물질계에 살고 있을 뿐 아니라, 물질과 춤을 추고 있기도 하다. 우리는 물질을 빚지만 물질도 우리를 빚는다. 이것이 그 겨울밤 일그러진 꽃병이 내 마음에 심어준 교훈이다. 꽃병의 희생이 헛되지 않도록 이제부터 어떻게 '우리가 물질을 빚고 물질이 우리를 빚는지' 살펴보도록 하자.

코네티컷주 뉴헤이븐에서
아이니사 라미레즈

INTERACT

1

교류하다

작은 금속 스프링과 진동하는 광석은 정교한 시계를 탄생시켜 더 넓은 지역의 많은 사람들과 교류할 수 있게 했지만, 우리는 그로 인해 귀중한 무언가를 놓치게 되었다.

루스와 아놀드

그날도 시계처럼 정확히 문 두드리는 소리가 났다. 1908년 가을 어느 월요일, 여느 월요일과 마찬가지로 루스 벨빌이라는 이름의 여성이 런던의 한 시계점 입구에 서 있었다.[1] 그녀는 어두운 색 드레스를 입고 있었다. 두툼한 옷감이 몸을 감싸고 있었지만 넓은 허리띠로 조인 허리는 그녀가 마른 체격임을 암시했다. 발목까지 오는 긴 치맛단이 넓게 그림자를 드리워 신발은 보이지 않았다. 머리카락은 모자 밑으로 단정하게 쓸어 올렸고, 팔에는 수수하지만 커다란 가방이 걸려 있었다. 그녀는 시계점 입구에서 시간을 의식하며 누군가를 목이 빠지게 기다렸다. 이윽고 문이 열렸고, 시계점 주인이 매주 찾아오는 손님을 맞이하며 "안녕하세요, 벨빌 양. 오늘 아놀드는 어때요?"라고 물었다.

그림1。 그리니치 천문대 입구에 서 있는 루스 벨빌Ruth Belville, 1854~1943. 여기서 정확한 시간 정보를 얻은 후 런던 전역을 도보로 돌며 시간을 배달했다.

벨빌은 "안녕하세요! 아놀드는 4초 빨라요"[2]라고 대답하고, 가방에서 회중시계를 꺼내 시계점 주인에게 건넸다. 주인이 그것으로 시계점의 기준 시계를 점검한 후 회중시계를 돌려주면 그녀는 그곳을 떠났다. 거래는 완료되었다. 루스 벨빌은 '아놀드'라는 이름의 회중시계로 시간을 파는 특이한 사업을 하고 있었다.

20세기 초에 세계는 지금이 몇 시인지 알기 위해 애를 썼다.

그림 2。 벨빌 가문의 회중시계 아놀드. 1세기 넘게 런던 고객에게 시간을 배달하는 데 사용되었다.

초기 해시계와 물시계, 그리고 그 뒤의 모래시계는 각각 그림자의 움직임, 낮아지는 액체의 수위, 공간을 채우는 모래로 시간의 행진을 시각적으로 보여주었다. 그러나 정확히 몇 시 몇 분인지 알기 위해서는 천문 관측과 계산이 필요했다. 그런 정보는 영국 그리니치 왕립 천문대 같은 관측소에 있었다. 그날의 정확한 시간을 알려면 그리니치에 있는 천문학의 안식처를 찾아가야 했다.

많은 업종에서 일을 제대로 하려면 정확한 시간을 알아야 했다. 예상할 수 있다시피 기차역이나 은행, 그리고 신문사는 지금 몇 시인지 알아야 했다. 그곳들만이 아니었다. 1870년대 영국에서는 지정된 시간 이후에는 술을 팔 수 없도록 하는 엄격한 법이 시행되어 선술집, 주점, 호프집도 시간을 알아야 했다. 법을 위반하면 면허와 생계수단을 잃을 수도 있었다. 런던의 다양한 사업자들이 천문대의 정확한 시간을 필요로 했지만 그것을 알기 위해 십여 킬로미터나 떨어진 곳까지 찾아갈 여유는 없었다.[3]

루스 벨빌은 그런 고객들에게 시각을 배달했다. 일주일에 한 번, 그녀는 메이든헤드에 있는 자신의 작은 집에서 50킬로미터 동쪽인 런던까지 세 시간을 여행했고, 거기서 그리니치 천문대로 향했다. 9시 정각에 천문대 문 앞에 도착해 벨을 누르면, 문지기가 인사를 하며 그녀를 정식으로 맞아들였다.[4] 직원이 다가오면 벨빌은 자신의 시계 아놀드를 건네주었다. 기다리면서 차를 마시고 문지기와 잡담을 나누는 동안 그 직원이 그녀의 시계를 천문대의 표준 시계와 비교했다. 그러고는 돌아와, 아놀드가 가리키는 시각과 천문대 시계의 차이가 기록된 증명서와 함께 아놀드를 루스에게 돌려주었다. 루스는 자신의 믿음직한 시계와 증명서를 들고 언덕을 내려와 템스 강변에서 페리를 탔다. 그리고 런던의 고객들을 찾아갔다.

◆

루스 벨빌이 고객에게 시간을 배달하던 시절은 시계에 맞춰 생활하는 습관이 만개했을 때였다. 시계가 생기기 전과는 생활이 달라졌다. 이 변화를 아이가 태어나 성인이 되며 경험하는 일에 비유해볼 수 있다. 아기는 자기만의 고유한 시계를 가지고 태어나 그것에 따라 밥을 먹고 잠을 자고 놀이를 한다. 하지만 어른이 되면 이런 생물학적 신호와 이별하고, 시계에 맞춰 등교하고 쉬고 하교한다. 사회도 자연의 신호에서 시계로 비슷한 변화를 겪었다. 애초에는 일출, 남중, 일몰 같은 기준을 정해 태양의 위치를 보고 시간을 지켰다. 그래서 시계가 생기기 전에 사회는 정확한 시간 약속을 하지 않았다. 시계가 생기자 몇 시 몇 분에 만나는 것이 가능해졌지만, 시계와 함께 올더스 헉슬리가 말한 '속도의 해악 vice of speed'[5]도 생겨났다. 시계가 생기기 전에는 약속한 사람이 올 때까지 무작정 기다렸다. 하지만 오늘날 미국에서는 약속 시간에서 20분 이상을 기다리지 않는다.[6] 시간을 정확하게 지키는 습관은 사회를 바꿔놓았고 삶의 모든 측면에 영향을 주었다. 시간 관리가 초래한 변화들 중 하나는 밤늦게까지 깨어 있는 것이다. 사회가 시계에 맞춰 움직이면서 사람들의 수면방식이 바뀌었다.

옛날의 잠

우리 조상들은 다른 방식으로 잠을 잤다. 잠을 오래 자지 않았고 푹 자지도 않았다. 현대인의 눈으로 보면 그들의 수면방식이 잘 이해되지 않을지도 모른다. 산업혁명 이전의 조상들은 밤을 둘로 쪼개어 잠을 잤다.[7] 그때를 재현해보자. 사람들은 오후 9시나 10시경 잠자리에 들어 세 시간 반 동안 잔다.[8] 자정이 지나면 벌떡 일어나 한 시간쯤 깨어 있다가, 다시 피곤해지면 침대로 돌아가 세 시간 반 정도 선잠을 잔다. 이 두 번의 얕은 잠을 '일차 수면'과 '이차 수면'으로 불렀고, 이것이 보통의 수면방식이었다.

지금의 우리와 달리 우리 조상들은 한밤중에 깨는 것에 대해 걱정하지 않았고, 그것이 병은 아닌지 고민하지도 않았다. 사실 우리와는 반대로, 조상들은 밤에 깨는 것을 즐겼다. 그 하프 타임을 이용해 글을 쓰고, 책을 읽고, 바느질과 기도를 하고, 화장실에 가고, 먹고, 청소하고, 이웃들과 잡담을 나누었다(아마 이웃들도 꼭두새벽에 깨어 있었을 것이다).[9] 이 한밤의 무리에게 다시 졸음이 오면 하프타임이 끝나고 수면 2막이 이어졌다.

이런 식으로 끊어서 자는 것, 즉 분할 수면은 우리 현대인에게 생소할 뿐 실은 적어도 2,000년 넘게 지속된 아주 오래된 관습이다. 현재 분할 수면을 기억하는 사람은 거의 없지만, 옛날 책에서 그 증거를 찾을 수 있다. 호메로스의《오디세이아Odysseia》(기원전 750년경)와 베르길리우스의《아이네이스Aeneis》(기원전 19년) 같은 고대 문헌에는 '일차 수면'에 대한 언급이 있다.[10] 그 밖에도《돈키호테Don Quixote》(1605),《모히칸족의 최후The Last of the Mohicans》(1826),《제인 에어Jane Eyre》(1847),《전쟁과 평화War and Peace》(1865), 찰스 디킨스의《피크위크 클럽의 기록The Pickwick Papers》(1836)을 비롯한 많은 고전문학에 '일차 수면'이 언급된다.[11] 19세기에 발행된 신문들에도 일차 수면과 이차 수면에 대한 언급이 무수히 많다.[12]

서양 문화에서 분할 수면은 일상의 일부였지만, 20세기 초에 사라졌다. 산업혁명이 원투 펀치로 우리의 수면패턴을 바꾸었다. 첫 한 방은 인공조명의 발명이 날린 직접적이고 분명한 펀치였다.[13] 두 번째는 시계와 함께 우리 안에 시간 관리 욕구가 싹트면서 찾아온 교묘하고 문화적인 타격이었다. 인공조명이 어둠을 밀어내며 낮을 연장시켰고, 이에 더해 우리는 시간이라는 것, 시간 엄수, 시간을 낭비하지 않는 것에 집착하게 된 것이다. 그 결과, 이런 시간 강박이 우리의 수면패턴에 영향을 미치는 것은 시간 문제였다.

청교도는 17세기에 북아메리카에 오면서 많은 것을 가져왔다. 그중 하나가 시간 감각과 시간을 현명하게 사용해야 한다는 믿음이었다. 이 종교적 가치관은 훗날 자본주의와 만나 '시간은 돈'이라는 벤저민 프랭클린의 금언으로 둔갑했다. 이런 사고방식에 따라 시간을 점점 의식하는 문화가 생겼고, 사람들의 행동과 교류는 시간의 관리를 받게 되었다. 공장도 규칙적인 박동을 갖게 되었다.[14] 노동자들에게 시계 종소리로 작업의 시작과 끝, 그리고 생산 속도를 높여야 할 시점을 알린 것이다. 그런데 이 규칙적인 리듬은 공장 담벼락 안에만 머물지 않았다. 가정 생활도 공장을 중심으로 돌아가기 시작했다. 언제 일어나고, 언제 먹고, 언제 집을 나서고, 언제 귀가하고, 언제 잘지 등 가정 내의 모든 일이 공장의 박동에 따라 움직였다.

요즘 세상에 태어나 자란 사람들은 시간에 대한 강박관념이 19세기에 생긴 것이라고 하면 어리둥절할 것이다. 루스 벨빌의 시간 유통 사업은 그런 시대의 산물이었다. 당시의 신조어들은 새롭게 나타난 시간에 대한 광적인 열기를 잘 보여준다.[15] 예를 들어 스포츠에서 경기를 잠시 중지하는 것을 '하프타임'(1867년에 축구에서 생김) 또는 '타임아웃'(1896년에 생김)이라고 불렀다. H. G. 웰스의 《타임 머신The Time Machine》(1895) 등 과학소설 분야의 인기 있는 책들은 시간 여행이라는 개념으로 독자를 들뜨게 했다. 표준시(1883년)가 탄생하면서 전 세계가 그리니치 표준시(1847년에 생김)에 따라 동기화된 시간망으로 연결되었고, 이에 따라 타임라인timelines(1876년), 시간대time zones(1885년), 타임스탬프time stamp(1888년, 편지·문서의 발송·접수 날짜·시간을 남기기 위한 기록-옮긴이)가 생겼다. 사람들은 자신이 언젠가는 죽는다는 사실을 의식하고서 뭔가를 기술할 때 '시간 범위time span'(1897년)라든지 '시간 한계time limit'(1880년)라는 말을 사용했다. 또 뭔가가 구식이라고 생각하면 '시대에 뒤처졌다behind the times'(1831년)고 지적했다. 누군가가 감옥에 가면 '형을 살고 있다doing time'(1865년)고 말했다. 무엇보다 사람들은 대체로 '시간에 맞춰 돌아가는timewise'(1898년) 사회에서 살고, '시간표timetable'(1838년)를 지키고, '시간을 잘 활용하기making good time'(1838년)를 바랐다. 사회는 점점 더 시간을 의식하게 되었다. 잠을 포함해 삶의 모든 측면이 시간의 영향을 받았다.

루스 벨빌이 시간을 파는 특이한 사업에 뛰어들었을 때, 우리와 다른 방식으로 잠을 자고 있던 런던의 고객들 사이에는 지금이 몇 시인지 알고 싶은 욕구가 커지고 있었다. 사업상 '그리니치 타임 레이디'라고 불린 루스는 자신의 회중시계를 가지고 다니며 시간을 알고 싶은 고객들에게 정확한 시간을 배달했다. 루스는 회중시계 아놀드 덕분에 시간 서비스를 제공할 수 있었지만, 아놀드의 첫 주인은 루스가 아니었다. 루스의 어머니도 죽을 때까지 같은 일을 했고, 어머니는 남편이 시작한 이 이색적인 사업을 남편이 죽은 후 이어받았다. 루스의 가족은 총 104년 동안 시간 배달 사업을 한 셈이다.

벨빌 가족이 이 사업에 뛰어든 건 우연이었다. 루스의 아버지 존 헨리 벨빌은 기상학자 겸 천문학자로 그리니치 천문대에서 산더미 같은 일을 묵묵히 해나가던 사람 좋은 남자였다. 하지만 힘든 일을 도맡아 묵묵히 해나가던 그도, 관측을 위해 정확한 시간을 알고 싶은 지역 천문학자들이 찾아와 자꾸 일을 방해하자 점점 짜증이 나기 시작했다. 결국 그는 예고도 없이 천문대로 찾아와 연구를 방해하는 방문객을 상대하느니 차라리 시간을 알고 싶은 사람들에게 시간을 배달하는 편이 낫겠다고 생각했다. 헌신적이고 매너가 좋았던 존 벨빌은 거의 200명에 이르는 고객에게 시간을 제공했다.[16]

1856년 7월 13일에 존 벨빌은 죽으면서 자신의 시계를 세 번째 아내 마리아 엘리자베스에게 남겼다.[17] 남편이 연금을 남기지 않아서 두 살배기 딸 루스를 데리고 먹고살 방편을 찾아야 했던 부인은 남은 평생 동안 100명의 고객들에게 시간을 팔았다. 그리고 1892년에 38세 루스가 아놀드를 물려받아 가업을 이어갔다.

아놀드의 공식 명칭은 1786년에 그것을 만든 시계공의 이름을 딴 '존 아놀드 No. 485'였다.[18] 아놀드는 매우 정확한 크로노미터(정밀도가 높은 휴대용 태엽 시계 – 옮긴이)로, 일반 회중시계보다 더 정교했다. 전설에 따르면 아놀드는 원래 왕족, 구체적으로 조지 3세의 아들 서식스 공작을 위한 선물로 설계되었다고 한다.[19] 하지만 서식스 공작은 그 시계가 너무 크다고 생각해 "침대 데우는 다리미"[20] 같다면서 거절했다. 공교롭게도 서식스 공작이 왕립 천문대와 연고가 있었고, 그 인연을 통해 아놀드가 존 벨빌의 손에 들어오게 되었다. 그때는 마침 시간 유통 서비스가 생겨났을 때였다. 아놀드는 원래 금 케이스에 들어 있었지만, 루스의 아버지 존 벨빌은 도둑의 눈길을 끌지 않도록

은 케이스를 만들었다. 하지만 아놀드의 아름다움은 외부가 아니라 내부에 있었다. 아놀드의 흰색 에나멜 문자판과 금 시곗바늘 밑에는 놋쇠 톱니바퀴, 루비 회전축, 강철 스프링 등 동시에 작동하는 재료들이 놓여 있었다. 이 18세기 시계는 1초에 5회 진동했는데, 이것은 오늘날의 기준에 비추어 봐도 대단한 성능이다.

❖

시계 아놀드는 오랜 전통의 일부이다. 시간을 아는 것은 태곳적부터 인간이 추구해온 일이기 때문이다. 해시계와 물시계는 시간이 간다는 느낌을 준다. 하지만 자로 재듯 정확하게 시간을 측정하려면 셀 수 있는 규칙적인 패턴이 필요했다. 전해지는 말에 따르면, 갈릴레오는 피사의 대성당에서 램프가 규칙적으로 흔들리는 것을 관찰하고, 자신의 맥박을 이용해 램프가 안정적이고 변함없는 리듬, 즉 '고유 주파수'로 왔다 갔다 한다는 것을 알아냈다. 이 간단한 발견이 바로 사회가 오래 기다려온, 시간을 측정하는 방법이었다. 곧이어 진자시계(추시계)가 출현했고, 더 나중에 아놀드처럼 크기가 작은 회중시계가 등장해 내부 스프링을 사용해 시곗바늘을 움직였다. 하지만 아놀드처럼 크기가 작은 시계를 만들기는 쉽지 않았다. 시곗바늘이 시각을 정확하게 나타내려면 내부 스프링의 조성이 균일해야 했기 때문이다. 시계 제조에는 좀처럼 진전이 없었다. 시계 수리를 무척 성가시게 느꼈던 18세기 영국의 한 시계공이 나설 때까지는 말이다.

벤저민 헌츠먼의 시계

벤저민 헌츠먼Benjamin Huntsman, 1704~1776은 시계만 보면 짜증이 났다. 1704년에 영국 엡워스에서 태어난 헌츠먼은 영리하고, 창의적이고, 솜씨 좋은 시계공이었다.[21] 그 마을에서 그는 자물 쇠부터 시계, 공작 기계, 전동 회전식 고기 굽기 장치까지 못 고 치는 기계가 없는 만능 수리꾼이었다.[22] 하지만 그런 기술과 눈 썰미를 가지고도 시계만큼은 자신이 없었다. 시계는 금속 스프 링의 질이 조악해서 시간이 잘 맞지 않았다.

시계 안에는 시계를 가게 하는 장치가 들어 있다. 진자가 왔 다 갔다 하는 시계도 있고, 금속 스프링과 평형 바퀴의 조합으 로 가는 작은 회중시계도 있다. 나선형으로 감겨 있는 스프링 은 흉강처럼 팽창했다 수축했다 하면서 시계를 가게 한다. 스프 링이 헐떡이면 시계가 빨리 가고, 심호흡을 하면 시계가 느리게 간다. 시계가 정확하게 가기 위해서는 규칙적으로 숨을 들이쉬 고 내쉬는, 유연하고 결함 없는 금속 스프링이 필요하다.

안타깝게도 헌츠먼의 수중에 있는 금속들은 균질하지 않았 다. 성분들이 고루 섞여 있지 않은 데다, 불필요한 입자를 함유 하고 있기 때문이었다. 성분이 고루 섞이지 않으면 시계가 불규 칙적으로 움직였고, 불순물이 있으면 스프링이 쉽게 부러졌다. 어느 쪽도 정확한 시계에 도움이 되지 않았다.

더 나은 시계태엽 스프링을 만들기 위해 헌츠먼은 처음에 블 리스터강이라는 금속에 주목했다. 블리스터강은 철에 탄소를 첨가해 만들었다. 탄소를 첨가하기 위해 제강업자들은 막대 모양의 철을 용광로에 넣고 시뻘겋게 가열한 후 그 쇠막대를 숯 조각으로 둘러쌌다.[23] 닷새가 지나면 쇠막대가 숯 조각으로부터 많은 양의 탄소를 끌어들였지만, 그 대부분이 숙성이 제대로 안 된 스테이크처럼 표면 근처에 있었다. 이 성분들을 좀 더 섞기 위해 제강업자들은 쇠막대를 달궈 말랑말랑하게 만들어 망치로 납작하게 폈다. 그런 다음 그것을 포개어 접었다. 이 방법은 탄소를 결합시키는 데는 확실히 도움이 되었지만, 불순물 입자를 제거하는 데는 아무 도움이 되지 않았다. 헌츠먼은 다른 방법을 생각해내야 했다.

동커스터(잉글랜드)의 시계작업장에 있던 어느 날, 헌츠먼은 단순하지만 혁명적인 아이디어를 생각해냈다. 금속을 완전히 녹이는 것이었다. 금속이 녹으면 성분들이 더 잘 섞여 탄소가 균일하게 섞일 것이었다. 게다가 불순물 입자는 녹은 금속보다 가볍기 때문에 위에 떠서 기름과 물처럼 분리될 것이다. 그러면 그것을 제거하기만 하면 된다.

◆

몰래 실험을 시작한 헌츠먼은 외부 세계와 거의 교류하지 않은 채 혼자 작업하면서 수백 번의 실패를 거듭했다. 그의 실험 기록은 불에 타 사라졌지만 실패작들이 동커스터 작업장 밖에 묻혀 있었다.[24] 이 실패한 실험에서 그는 탄소를 섞고 불순물 입자를 제거하려 했다. 이렇게 10년을 노력한 끝에 1740년경 헌츠먼은 마침내 원하던 강철을 완성했다. 그는 자신이 해낸 것을 기념하기 위해 그것으로 시계를 만들었다.

그림 3。 1900년의 이 광고는 벤저민 헌츠먼의 이름이 고품질 도가니강의 증표였음을 보여준다(헌츠먼의 사진은 남아 있지 않다).

그림 4。 20세기 셰필드(잉글랜드)의 노동자가 용융철을 담는 도가니를 만들기 위해 반죽을 밟고 있다. 반죽을 밟으면 (도가니에 금이 가서 강철이 새게 만드는) 자갈과 공기주머니를 확실하게 찾을 수 있었다.

헌츠먼의 성공 비결은 용융 금속을 담는 용기를 발명한 것이었다. 이 용기, 즉 도가니는 높은 골동품 꽃병처럼 생겼고, 재료는 도자기였다. 도자기는 무거운 금속의 중량을 지탱할 수 있을 뿐만 아니라 뜨거운 금속의 열도 견딜 수 있었다. 헌츠먼은 네덜란드에서 들여온 도자기를 갈아 거기에 '스투어브리지 Stourbrige 점토'라고 하는 잉글랜드산 특수 점토와 흑연을 첨가했다.[25] 그다음에 거기에 물을 타서 믿음직한 장인에게 반죽을 맨발로 8~10시간 동안 밟게 했다.[26] 맨발로 밟으면 반죽에서 공기가 빠져나가고, 점토에 섞인 자갈도 찾아낼 수 있었다. 공기와 자갈이 들어가면 도가니에 금이 가서 강철이 새게 된다.

점토를 반죽해 모양을 빚은 다음에는 건조시켜서 가마에 넣고 구웠다. 도가니가 완성되면 강철 만들기가 시작되었다.

헌츠먼은 셰필드(강철 제조 중심지) 근처에 새로 차린 작업장에서 자신의 방법을 완성했다. 장인들은 도가니에 작은 블리스터강 조각들을 넣은 다음 그 도가니를 용광로에 집어넣고 다섯 시간 동안 가열했다. 그리고 도가니를 꺼내 위에 뜬 불순물이 딸려 들어가지 않도록 조심해가며 쇳물을 거푸집에 부었다. 다 부었을 때 거푸집 안의 금속이 바로 '도가니강'이었다. 그것은 균질하게 섞인 금속으로, 균일하게 팽창하고 수축하는 정교한 시계 스프링이 될 수 있었다. 벤저민 헌츠먼의 발명으로 더 훌륭한 시계가 만들어졌다. 그 스프링은 회중시계에도, 벽시계에도 쓰였을 것이다. 그리고 루스 벨빌이 런던 전역으로 들고 다니며 시간을 제공한 아놀드에도 그것이 쓰였다.

그림 5。 셰필드의 노동자가 도가니에 담긴 뜨거운 액체 금속을 틀에 쏟아붓고 있다. 금속의 순도를 유지하기 위해 액체 표면에 뜬 불순물이 틀에 들어가지 않도록 조심했다.

루스 벨빌은 왕립 천문대에서 정확한 시간을 얻은 후 아놀드와 함께 런던 닥스London Docks로 향했고, 거기서부터 런던을 종횡으로 움직이며 다양한 장소들을 헤쳐 나갔다. 먼저 런던 동쪽으로 가서, 세속적이고 악취로 가득한 항구에 시간을 제공했다. 그후 서쪽 끝의 부촌인 옥스퍼드가街, 리젠트가, 본드가로 건너가 고급 상점과 보석상들(왕실 보석상을 포함해[27])에게 시간을 배달했다. 다음에는 방향을 북쪽으로 돌려 베이커가의 공장과 상가로 갔다. 그런 후 남쪽으로 가서 교외의 개인 고객들을 방문했다. 마지막으로는 두 백만장자에게 시간을 전달했다. 그들은 높은 신분의 상징인 그리니치 표준시를 자신의 집에서 누렸다.[28] 그동안 틈틈이 런던 중심부를 가로질러 은행들에도 시간을 제공했다. 그러고 나면 그녀는 긴 하루를 마치고 메이든헤드의 집으로 돌아왔다. 그리고 일주일 후 똑같은 경로를 반복했다.

루스는 핸드백에 아놀드를 넣은 채 석탄 먼지로 덮여 있고 군데군데 말똥이 떨어진 자갈 포장길을 걷고 또 걸었다. 주머니 사정에 여유가 있을 때는 노면전차, 지하철, 기차 같은 대중교통을 이용했다. 도시의 삶은 고단하고, 더럽고, 벼랑 끝에 서있는 것처럼 위태로웠다. 대기에는 매연과 안개가 자욱했다. 게다가 행상들이 지르는 소리, 타닥타닥 말발굽 소리, 이따금 덜커덩거리며 지나가는 자동차 소리가 만들어내는 불협화음이 상존했다. 루스는 이런 도시 거리를 몇 시간이고 걸으며 근근이 생계를 꾸려갔다. 그녀는 여성이 투표할 수 없던 시절의 여성 사업가였다. 체력 좋다는 말을 들었던 루스는 내면도 강인하

그림 6。 뉴욕 시민들이 '세계에서 가장 정확한 공공 시계'가 전시된 쇼윈도 주위에 모여 자신의 시계를 맞추고 있다. 쿼츠 광석을 이용해 시계침을 움직이는 이 시계는 벨 연구소의 연구자 워런 매리슨이 만들었다.

고 굳세었으며, 타고난 친화력으로 남자들이 지배하는 세계를 헤쳐 나갔다. 루스와 아놀드는 런던의 일상에 없어서는 안 되는 조합이었다.[29]

벨빌이 일을 접기 얼마 전, 또 다른 시계가 사람들이 이주해 가기 시작한 미국에 설치되었다. 루스는 1인 여성 사업가로서 가파른 언덕을 올라 도시 외곽으로 정확한 시간을 배달했지만, 그녀가 일을 접을 무렵 뉴욕 시민들은 정확한 시각을 얻기 위해 시내로 몰려갔다.

1939년에 맨해튼 풀턴가 모퉁이인 브로드웨이 195번지에 아르데코풍의 기계 장치가 미국전신전화회사AT&T 본사 쇼윈도에

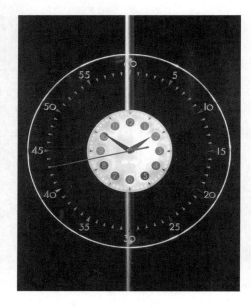

그림 7。 '세계에서 가장 정확한 공공 시계'의 문자판은 직경이 1미터 가까이 되었다. 초침이 분침보다 훨씬 길어서, 보행자들이 자신의 시계를 공공 시계에 정확히 맞출 수 있었다.

설치되었다. 그것은 시계였지만 그냥 시계가 아니었다. 그 시계는 세계에서 가장 정확한 공공 시계로 요란하게 선전되었다. 매일, 특히 정오부터 오후 2시까지 수백 명의 보행자가 그곳으로 순례를 왔다.[30] 그들은 쇼윈도 앞에 멈춰 선 채 손가락을 시계 용두에 올려놓고서 공공 시계의 초침이 꼭대기에 이르기를 기다렸다가 자신의 시계를 정확하게 맞추었다. 이 시간 순례자들은 몰랐겠지만, 이런 시계가 가능했던 것은 어느 무명 과학자가 벤저민 헌츠먼의 스프링을 다른 재료로 대체한 덕분이었다. 직경이 거의 1미터에 이르는 문자판 뒤에서 스프링 대신 시계를 움직인 것은, 특별한 성질을 지닌 수정(쿼츠)이라는 광석이었다. 그리고 수정의 조련사는 과학자 워런 매리슨이었다.

흔들거리는 광석

워런 매리슨은 캐나다에 사는 영리하고 조용한 소년이었다. 1910년대 당시 장소와 시대를 잘못 타고난 것처럼 보였던 그는 평생 동안 이것을 바로잡으려고 시도했다. 1896년에 캐나다 온 타리오주 인버러레이에서 태어나서 그가 최초로 이루어낸 큰 성과는 아버지의 양봉장에서 도망친 것이었다.[31] 젊은 매리슨 에게는 양봉업자가 되는 것보다 더 원대한 포부가 있었다. 시대 에 뒤처진 작은 시골 동네에서 워런은 전기電氣를 꿈꾸었고, 꿈을 이루기 위해 열심히 공부해 미국으로 갔다. 그리고 자신이 원하는 것을 얻었다.

1921년에 그는 아내와 함께 뉴욕으로 건너가서 첫 직장으로 웨스턴 일렉트릭사의 엔지니어링 부문(나중에 벨 연구소로 이름 을 바꾸었다)에 입사했다. 그 전화회사의 연구 부문이었던 벨 연 구소는 매리슨이 입사한 지 몇 년 후 웨스턴 일렉트릭사에서 떨어져 나와 AT&T에 흡수되었다. 지금도 그 자리에 그대로 있 는 13층짜리 연구소 건물은 뉴욕 베튠가의 한 모퉁이인 웨스트 가 463번지에 있다. 매리슨이 도착하고 나서 10년 후, 지금은 하이라인 공원으로 남아 있는 고가 철도가 그 건물 3층을 통과 하며 건물을 주기적으로 진동시켰다. 이 벨 연구소 건물은 콘크 리트 고층 건물로 그리 아름답지는 않았지만, 운 좋게도 건물 내부에서는 상상력이 무럭무럭 자라나고 있었다.

건물 안에서는 매리슨 같은 과학자 '일벌들'이 양복과 넥타 이 차림으로 윙윙거리며 분주히 일했다. 단단한 단풍나무 바닥

그림 8. 매리슨은 맨해튼에 있는 빌딩 7층에서 일하며 쿼츠 시계를 개발했다. 웨스트가 463번지에 위치한 이 건물은 원래 벨 연구소가 있던 곳이었다.

재에 콘크리트 노출 벽으로 마감한 건물 내부는 창문이 많아서 빛이 충분히 들어왔으며 덕분에 전등 비용을 아낄 수 있었다. 워런 매리슨은 7층에서 일했다. 그의 연구실 작업대에는 특수 도구들과, 내부의 전선과 전자 부품을 그대로 드러낸 과학 기구들이 즐비했다. 연구자들은 주당 5.5일의 노동시간을 지켜야 했지만, 연구는 시계에 맞춰 돌아가는 법이 없었다.

매리슨은 가족이 불어나자 1920년대 말에 뉴저지주 메이플우드로 이사했다. 홍차에 꿀을 넣으며 두 딸에게 어릴 적 양봉

그림 9. 자신이 만든 초기 쿼츠 시계 옆에 앉아 있는 워런 매리슨Warren Marrison, 1896~1980. 이것은 과학 실험에 사용된 수정 크로노미터 시계다. 매리슨은 시간 관리의 새 시대를 열었지만 역사에서는 흔히 간과된다.

장에서 윙윙거리던 벌에 대해 들려주던 그는 잘 웃었고, 177센 티미터인 키에 비해 체구가 작았음에도 목소리가 우렁찼다. 그의 막내딸은 도서관에서 아버지가 자기 목소리가 얼마나 큰지도 모르고 쩌렁쩌렁한 목소리로 과학 지식을 설명하는 바람에 당황한 적이 한두 번이 아니었다.[32] 그런데 매리슨은 과학에 대한 흥분도 큰 목소리만큼이나 자제하기 힘들었던 것 같다.

◈

벨 연구소에서 매리슨은 이런저런 발명을 옮겨 다니며 연구했다. 영화에 소리를 입히는 연구를 한 적도 있고, 텔레비전을 만들기 위해 움직이는 영상을 전파에 실어 보내는 방법을 개발하기도 했다. 그는 밤이나 낮이나 실험노트에 쉴 새 없이 아이디어를 채워 넣었는데, 그중에는 전기 신호가 기계 부품에 '말을 걸' 수 있게 해주는 정교한 회로도도 있었다. 그러다 곧 매리슨은 시계에 수정(쿼츠)을 이용하는 일에 푹 빠지게 되었다.

　벨 연구소는 최초의 라디오 방송국 중 하나인 WEAF를 소유하고 있었는데, 쿼츠 시계에 대한 아이디어는 실제로 라디오에서 왔다. 라디오 방송국은 라디오 다이얼의 숫자가 가리키는 특정 주파수로 방송을 내보낸다. 하지만 인근 방송국을 방해하지 않기 위해서는 올바른 주파수로 방송해야 하는데 자신들이 그렇게 하고 있는지 알기가 어려웠다. 1924년에 매리슨은 정확하고 흔들림 없는 신호를 만들어내는 장치를 개발하는 일에 전념했다. 그런 신호가 표준 주파수가 되어줄 터였다. 그는 큰 쿼츠 광석에서 얇은 조각을 썰어내 전자 기기에 장착했다. 쿼츠는 존재감이 없는 광물이지만 특별한 비밀을 하나 지니고 있다. 바로, 전기가 흐르면 진동하는 성질이다. 쿼츠 조각은 특정한 속도로 고동쳤고, 그것이 라디오 방송국의 표준 주파수가 되었다. 매리슨의 주파수 발생기는 전파의 바닷속을 헤매는 사람들에게 북극성 같은 역할을 했다.

　라디오의 표준 주파수를 만드는 데 성공한 후, 매리슨은 또 한 가지 아이디어를 떠올렸다. 진동하는 수정을 이용해 정확한 무선 신호를 보내는 대신, 이번에는 초당 진동수를 알고 있는

그림 10。 벨 연구소에서는 뉴욕의 교통이 야기하는 진동을 줄이기 위해 매리슨의 시계들을 특수 실험대 위에 올려놓았다. 매리슨의 초기 쿼츠 시계들은 문자판이 없었고 카운트 다이얼을 사용했다.

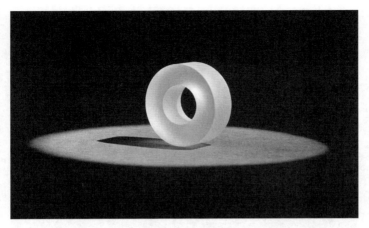

그림 11. 워런 매리슨이 만든 시계의 핵심은 도넛 모양의 쿼츠 광석이었다. 이것이 전기회로 안에서 진동하며 정확한 시간을 제공했다. 이 쿼츠 광석은 두께가 약 2.5센티미터이다.

수정을 진동시키고 그 진동 횟수를 세어 시간을 분할하자는 생각이었다. 진동 횟수가 시간을 재는 '자'[33]가 되는 것이다. 이 아이디어를 실현하기 위해 매리슨은 천연 수정을 진동하게 만들었다. 수정을 도넛 모양으로 가공해 그것이 북의 가죽처럼 위아래로 팔랑거리게 만든 것이다. 그 수정은 초당 10만 번 진동했고, 진동 횟수를 세면 시간을 알 수 있었다. 수정이 이렇게 할 수 있는 건 수정이 갖고 있는 그 작은 비밀 때문이었다. 수정은 압전 효과라 불리는 신기한 현상 때문에 전기가 흐르면 춤을 춘다.

◆

압전 효과는 1880년 파리에서 피에르 퀴리와 자크 퀴리가 발견했다. 20대 초반의 두 젊은이는 당시 경쟁이 치열했던 광물학 분야에서 유명해지고 싶었다. 그 무렵 많은 과학자들이 땅에서 광석을 캐내어 색깔, 투명도, 절단면을 조사하고 분류했다. 퀴리 형제는 거기서 한발 더 나아가 그런 광석들이 이런저런 조건에서 뭘 할 수 있는지 알아보고 싶었다. 피에르는 특히 광물의 기하학적 형태가 대칭성을 띠는 것에 매혹을 느꼈다. 그런데 수정은 다이아몬드나 소금 같은 다른 결정들과 달리 단순한 대칭성을 띠지 않는다. 수정 결정의 한쪽 절단면은 반대쪽의 동일한 절단면과 일치하지 않았다. 이는 내부 원자들이 거울상(좌우대칭)을 하고 있지 않다는 것으로, 거울상에 의해 대개는 상쇄되는 물리적 성질이 나타날 수 있다는 뜻이었다. 이것을 알고 퀴리 형제는 다른 광물학자들이 하지 않는 실험을 했다. 수정 결정에 압력을 가하면 무슨 일이 일어나는지 알아보기로 한 것이다. 그들은 바이스에 결정을 끼우고 손잡이를 몇 번 돌려 턱이 다물어지도록 조였다. 그때 피에르와 자크는 이상한 현상을 보았다. 놀랍게도 수정 결정은 비명을 지르며 미량의 전기를 발생시켰다. 퀴리 형제는 수정의 압전 효과를 발견한 것이었다.

◆

몇십 년 후 매리슨이 그런 기묘한 성질을 지닌 수정을 다시 들여다보고 있었다. 그는 수정을 작은 도넛 모양으로 도톰하게 썰어 교류 전류를 흘려보냈다. 그러자 수정 조각이 탱글탱글한 젤리처럼 꾸준히 진동했다. 그 진동 횟수를 세면 시간을 알 수 있을 터였다. 하지만 사발에 담겨 고유의 리듬으로 흔들리는 젤리처럼 수정을 정확히 진동시키기는 쉽지 않았다.

1927년에 매리슨은 수정의 행동을 모조리 이해하지 않으면 안 되었다. 그래야 다음 단계로 넘어갈 수 있었기 때문이다. 그것은 수정을 안정적으로 진동시키기 위한 전기 신호를 만들어내는 일이었다. 매리슨은 덜컹거리는 고가 철도, 어린 시절의 윙윙거리던 벌, 자신의 쩌렁쩌렁한 목소리로 인해 언제나 진동에 둘러싸여 살았지만, 이제는 거기에 하나가 더 늘었다. 그는 시간을 알기 위해 수정을 진동시켰다. 1927년 말 매리슨은 두께 약 2.5센티미터에 직경이 5~7센티미터인 쿼츠링을 사용해 쿼츠 시계를 완성했다. 그 시계는 큰 성공을 거두어 뉴욕 시민들은 ME7-1212번으로 전화를 걸면 정확한 시간을 알 수 있었다.[34] 그로부터 십여 년 후, 좁은 공간에 함께 있어도 교류가 거의 없는 뉴욕 시내의 보행자들이 시간을 알기 위해 맨해튼 풀턴가 모퉁이의 쇼윈도 앞으로 삼삼오오 모여들기 시작했다.

❖

뉴욕 시민들이 시계를 맞추기 위해 매리슨의 시계 앞으로 모여들 무렵에 분할 수면은 먼 옛날의 추억이 되어 있었다. 자연의 단서로 시간을 알던 세계에서 시계로 시간을 아는 세계로의 전환이 완료된 것이다. 시계가 삶을 지배하기 전만 해도 분할 수면은 전 세계 여러 대륙에서 볼 수 있는 생활양식이었다. 문화마다 잠자는 방식은 달랐지만 분할 수면은 보편적이었다. 분할 수면이 이렇게 널리 퍼져 있었다면 혹시 "이것이 자연스러운 수면방식은 아닐까?" 인류학자 매슈 울프-마이어Matthew Wolf-

Meyer는 저서 《선잠을 자는 사람들The Slumbering Masses》에서 인간은 "통잠을 자는 유일한 종이다"[35]라고 썼다. 연구에 따르면, 산업화된 문화에서 시계에 의지해 사는 사람들도 분할 수면으로 돌아갈 수 있다고 한다. 국립보건원NIH 연구에서 정신과 의사 토머스 웨어Thomas Wehr는 남성 7명을 모집해 한 달 동안 하루 14시간을 암흑 속에서 지내게 했다.[36] 실험 막바지가 되자 피험자들은 4시간씩 끊어서 잤고 그 사이에는 졸린 상태로 보냈다. 여러 연구자들과 역사학자들은 현대인의 수면 장애 중 일부, 그중에서도 특히 한밤중에 깨어 다시 잠들지 못하는 현상은 옛날의 분할 수면을 상기시키는 것이라고 생각한다. 버지니아 공대 역사 교수인 A. 로저 이커치A. Roger Ekirch는 저서 《해질녘At Day's Close》에서, 한밤중에 깨는 것은 "이 오래된 수면패턴의 매우 강력한 잔재"[37]일지도 모른다고 썼다. 분명한 것은 자연의 시간과 시계의 투쟁이 우리의 선잠으로 나타난다는 것이다. 체내 수면 시계는 우리가 따르는 기계 시계와는 다르다.

우리는 조상들보다 잠을 더 잘 자고 있어야 한다. 하지만 미국에서만 5천만 내지 7천만 명이 수면 장애와 수면 부족에 시달리고 있다.[38] 여섯 명 중 한 명이 수면 장애로 진단받고, 진단받은 여덟 명 중 한 명이 수면제 처방을 받는다.[39] 미국 수면재단은 최소한 7시간 동안 푹 자라고 권장하지만, 미국인 대부분은 약 6시간밖에 자지 않는다. 수면 부족은 침대 탓이 아니다. "수면 환경은 지금이 역대 최고"[40]라고 역사학자 A. 로저 이커치는 말한다. 그럼에도 수면이 부족한 것은 우리가 시계를 떼어내지 못한 대가인 듯하다.

수면은 생물학적으로 꼭 필요하다. 1983년에 과학자들은 그것을 실험으로 보여주었다. 연구자 앨런 레히트샤펜Allan Rechtschaffen과 공동연구자들은 쥐 실험을 통해 수면 박탈의 영향을 밝혀냈다.[41] 쥐에게 잠을 자지 못하게 했더니 쇠약에서부터 균형감각 저하, 체중 감소, 내장기능 장애까지 광범위한 의학적 문제가 생겼고, 대다수가 14~21일 내에 죽었다. 인간의 경우는 수면 박탈이 뇌 기능 저하, 비만, 정신적 문제로 이어진다.[42]

수면은 문화이기도 하다. 몇몇 나라에서는 한숨 자기, 시에스타, 낮잠 시간, 집 밖에서의 쪽잠이 사회적 관습으로 자리 잡고 있다. 이에 반해 미국인은 청교도 전통의 영향으로 아무리 피곤해도 낮잠으로 시간을 낭비하려 하지 않는다. 그래서 잠시 시간을 잊고 눈을 붙이거나 쉬려면, 사회가 그것을 수용하도록 앞장설 누군가가 필요하다. 에디슨도 낮잠을 잤고 처칠도 아인슈타인도 낮잠을 잤지만, 졸린 노동자들은 카페인을 섭취하는 쪽을 택한다. 눈을 붙이는 행위는 분명 의도적인 선택이고, 따라서 우리와 시간과의 관계를 더 깊이 이해할 필요가 있다.

오랫동안 우리는 더 좋은 시계를 만들려고 노력해왔지만 그렇게 하면서 잠을 잃었다. 이런 역설을 초래하는 것은 우리 문화의 시간관이다. 우리 문화에서 시계는 '자'이다. 그래서 몇 세대 동안 사회는 더 정확한 시계를 만들기 위해 분투했고, 마침내 우리는 시계에 맞추어 사회생활을 할 수 있게 되었다. 하지만 더 정확한 시계를 찾다가 우리는 시간 그 자체에 대해 생각하는 법을 잊었다. 루스 벨빌이 시간 사업을 하던 무렵, 시간 그 자체에 대한 연구가 시작되고 있었다. 유럽의 또 다른 지역에서, 벨빌이 팔던 상품인 시간이 현미경 아래에 놓이게 되었다.

알베르트와 루이

같은 시계에 맞추어 움직이는 것은 사무실에서나 일상에서나 늘 필요한 일이었지만, 정확한 시간을 아는 것이 어디보다 절실했던 곳은 당시 최대 사업이었던 철도 업계였다. 시계를 동기화하면 열차를 정시에 운행할 수 있고, 그러면 사고가 줄어 승객이 목적지에 무사히 도착할 확률이 높아질 것이었다.

1905년에 스위스 베른의 특허청에는 시계를 동기화하는 방법에 대한 특허 신청이 꽤 많이 들어왔다.[43] 그중에서도 특히 철도 시계에 대한 것이 많았다. 시계의 동기화를 실현하려던 발명가들은 멀리 떨어진 두 곳의 시계를 정확히 똑같이 맞추는 방법을 알아내려 했다. 이 방법을 찾는 일은 철도 여행자들에게는 생사를 가르는 문제였고, 발명가에게는 평범한 존재가 되느냐 부자가 되느냐를 가르는 문제였다. 베른의 특허청에서는 당시 26세였던 무명의 특허심사관이 접수된 신청서들 중 쓸 만한 것을 가려내는 역할을 맡아 그 발명이 독자적인지, 해결 방법이 유효한지, 실용화가 가능한지를 성실하게 조사했다.[44] 이 특허심사관의 노력은 역사 속으로 사라지기 쉬웠을 것이다. 그가 알베르트 아인슈타인이 아니었다면 말이다.

아인슈타인은 총명하고 조숙한 젊은이로 권위와 규율이 몸에 맞지 않았다. 그는 혼자 공부하는 것을 좋아했고, 그래서 학교 성적이 좋지 않았다. 수학교육 자격증을 따서 대학을 졸업한 후 대학 교직원 자리를 구하려고 했으나 젊은 알베르트가 얻을 수 있는 최선의 직장은 특허청이었다. 상아탑의 사람들에게 특허청은 학자가 몸에 맞지 않는 사람이나 가는 곳이었다. 동료들의 눈에 아인슈타인은 전혀 아인슈타인처럼 보이지 않았다.

하지만 아인슈타인이 특허청의 변변찮은 직원이 된 것이 역사에는 선물이었다. 그 자리는 아인슈타인에게 생각할 시간을 주었고, 비판적 지성을 단련할 수 있는 기회를 주었으며, 천재성을 발휘할 계기를 제공했기 때문이다. 그는 낮에는 현실 세계의 문제를 풀고 밤에는 집에서 자신의 이론을 연구했다. 성격이 전혀 다른 이 두 가지 일은 서로를 갈고 닦으며 아인슈타인에게 사물을 단순하게 보는 기술을 연마시켰다.

◆

철도는 우리 세계에서 시간 관리의 영원한 견인차이다. 아인슈타인이 시간에 대해 곰곰이 생각하고 있던 1905년에 철도는 세상의 기준을 자연의 단서에서 시계로 전환하는 마지막 단계를 완성했다. 그런 전환이 미국에서는 1883년 11월 18일에 일어났다. 이날은 정오가 두 번이었다. 뉴욕 월스트리트 근처의 세인트 폴 성당에서 종이 12번 울려 정오를 알렸고, 약 4분 후 다시 종이 12번 울렸다.[45] 이날은 미국에 표준시와 표준시간대가 탄생함으로써 미국의 시간이 영국 그리니치 표준시와 연결된 날이었다. 종소리는 지방시의 죽음과, 모든 교류의 기준이 되는 세계 공통 시간망의 탄생을 알렸다.

표준시가 생기기 전 미국의 각 지역은 그곳만의 시간대를 갖는 고립된 장소였다. 많은 도시가 정오의 태양 위치를 기준으로 지방시를 정했다. 당시 여행자들은 미시간주에 27개의 시간대가 있고, 인디애나주에는 23개, 위스콘신주에 39개, 일리노이주에는 27개가 있다는 것을 알게 되었다.[46] 몇몇 기차역은 벽에 여러 개의 시계를 박아 넣기도 했다. 철도 업계는 제각각인 시간대를 통일해 혼란을 줄이기 위해 영국 그리니치 표준시에 기초한 표준화된 시간을 도입했다. 600개에 가까운 독립 노선과 53개의 열차시간표를 운영하는 8,000개 철도역은 이로써 하나의 체계, 네 개의 시간대 안으로 들어왔다.[47] 하지만 스위스 베른의 철도 시스템과 마찬가지로, 철도는 운행하는 열차의 시간을 결정하여 그것을 역에 있는 시계와 동기화하는 새로운 문제에 부딪혔고, 이 때문에 아인슈타인은 특허청에서 눈코 뜰 새가 없었다.

특허청으로 쏟아져 들어온 발명가들의 아이디어 중 다수가 전기 신호나 무선(라디오) 신호로 시간을 전송하는 방법이었다. 특허를 줄 가치가 있는 아이디어를 가려내기 위해, 아인슈타인은 최고의 아이디어가 반드시 충족해야 할 기준을 하나 정했다. 시계들이 신호를 주고받을 수 있으려면 하나의 시계에서 다른 시계로 신호를 보내는 데 걸리는 시간을 고려해야 한다는 것이었다. 두 장소에 있는 시계를 동기화하는 원시적인 방법은 조명탄을 쏘는 것이었다. 하지만 이것이 유효한 방법이 되려면 조명탄이 특정 높이에 도달하는 데 걸리는 시간을 계산해야 한다. 더 현대적인 방법들도 마찬가지다. 전기 신호로 시간을 알리려면 전자들이 이동하는 데 걸리는 시간을 계산해야 했다. 이 조건을 충족하면 시계를 동기화시키는 방법으로 합격이었고, 이에 따라 특허를 발행할 수 있었다.

하지만 문제가 생겼다. 생각에 잠겨 있던 아인슈타인은 두 시계 중 하나가 움직이고 있고 그 시계에 빛으로 시간 신호를 전송할 경우 시계를 동기화하는 문제가 복잡해진다는 것을 알았다. 그런데 특허 신청서를 검토해보니 시간의 동기화만 문제인 것이 아니었다. 우리가 시간 자체를 생각하는 방식에도 중대한 허점이 있었다. 아인슈타인의 이 발견은 우리가 아는 물리적 세계를 전복시키게 된다.

특허청에서 아인슈타인은 역 시계를 기차 안의 시계와 동기화하는 방법을 알아내기 위해 간단한 질문을 하나 해보았다. 기차 안의 시계에서 초침이 한 번 움직이는 데 걸리는 시간은 기차 안에서 보는 사람과 역에 서 있는 사람에게 같은 길이일까? 1913년에 아인슈타인은 빛을 이용하는 시계 시스템을 위한 자신의 아이디어에 살을 붙여나갔다. 움직이는 기차 객실에서 시간을 알리기 위해 빛을 쏘아올리고 객실 천장에 거울을 붙여 그 빛을 아래로 반사시키면, 객실에 있는 사람과 기차역에 있는 사람에게 그 빛의 움직임이 다르게 보일 것이다. 농구 경기에서 선수가 드리블을 할 때 선수 자신이 보는 공의 움직임과 옥

외관람석의 농구팬이 보는 공의 움직임이 다른 것과 마찬가지다.[48] 코트에서 드리블을 하는 선수에게는 공이 수직으로 움직이는 것처럼 보인다. 기차 안의 승객도 마찬가지다. 승객이 보기에 빛 신호는 수직으로 움직인다. 하지만 관중석에 앉아 있는 농구팬들이 볼 때는 농구공이 대각선으로 비스듬히 올라갔다 내려온다. 기차역에 있는 사람이 볼 때도 기차에서 보낸 빛 신호는 농구공과 비슷한 경로로 움직인다. 즉 비스듬히 올라갔다가 내려온다.

대각선 경로는 수직 경로보다 길다. 여기서 아인슈타인은 깊은 생각에 잠겼다. 빛의 속도는 변하지 않지만 한 경로가 다른 경로보다 길었다. 기차를 타고 있는 사람과 역에 있는 사람의 시간 단위를 일치시키려면 뭔가가 바뀌어야 했다. 아인슈타인은 그 차이를 감안하면 움직이는 시계가 고정된 시계보다 느리게 간다는 사실을 알아냈다. 시간은 고정되어 있지 않다. 시간은 고무줄처럼 늘어난다.

몇 세대에 걸쳐 아이작 뉴턴 경을 비롯한 과학자들은 시간이 변하지 않는다고 믿었다. 말하자면 뉴턴은 절대주의 학파였고, 아인슈타인은 상대주의 학파였다. 아인슈타인의 특수상대성이론에서는 우리의 귀중한 시간 단위가 항상 똑같지 않다. 1초의 길이는 관찰자의 속도에 좌우된다.

인간은 문화적으로나 삶에서나 확실성을 선호했다. 하지만 아인슈타인은 1초가 다 같은 1초가 아님을 밝혀냈다. 초침이

한 번 움직이는 데 걸리는 시간은 움직이고 있는 사람과 단단한 땅에 서 있는 사람에게 같지 않다. 시간은 고무줄이다. 사회가 그토록 소중하게 여기는 것이 우리가 생각하던 것과 달랐던 것이다. 오랫동안 우리는 태양의 그림자에서부터 진자, 스프링, 떨리는 돌을 거쳐 마침내 원자시계 안에서 진동하는 원자에 이르기까지 다양한 재료를 사용해 더 정확한 시계를 만들려고 했지만, 이제 와서 안 것은 우리가 측정하려 했던 대상이 고무줄처럼 행동한다는 사실이었다.

아인슈타인은 물리학으로 시간에 대한 이해를 바꾸고 있었다. 그런데 그로부터 불과 몇 년 후인 1920년대에 루이 암스트롱Louis Armstrong, 1901~1971은 음악으로 우리의 시간 경험을 바꾸었다. 많은 사람들에게 암스트롱은 활짝 웃고 항상 손수건을 들고 다니는 재즈 트럼펫 연주자로 알려져 있다. 그는 〈헬로 돌리Hello Dolly〉와 〈왓 어 원더풀 월드What a Wonderful World〉를 낮은 목소리로 다정하게 불렀다. 하지만 암스트롱은 그의 천재성으로 짐크로우법(흑인차별법)의 시대를 헤쳐나간 친숙한 사람으로 그치지 않았다. 그는 시간 여행자였고, 그를 운반한 것은 재즈였다.

암스트롱은 아무 배경도 없었다. 그는 뉴올리언스의 가장 험한 동네에서 노예의 손자로 태어났다. 전기 작가에 따르면, 그의 "작은 세계는 학교, 교회, 싸구려 술집, 감옥이라는 네 모퉁이로 둘러싸여 있었다."[49] 하지만 그는 현실의 제약들을 극복했을 뿐 아니라 악보의 제약도 벗어던졌다. 암스트롱에게는 8분음표가 매번 같은 무게, 같은 길이일 필요가 없었다. 그는 악보에 적힌 것보다 몇십분의 일 초쯤 길거나 짧게, 빠르거나 느리게 연주했다.[50] 암스트롱은 음을 늘이고 줄이고 이동시키며 음악에 깊이, 느낌, 전진하는 움직임을 부여했다.

암스트롱의 연주는 서양 음악의 연주방식에서 벗어난 것이었다. 서양 음악은 정확성에 얽매여 있었다. 군악대는 연주자들이 시계처럼 정확하게 연주하는 것에 중점을 두었다. 미국의 작곡가 존 필립 수자John Phillip Sousa, 1854~1932는 아이작 뉴턴 경처럼 정확성을 사랑했지만, 암스트롱은 아인슈타인처럼 정확성이 결여된 데서 아름다움을 발견했다. 8분음표는 악보에 적힌 대로가 아니라 스윙으로 연주되었고, 그 음을 어떻게 연주할지는 "순간적인 충동"[51]으로 결정되었다.

서양 음악과 재즈는 이렇듯 시간에 접근하는 방법이 다르며 그 차이는 각각이 기원한 문화에서 비롯한다. 서양 음악에서는 음들이 대망의 결말을 향해 계속 앞으로 나아간다. 초점은 미래에 있다. 재즈는 초점이 현재에 있다. 재즈는 유럽, 카리브해, 아프로-히스패닉, 아프리카적인 요소들을 결합한 아프리카계 미국인의 음악이다.[52] 아프리카 전통은 그 밖의 세계와는 다른 시간 감각을 가지고 있다.[53] '현재'는 음미의 대상이며 확장되는 것이다. 실제로 여러 아프리카 언어에는 '과거'와 '현재'를 뜻하는 말은 있지만 '미래'를 뜻하는 말이 없다.[54] 이 전통을 이어받은 암스트롱은 모든 음에 역할을 부여해 음악으로 현재를 늘일 수 있었다.

아프리카인의 이런 시간 감각은 신세계에 이식되어 아프리카계 미국인의 경험에 뿌리내렸다. 랠프 엘리슨Ralph Ellison,

1913~1994은 《보이지 않는 인간Invisible Man》에서 이런 흑인의 감수성을 잘 포착해냈다.[55] 그 소설에서 엘리슨은 시간의 고동에 보조를 맞추지 않고 앞서거나 뒤서는 흑인 경험의 비동시성에 대해 썼다. 암스트롱의 연주를 듣는 사람은 음에 담긴 감정을 듣고 느낄 수 있다. 〈투 듀스Two Deuces〉(1928)에서 암스트롱은 계속 박자에 뒤처져 따라간다. 음은 지연되고 압축되면서 암스트롱과 밴드 사이의 어긋남을 만들어낸다.[56] 그 후 암스트롱은 다시 밴드와 만나기 위해 시동을 걸고 액셀을 밟는다.

암스트롱은 음만 늘이는 것이 아니라 듣는 사람의 시간 감각도 늘인다. 78회전 음반에 녹음된 곡들은 3분 정도로 짧지만 그 안에는 풍부한 정보가 담겨 있어서 우리 뇌는 그 곡들이 재생되는 시간을 컵라면에 물을 붓고 기다리는 시간보다 길게 느낀다. 암스트롱이 연주 속도를 늦추거나 당길 때 청중은 시간 개념을 잃고 시간이 빨라지거나 느려지는 것을 경험한다. 아인슈타인이 관측자에 따라 시간이 상대적임을 밝혔다면, 암스트롱은 듣는 사람에 따라 시간이 상대적임을 알려주었다. 암스트롱의 음악이 우리의 시간 감각을 어떻게 바꾸는지를 오래전부터 시인들은 음미하고, 비평가들은 분석하고, 음악학자들은 조사해왔다. 연구는 아직 초기 단계이지만, 시간 감각을 바꾸는 암스트롱의 기술이 언젠가는 과학적인 근거를 얻을지도 모른다.

◆

우리 사회는 늘 시계에 맞추어 돌아간다. 여기서 생기는 의문은 '그것이 우리 뇌에 영향을 미칠까?'이다. 이 물음에 간단히 '그렇다'와 '우리는 모른다'로 답할 수 있다. 19세기에 생활을 시간에 맞추는 사회적 관습이 확립되며 분할 수면이 사라졌을 때 뇌가 어떻게 바뀌었는지 우리는 모른다. 시간에 대한 뇌의 반응을 연구하는 학문은 대체로 21세기에 시작된 새로운 분야다. 그렇다 해도 뇌가 환경으로부터 시간에 대한 단서를 얻는다는 것 정도는 알려져 있다.

데이비드 이글먼David Eagleman 같은 신경과학자들은 뇌 안의 시계를 연구해왔다. 한 실험에서는 피험자들에게 빠르게 달리는 치타와 치타의 다리가 영화 〈매트릭스Matrix〉의 트리니티처럼 땅에서 뜨는 장면이 담긴 영상을 보여주었다. 영상을 트는 동안, 치타의 네 다리가 모두 공중에 뜰 때마다 스크린에 붉은 점을 일정 시간 동안 깜박였다. 그리고 조건을 조금 바꾸어 같은 실험을 반복했다. 이 두 번째 실험에서는 똑같은 치타 영상을 슬로모션으로 틀어주고, 첫 번째 실험에서와 같이 치타의 다리가 공중에 뜰 때마다 그 거슬리는 붉은 점을 같은 시간 동안 깜박였다. 영상을 다 본 후 피험자들은 붉은 점이 슬로모션 영상에서 더 짧은 시간 동안 깜빡였다고 생각했다. "여러분의 뇌가 '나는 시간 감각을 재조정할 필요가 있다'고 말하는 것"이라고 이글먼은 설명했다.[57] 우리 뇌는 물리법칙에 대한 우리의 지식을 토대로 시간을 결정한다. 하지만 우리의 시간 감각은 치타의 발이 착지하는 순간이나 8분음표가 지속되는 시간처럼 우리가 시간 측정에 이용하는 사건에 의해 만들어진다.

우리는 한 개인의 수준에서도 시간의 탄력성을 경험한다. 즐거운 시간은 눈 깜박할 새에 지나가고 힘든 시간은 영원히 계속

될 것만 같다. 신경과학자들은 어떤 면에서 이런 느낌은 가짜가 아님을 밝혀냈다. 기억의 길이는 그 순간이 얼마나 좋았고 얼마나 나빴는지와 관련이 있다. 신경과학자들이 밝혀낸 바에 따르면, 우리는 그 순간에 시간이 느리게 간다고 느끼는 게 아니라, 그 사건을 떠올릴 때 시간이 느리게 갔다고 믿는 것이다. 뇌에서 일어나는 일을 이해하기 위해, 뇌가 하드드라이브에 정보를 저장하는 컴퓨터처럼 작동한다고 상상해보자. 삶이 지루할 때 그 하드드라이브는 일반적인 양의 정보를 저장한다. 하지만 자동차 사고가 났을 때처럼 우리가 겁을 먹으면, 뇌의 편도체(체내 비상벨)가 활성화된다. 이때 우리 뇌는 자동차 보닛이 구겨지고, 사이드미러가 떨어져 나가고, 상대방 운전자의 표정이 변하는 것과 같은 세부 정보를 더 세밀하게 수집한다. 마치 하드드라이브 두 개를 가동해 데이터를 저장하는 것처럼 수집하는 정보의 양이 늘어난다. 이때는 "메모리 하나에만이 아니라 보조 메모리에까지 기억을 저장하는 것"이라고 이글먼은 말한다.

더 많은 데이터가 저장되면, 뇌는 그 사건을 떠올릴 때 정보량이 많은 것을 긴 사건으로 해석한다. 기억의 형태가 뇌에서 시간을 판단하는 잣대가 되는 것이다.

과학 연구는 기억의 양과 우리의 시간 감각이 자전거 기어의 톱니처럼 맞물려 있음을 보여준다. 유년기 여름날의 추억처럼 풍부하고 새로운 경험에는 그와 관련한 새로운 정보가 많다. 그 뜨거운 여름날 우리는 수영하는 법을 배우고, 새로운 장소로 여행하고, 보조바퀴 없이 자전거를 타는 데 성공했다. 그런 시절은 이런 모험들과 더불어 느리게 간다. 하지만 성인의 삶에는 신선하고 새로운 것이 적고, 통근, 메일 보내기, 사무 처리 같은 반복 작업이 가득하다. 이런 판에 박힌 사건들의 경우에는 그와 관련하여 뇌에 저장된 정보가 적어서, 뇌가 기억을 떠올릴 때 참조할 새로운 장면이 적다. 우리 뇌는 지루한 사건들로 채워진 날들을 짧다고 해석하기 때문에 그런 날들은 순식간에 지나간다.

더 나은 시계를 그토록 소망했건만 사실 우리의 시간 잣대는 고정되어 있지 않다. 우리는 시계처럼 초 단위로 시간을 재는 게 아니라 경험으로 시간을 잰다. 우리가 경험하는 시간은 느려질 수도 빨라질 수도 있다.

◈

인간은 오랜 세월에 걸쳐 시간에 대한 집착을 키워왔다. 시간을 알 수 있게 된 덕분에 우리는 세계를 이해하고, 약속을 잡고, 교류할 수 있었다. 우리는 정확한 시계를 추구하면서 일출이나 일몰 같은 자연의 단서를 버렸다. 그리고 잠을 잃었다. 그러면서 정밀한 시계를 가지면 시간을 손 안에 넣을 수 있을 거라고 생각했다. 하지만 시간은 손에 넣을 수 있는 것이 아니다. 아인슈타인은 시간은 고무줄처럼 늘어나고 줄어들며 지금 몇 시인지는 누구에게 묻는가에 달려 있다는 것을 과학으로 보여주었다. 암스트롱은 우리 뇌가 외부 단서에 따라 빨라지기도 느려지기도 하는 고장 난 시계임을 음악으로 증명했다. 하지만 아인슈타인과 암스트롱은 각기 과학과 재즈를 이용해 시간의 기준은 우리 자신임을 보여주었다.

루스 벨빌은 반세기 가까이 시간 사업을 하면서 런던의 고객들에게 시간을 제공했다. 하지만 결국 그녀의 일은 시대에 뒤떨어진 일로 여겨지게 되었다. 특히 벨빌의 고객을 가로채 전신 시계 서비스로 끌어들이려 했던 사업가들이 그렇게 생각했다. 하지만 아놀드의 낡은 기술은 0.1초 단위까지 정확했던 반면, 전기 펄스는 1초 단위까지만 정확했다.[58] 루스는 또한 금속 전신 와이어가 가져다줄 수 없는 것들을 고객들에게 주었다. 1년에 4파운드를 내면 그녀는 고객이 이따금 내오는 차 한 잔에 자신이 런던을 돌아다니며 들은 우스갯소리와 뉴스를 들려주었고, 고객은 이런 교류를 통해 인간미를 느낄 수 있었다.[59] 하지만 벨빌의 사업은 결국 전신, 전파, 무선 기술을 이용한 시간 서비스에 서서히 밀려났다. 아버지의 고객이었던 200명이 어머니 때는 100명으로 줄었고, 그리고 벨빌에게 와서는 약 50명으로 줄었다.[60]

런던 사람들에게 시간을 배달하는 일을 수십 년 동안 하고 나서 루스는 은퇴했다. 그리고 1943년에 '그리니치 타임 레이디' 루스 벨빌은 잠을 자던 중 어둡게 켜둔 가스등에서 새어나온 일산화탄소에 질식사했다.[61] 침대 옆 탁자에는 그녀가 신뢰했던 동반자 아놀드가 놓여 있었지만 며칠 후 그 시계마저 멈추었다. 1세기에 걸친 시간 유통 서비스는 그녀의 죽음으로 막을 내렸다. 루스는 아놀드와 함께 시간을 제공했지만, 결국 그녀가 가진 시간도 무한하지는 않았다.

CONNECT

2

연결하다

> **강철은 철도 레일을 통해**
> **미국을 하나로 연결했을 뿐 아니라,**
> **문화의 대량 생산을 촉진했다.**

연결 장치

1865년 4월 21일, 볼티모어의 다운타운 거리가 이른 아침부터 사람들로 붐비기 시작했다. 가랑비 사이로 햇빛이 비치는 가운데, 캠던가街 기차역 인근 도로는 엄청난 인파로 통행이 불가능할 정도였다. 업무는 중단되었고, 학교는 문을 닫았으며, 상점은 텅 비었다.[1] 사람들은 흐느껴 울며 열차가 도착하기를 애타게 기다렸다.

　사람들이 기다리던 열차가 마침내 에이브러햄 링컨_{Abraham} Lincoln, 1809~1865 대통령의 시신을 싣고 칙칙폭폭 소리와 함께 역으로 들어왔다. 그는 남북전쟁이 끝나고 며칠 뒤인 4월 15일에 숨을 거두었다. '링컨 특별호'라고 이름 붙여진 이 열차 안에는 6주 전 두 번째 취임식에서 입었던 양복을 입은 대통령의 시신이 안치되어 있었다.

큰 슬픔에 잠긴 대중은 워싱턴 밖에서도 링컨의 장례가 치러지기를 간절히 바랐다. 텔레비전이나 라디오가 없던 시절에 국민이 링컨의 추도식에 참석할 방법은 농장을 비우거나 상점을 닫고 링컨의 시신이 안치된 곳으로 가는 것뿐이었다. 그런데 링컨의 장의열차가 전신도 신문도 할 수 없는 방법으로 링컨을 국민들에게 데려다줌으로써 전 국민이 하나가 되어 그를 애도할 수 있었다. 열차는 수도 워싱턴을 출발해 장장 13일에 걸쳐 볼티모어, 해리스버그, 필라델피아, 뉴욕, 올버니, 버펄로, 클리블랜드, 콜럼버스, 인디애나폴리스, 시카고에 들른 후, 링컨의 최종 안식처인 일리노이주 스프링필드로 갔다.[2]

1865년 4월은 미국 역사에 뚜렷한 족적을 남긴 격동기 중 하나였다. 4월 9일에 율리시스 심프슨 그랜트가 리치먼드를 제압해 남북전쟁이 종결되었다는 낭보가 온 나라에 넘실거렸다. 교회 종이 울리고, 폭죽이 터졌으며, 취객들은 환호했다. 하지만 링컨이 암살되었다는 비보가 전해지면서 그런 축제 분위기는 1주일도 안 되어 가라앉았다.

시신 수송을 총괄하는 일은 육군 장관 에드윈 스탠턴의 어깨에 떨어졌다. 그는 링컨과는 기질이 정반대였지만 링컨의 임종을 밤새도록 충성스럽게 지켰고 이제는 미국 역사상 유례가 없었던 대규모 장례를 치르는 어려운 임무를 짊어졌다. 스탠턴은 장례 행렬을 움직이기 위해 철도를 군사 영역으로 지정했고, 개별 노선을 운영하는 철도 회사들은 이에 전적으로 협조해야 했다.

15개 철도 회사를 총괄하는 것은 거대한 프로젝트였다. 이런 이유로 스탠턴은 준비위원회를 구성해 장례 행렬을 움직일 수 있는 전권을 주었다. 준비위원들은 "각 철도 회사들과 함께 시간표를 짜고, 안전하고 적절한 운송을 위해 모든 것을 할 수 있는 법적 권한을 부여받았다."[3] 철도는 몸으로 치면 순환계인데, 당시만 해도 그 몸이 제각기 따로 움직이고 있었다. 도시와 주의 시간대가 지금보다 많았던 데다 체계적이지도 않아서 열차 운행 스케줄을 짜는 것이 보통 어려운 일이 아니었다. 1883년에 표준시가 시행되기 전까지 대부분의 동네는 정오(태양의 남중)를 기준으로 시간을 정했다. 따라서 시간을 정확하게 지키려면 동쪽으로 약 20킬로미터 이동할 때마다 시계를 1분씩 늦춰야 했다. 실제로 워싱턴 DC의 정오는 뉴욕에서는 12시 12분, 시카고에서는 11시 17분, 그리고 필라델피아에서는 12시 7분이었다. 이렇듯 국가는 전쟁과 지방시로 쪼개져 통합되지 않은 상태였지만, 귀중한 승객을 실은 이 열차는 제각기 따로 움직이던 지역들을 잠시나마 하나로 꿰맸다.

링컨의 운구차는 웅장한 객차였다. 운구차 겉면은 진한 적갈색 페인트를 칠하고 기름과 천연 연마제 트리폴리를 묻혀 손으로 정성스럽게 광을 냈다. 내부는 녹색 플러시 천으로 벽을 도배하고 진한 호두나무 재질의 몰딩을 둘렀다. 연한 녹색의 실크 커튼이, 조각된 장식 유리창을 따라 흘러내렸다. 밤에는 등잔불 세 개로 불을 밝혔다. 이 특별한 객차는 바퀴가 8개인 팔륜차가 아니라 유럽의 왕족이 사용하는 객차처럼 16개의 바퀴를 달았고, 내부는 품격 있는 세 구역으로 나뉘어 마지막 방에 링컨의

그림 12. '링컨 특별호'는 링컨의 시신을 싣고, 애도하는 국민을 위해 국토를 가로질렀다. 열차 정면에 걸린 링컨의 초상화와 소리를 낮춘 종소리로 열차가 도착하는 것을 알렸다.

그림 13. 링컨을 태운 객차. 원래 그의 '에어포스원'으로 설계되었으나 그의 영구차가 되었다.

관이 안치되었다. 이 객차는 원래 링컨의 '에어포스원'으로 설계되었지만, 링컨의 영구차가 되어 검은 깃발로 장식한 채 첫 운행에 나서게 되었다.

각 목적지에 도착해 열차가 멈추면, 청록색 제복을 입은 의장대가 링컨의 관을 떠메고 거대한 행렬을 이루어 조문 구역으로 향했다. 어마어마하게 많은 사람들이 이 행렬을 몇 시간이고 기다렸고, 많은 사람들이 창문이나 지붕, 또는 나무 위에서 행렬을 지켜보았다. 조문 구역에는 열린 관을 한 번이라도 보려는 조문객 수천 명이 때로는 열두 줄씩 빽빽하게 줄을 서 흐느끼며 기다렸다.[4] 당시에는 신문에 사진이 실리는 일이 드물었기 때문에 많은 사람들이 이날 링컨의 얼굴을 처음 보았다.

링컨이 그의 안식처로 가까이 갈수록 국민의 감정이 고조되었다. 서지 않고 통과한 역들 중에는 그 동네 인구보다 많은 조문객이 모인 곳도 있었다. 열차가 정차하는 도시까지 갈 수 없는 사람들이 열차가 지나가는 길로 왔던 것이다.

기관차는 정면에 링컨의 초상화를 걸고 시속 30킬로미터 정도의 속도로 조심스럽게 달렸고, 역을 통과할 때는 시속 8킬로미터로 속도를 늦추었다. 객차는 모두 9량이었다. 6량은 객차와 화물차, 1량은 경비대 차량, 1량은 시신을 실은 특별차량, 그리고 맨 끝의 1량은 가족과 의장대를 위한 차량이었다.

장의열차보다 10분 먼저 선도열차가 지나가며 소리를 반쯤 죽인 종소리를 울려 링컨의 도착을 알렸다. 종의 추 부분에 가죽을 덧대 소리를 부드럽게 만든 것이었다. 선로변에서 기다리던 사람들은 종이 울리는 소리와 그 뒤에 이어지는 희미한 메

그림 14. 볼티모어 캠던가 기차역에서 대규모 군중이 비가 내리는 가운데 링컨의 장의열차가 도착하기를 기다리고 있다.

아리를 들고 준비할 때가 되었음을 알았다. 에디슨의 전등이 발명되기 전이었기에, 밤에는 선로변에 화톳불을 피워 어둠을 물리치고 열차가 지나가는 길을 밝혔다.

밤낮으로 사람들이 선로변에 늘어설 때 거기에는 숙연하고도 간절한 마음이 있었다. 선도열차가 보이면 그들은 선로에서 물러섰다. 누군가는 작은 깃발을 흔들었고, 누군가는 말없이 서 있었고, 누군가는 찬송가를 불렀다. 15분 후 드디어 장의열차가 왔다. 이 열차가 지나가면 군중은 선로로 들어가 시야에서 멀어지는 열차를 배웅했다. 그러면 끝이었다.

최종 안식처에 안장되기 전 링컨의 시신은 국토를 가로질러 약 2,600킬로미터의 선로를 따라 수송되었다. 참석한 이들은 수백만 명에 이른다. 거의 모든 미국인이 추도식에 참석한 누군가를 알거나, 운구 행렬을 지켜보았거나, 그도 아니면 열차가 지나가는 것을 보았다. 이 슬프고 어두웠던 시절 미국은 철제 레일을 통해 하나로 꿰어졌다. 하지만 얼마 후 강철을 대량 생산할 수 있는 비법이 나왔을 때 레일은 강철로 바뀌어 훨씬 더 큰 일을 하게 되었다.

뻔히 보이지만 눈길을 끌지 않는 금속 합금인 강철은 미국이라는 나라를 잇는 위대한 연결 장치였다(어찌 보면 물질의 형태로 존재하는 에이브러햄 링컨인 셈이었다). 하지만 강철이 다리를 놓아 미국을 하나로 연결하기 위해서는 강철을 단시간에 대량으로 만드는 레시피를 찾아내야만 했다. 그것을 찾아낸 영국의 발명가는 자신의 발명이 어떤 관습들을 만들어낼지는 상상하지 못했다.

베서머의 화산

헨리 베서머는 강철을 만들고 싶다는 꿈이 있었다. 그는 강철을 무한정 만들 수 있기를 바랐다. 1855년의 그는 강철의 과학적 성질이나 강철 제조 레시피에 대해 아는 것이 별로 없었지만, 그렇다고 단념할 그가 아니었다.[5] 베서머는 그런 사람이 아니었다.

베서머는 매우 다작한 영국 발명가로, 그의 이름으로 된 특허만 100개가 넘었다. 그때까지 가장 유명했던 그의 발명품은 금이 들어 있지 않은 금색 페인트였다. 1840년대 영국에서는 금속을 함유한 페인트가 필수품이었다. 사람들은 보통 그것을 평범한 액자 틀에 발라 화려한 장식 액자로 바꾸었다. 이전에 베서머는 이 페인트를 여동생에게 선물하기 위해 구입하면서 그 가격이 노동자의 하루 임금 수준임을 알고 깜짝 놀랐다.[6] 그래서 청동을 기계로 갈아 적은 비용으로 금처럼 반짝이는 가루를 만들어내는 방법을 생각해냈다. 그는 이 가루를 페인트에 섞어 누구나 살 수 있는 값싼 대체품을 생산했고, 제품이 잘 팔려서 베서머는 부자가 되었다. 하지만 베서머의 관심은 곧 장식용 금과 금처럼 반짝이는 가루에서, 무기를 만들 수 있을 정도로 강한 강철로 옮겨갔다. 물론 베서머 자신은 몰랐지만, 강철을 만들려던 그의 행보는 세계를 바꾸는 여정이 되었다.

1853년에 영국과 그 동맹국들(프랑스, 터키, 사르디니아 공국)은 오늘날 크림전쟁으로 불리는 무력 분쟁에 휘말렸다. 발단은 성지 예루살렘의 관할권을 둘러싼 갈등으로, 예루살렘을 가톨릭 순례지로 관리하려는 동맹국들과 그리스 정교회 성지로 보호하려는 러시아가 대립했다. 이 긴장이 전쟁으로 번지자, 베서머 같은 발명가들은 더 나은 군사용 무기를 만드는 일에 집중했다.

전쟁에서 이기기 위해 영국은 강철이, 그것도 아주 많은 강철이 필요했다. 강철은 강력한 대포를 만들 수 있는 강한 금속이다. 하지만 아쉽게도 블리스터강 같은 특정 유형의 강철을 제조하는 과정은 엄청나게 속도가 느렸고, 도가니강 같은 다른 유형의 제품들을 만드는 공정들은 규모를 키우기가 어려웠다. 전쟁이 시작된 지 2년이 지난 1855년, 강철을 단시간에 값싸게 제조하는 방법을 알아낼 수만 있다면 부자가 될 수 있다는 게 분명해졌다. 베서머 같은 기업가에게 강철은 돈을 만들어내는 연금술이었다. 대포를 제작할 수 있을 만큼 강한 강철을 만들기만 하면 그것이 더 많은 금화로 바뀌어 주머니로 들어올 터였다.

베서머가 발명가가 된 것은 우연이 아니라 아버지 앤서니 베서머의 계획에 따라 이루어진 일이었다. 앤서니는 런던 사람이었지만 파리에서 일했다. 25세의 나이에 훌륭한 발명가가 된 그는 조판 장치를 만들고 광학 현미경을 개선한 공을 인정받아, 각광받는 프랑스 과학 아카데미의 회원으로 선출되었다. 하지만 앤서니와 앙투안 라부아지에 같은 과학 엘리트들은 결국 엇갈린 운명을 맞게 되었다. 라부아지에는 산소를 발견했으며, 화학물질 명명법을 확립한 공로로 근대 화학의 아버지로 불리게 되었다. 앤서니는 발명계의 황금손이어서 잘못될 일이라곤 없는 사람처럼 보였다. 하지만 1792년에 프랑스혁명과 함께 모든 것이 끝났다. 공화국 건설이 목표였던 로베스피에르는 피로 얼룩진 공포정치를 도입하고, 눈엣가시였던 군주제와 과학을 뿌리 뽑는 데 집착했다. 로베스피에르 치하에서 앤서니를 포함한 과학자들은 안전하지 못했다. 라부아지에는 결국 단두대로 향하는 운명을 피하지 못했지만 앤서니는 가까스로 도망쳐 무일푼으로 영국으로 돌아갔다. 영국의 조용하고 작은 마을에 정착한 앤서니는 다시 조판소를 차리고 자신의 최고 발명품인 아들 헨리에게 모든 에너지를 집중했다.

헨리 베서머는 1813년에 영국 찰턴에서 태어났다. 그는 정규 교육을 거의 받지 못했지만 아버지의 작업장에서 무제한의 자유를 누렸다. 그곳에서 장난감 대신 도구를 가지고 놀면서 뭔가를 만들고 싶은 마음을 무럭무럭 키워갔다.[7] 헨리는 키가 크고 가슴이 떡 벌어진 남자로 성장했다. 코가 두드러지게 컸고 턱은 두툼했으며 빽빽한 구레나룻은 머리카락이 없는 정수리로 가는 시선을 잠시나마 그쪽으로 돌려주었다.

많은 뛰어난 사람들이 으레 그렇듯이, 베서머는 모순투성이의 표본이었다. 사근사근한가 하면 괴팍하게 굴었고, 고집이 셌지만 한편으로는 털털했고, 관대하면서도 고압적이었다. 또한 말이 많았지만 그러면서 기계들과 함께 혼자 있는 것을 좋아했다.[8] 체격조차 모순덩어리여서, 가슴은 떡 벌어진 반면 다리는 가늘었다. 베서머의 눈은 때때로 슬프고 여기에 없는 것처럼 보였지만, 그러면서도 항상 새로운 기회를 찾고 있었다.[9] 그리고 40대 초반에 그 기회가 왔다. 철을 값싸고 빠르게 제조해야 할 때였다.

❖

베서머는 강철 만들기에 착수했다. 강철은 철에 탄소를 약간 섞은 금속이라고 정의할 수 있다. 하지만 그 정의는 탄소가 철과 결합할 때 일어나는 경이로운 변화를 충실히 담아내지 못한다. 현미경으로 보면, 신기하게도 강철의 일부가 동시에 두 가지 다른 물질로 변해 케이크처럼 층을 이루고 있다. 한 층은 탄소를 많이 함유하고 한 층은 그렇지 않다. 한 층은 엄청나게 단단하고 한 층은 그렇지 않다. 이 층들은 강도와 가단성可鍛性(구부러지는 성질)으로 서로를 보완한다. 보통은 하나의 금속에 단단함과 잘 구부러지는 성질이 동시에 존재하지 않는다. 두 성질은 대개 시소의 양 끝과 같아서 한쪽이 올라가면 다른 쪽은 내려간다. 하지만 강철은 각 층이 하나의 성질을 띠기 때문에 양쪽 성질이 모두 존재한다. 이렇게 정반대 속성을 동시에 지닌 덕분에 강철은 폭넓은 용도로 쓰일 수 있다.

철과 탄소의 신비로운 결합으로 생기는 강한 강철은 단단한 대포를 만드는 데 쓸 수 있다. 하지만 베서머에게 강철 제조는 쉽지 않은 일이었다. 완벽한 양의 탄소를 철에 첨가하기 위해서는 유명한 동화 '골디락스와 세 마리 곰'의 골디락스가 곰들의 집에서 했듯이 '딱 적당한' 상태를 찾아야 했다. 탄소가 너무 적으면 강철이 물러진다. 반대로 탄소가 너무 많으면(2퍼센트가 넘으면) 강철이 분필처럼 뚝 부러질 수 있어서 그것으로 대포를 만들면 위험하다. 물론 실제 표적이 아니라 대포를 쏘는 사람에게 위험하다는 뜻이다. 잘 부러지는 금속으로 만든 대포는 터질 수 있기 때문이다. 대포에 '딱 적당한' 강철을 만들려면, 철에 탄소를 1퍼센트 이하의 특정 비율로 넣어야 했고, 게다가 이 과정을 몇 번이고 정확하게 반복할 수 있어야 했다.

베서머는 이 사실을 알았지만 문제는 훨씬 더 복잡했다. 강철 생산은 순수한 철에서 시작하는 게 아니었기 때문이다. 게다가 당시 쉽게 구할 수 있는 구조용 금속은 주철鑄鐵, cast iron과 연철軟鐵, wrought iron이었다. 이 둘은 명칭에 철이 들어가 있긴 하지만, 베서머의 목적에는 바람직하지 않은 성분들이 포함되어 있었다. 주철은 탄소가 너무 많아서 잘 부러졌다. 게다가 용접을 하거나 프레스로 대포 모양을 찍어낼 수 없었다. 반대로 연철은 탄소를 거의 함유하지 않아서 선체용 판금으로 쓸 수 있었지만 대개 '슬래그'라고 하는 불순물을 다량 함유하고 있어서 대포의 강도를 위험할 정도로 떨어뜨렸다. 골디락스의 죽이 너무 뜨겁거나 너무 차가웠다면, 베서머의 금속은 쉽게 부러지거나 너무 물렀다.

베서머는 일단 '선철銑鐵, pig iron'(탄소가 많이 포함된 철의 합금)에서 어떻게든 탄소를 제거해야 강철을 만들 수 있다고 생각했다. 그 방법을 찾을 수만 있다면 인류를 새로운 강철 시대로 인도할 수 있을 터였다. 그는 딱 맞는 조건을 얻기 위해 용광로에 "성분을 이렇게 저렇게 바꿔 넣으면서"[10] 새로운 방법을 찾아나갔다. 하나에 꽂히면 거기에만 매진하는 것은 베서머의 장점 중 하나였다. 그는 곧 금속만 생각하게 되었다. 그러던 어느 날 병에서 회복하던 중 좋은 아이디어가 떠올랐다.

베서머는 강철처럼 강한 남자였지만, 그만의 '크립토나이트'(《슈퍼맨》에 나오는 가상의 화학원소로, 슈퍼맨의 약점이다 – 옮긴이)를 가지고 있었다. 그는 급성 뱃멀미를 잘 일으키는 특이한 체질이었다. 발작이 한번 시작되면 며칠 동안 일어나지 못했다.

그는 자서전에 "나보다 더 뱃멀미를 심하게 하는 사람은 별로 없을 것"이라고 쓰기도 했다.[11] 그런데 어느 긴 항해 후 회복기에 그는 유레카의 순간을 만났다.[12] 철 안의 탄소를 태우기 위해서는 공기가 아주 많이 필요하다는 생각이 떠오른 것이다. 베서머는 "녹은 선철의 광범위한 표면에 공기를 닿게 할 수 있다면, 그것이 빠르게 가단성 있는 철로 바뀔 것이라고 확신했다"고 썼다.[13]

풀무질(공기 불어넣기)은 테일게이트 파티(야외에서 자동차 트렁크를 열어놓고 음식을 즐기는 파티 – 옮긴이)나 바비큐 파티에서 불을 피우기 위해, 그리고 선사시대 사람들이 불을 잘 타오르게 하기 위해 사용한 오래된 기술이다. 베서머는 1855년에 이 아이디어를 약간 변형해, 공기를 조금 다르게 이용했다. 녹은 선철 속의 탄소와 화학적으로 결합시켜 지나치게 많은 탄소를 제거하는 데 이용한 것이다.[14] 그렇게 한 후 정확한 양의 탄소를 다시 넣으면 강철을 만들 수 있었다. 베서머는 용융 금속이 담긴 통에 바닥까지 파이프를 넣고 공기를 직접 불어넣었는데, 그랬더니 화산 활동과 비슷한 일이 일어났다. 미친 생각이었지만 효과가 있었다.

그는 이 실험을 다음과 같이 기술했다. "약 10분 동안은 조용히 진행되었다."[15] 이따금 불똥이 튀었지만 걱정하지 않았다. 용융 금속에 공기를 불어넣으면 충분히 일어날 수 있는 일이었기 때문이다. 그는 불길과 연기가 솟아오르며 가마솥 안이 부글부글 끓을 것이라고 예상했다. 그러나 몇 분 후 불길과 연기가 지옥불로 변했다. 공기 중의 산소가 탄소와 격렬한 화학 반응을

그림 15. 영국의 발명가 헨리 베서머Henry Bessemer, 1813~1898. 용융철에 공기를 불어넣어 여분의 탄소를 제거하는 강철 제조법을 만들어냈다.

일으켜 "불똥이 점점 많이 튀는 가운데 희고 거대한 화염이 치솟더니"[16], 이어서 굉음과 함께 폭발이 연속적으로 일어났다. 산소와 탄소가 화학결합을 일으키며 자욱한 연기, 펑 하고 터지는 굉음, 눈부시게 타오르는 불길, 작열하는 열기를 쏟아내는 바람에 그는 눈, 코, 귀, 피부가 얼얼했다. 부글부글 끓어오르는 이 악마의 액체는 베수비오 화산처럼 폭발했다.

베서머는 실험에서 일어난 일을 무감정하게 기술했지만, 아무튼 그 실험으로 폭발이 일어나 건물의 지붕 일부가 불에 탄 것만은 분명하다. 불이 꺼지고 잔해를 치운 후 그는 실험이 성공했다는 것을 알았다. 기쁘게도 이 화학적 폭발이 철에서 탄소를 제거해주었다. 이제 거기에 적절한 양의 탄소를 되돌려놓기만 하면 강철을 만들 수 있었다.

베서머는 수년에 걸쳐 강철 레시피를 완성한 후 마침내 강철을 손에 넣었지만 군사용으로 사용할 수는 없었다. 크림전쟁이 강철 없이 러시아의 완패로 끝났던 것이다. 하지만 오뚜기처럼 일어나는 기업가 베서머는 "계속 전진"이라는 좌우명에 따라 새롭고 유망한 시장을 겨냥했다. 그것은 철도 레일이었다.

'사실상' 강철을 만든 사람

1856년 가을 헨리 베서머 경이 녹은 철에 공기를 불어넣어 강철을 만들었다는 소식이 온 나라에 전해지자 미국은 기쁨으로 출렁였다. 사람들은 곧 강철이 교각으로 각 지역을 연결하고, 철도 레일이 되어 나라를 하나로 꿸 것이라고 기대했다. 하지만 윌리엄 켈리는 베서머의 발명 소식을 듣고 근심에 사로잡혔다. 켈리도 강철을 만들기 위해 공기를 불어넣는 방법을 사용했는데, 자신의 생각에는 그것이 베서머의 아이디어와 비슷해 보였기 때문이다. 강철 발명자로 이름을 남기려면, 베서머보다 먼저 특허를 신청해야 했다.

윌리엄 켈리의 평생 소망은 아버지처럼 존재감 있는 인물이 되는 것이었다. 그의 아버지는 피츠버그 사람들에게 존경받던 부유한 원로였다. 하지만 젊은 켈리는 성공에

그림 16. 미국의 발명가 윌리엄 켈리 William Kelly, 1811~1888. 연료비를 줄이기 위해 용융철에 공기를 불어넣었다. 그는 이것을 공기압 공정이라고 불렀다.

필요한 자질을 물려받지 못했다. 1811년에 태어난 윌리엄 켈리는 키가 크고 비쩍 마른 남자로 성장했으며, 야망이 별로 없어 보였다. 그는 의류 사업에 뛰어들어 맥셰인 앤 켈리McShane & Kelly라는 회사를 차리고 동생 존과 함께 전국을 돌며 외판원으로 일했다.[17] 일은 순조로웠고, 온 나라를 둘러볼 기회도 갖게 되었으며, 게다가 직책은 사장이었다. 하지만 운명은 다른 계획을 준비하고 있었다. 어느 날 불이 나서 회사 창고가 타버린 것이다. 때마침 윌리엄은 출장길에 켄터키주 신시내티에서 멀지 않은 '에디빌'이라는 마을에서 밀드레드 그레이시를 만났고, 그녀 곁에 있기 위해 그곳으로 이사했다.

켈리는 30대 후반에 낯선 땅으로 건너와 끈끈하게 맺어진 지역사회의 이방인으로 모든 것을 처음부터 다시 시작해야 했다. 우선 작은 시골 마을에서 먹고살기 위해 1847년에 동생 존과 함께 에디빌 제철소를 사들여 명칭을 켈리 앤 컴퍼니Kelly & Company로 바꾸었다. 그 후 윌리엄 켈리는 밀드레드와 결혼하면서 부유한 장인에게 제철소를 운영할 추가 자금을 지원받았다. 제철소는 컴벌랜드 강가에 위치했고, 몇 킬로미터 거리에 두 곳의 작업장인 수와니 용광로와 유니언 정련소를 운영했다. 용광로에서는 광산에서 캐낸 철광석을 선철로 바꾸었고, 정련소에서는 선철을 막대 모양의 연철로 만들었다. 윌리엄은 용광로와 정련소의 운영을 맡고, 존은 재무를 담당했다. 둘 중 누구도 제철에는 경험이 없었다.[18]

켈리 앤 컴퍼니에는 선철을 연철로, 즉 탄소를 많이 함유한 철을 탄소를 적게 함유한 철로 바꿀 수 있는 장비가 갖춰져 있었다. 선철은 4퍼센트가 넘는 탄소를 함유하고 있었는데, 철이 강도가 높고 쉽게 부러지지 않으려면 탄소를 0.4퍼센트 미만으로 함유해야 했다.

켈리의 제철소는 유리한 입지 조건을 갖추고 있었으며, 제철소를 계속 운영해나갈 수 있는 풍부한 자원을 보유하고 있었다. 특히 철광석이 풍부하게 생산되는 광산과, 근처의 광대한 삼림을 소유하고 있었다. 그 삼림에서 잘라낸 목재로 용광로를 때는 목탄을 만들었다. 용광로를 때는 연료가 제철소 운영비에서 가장 큰 몫을 차지했기에 켈리는 제철소를 계속 운영할 수 있는 경제적인 방법을 찾고 싶었다.

전해지는 말에 따르면, 1847년 어느 날 켈리가 정련소에 있다가 직원 한 명이 녹은 선철 표면에 공기를 불어넣는 것을 보았다고 한다. 초보였지만 눈치가 빨랐던 그 직원은 공기가 금속을 식혀줄 거라고 기대했다. 하지만 반대로 녹은 철은 더 뜨거워졌다. 이 용융 금속에 공기를 불어넣을 때 온도가 올라간 것은 화학반응이 일어났기 때문이었다. 켈리는 몇 년 후 이렇게 썼다. "주의 깊게 관찰한 후 나는 금속이 녹은 후에는 연료를 사용할 필요가 없다는 것을 깨달았다."[19] 공기를 불어넣으면 온도가 올라가기 때문에 용광로의 불길을 유지하기 위해 나무를 많이 넣을 필요가 없었다. 그는 공기를 불어넣는 과정을 연료를 아끼는 방법으로 여겼다.

그런데 켈리는 몰랐지만, 공기는 그 이상의 일을 했다. 공기를 불어넣는 과정, 즉 그가 '공기압 공정'으로 부른 과정은 탄소를 제거함으로써 용융철을 강철을 제조하기에 좋은 상태로 만

그림 17。 공기를 불어넣어 강철을 만들어내는 데 사용된 베서머 전환로.

들어주었다. 그 후 필요한 양의 탄소를 되돌려놓으면 강철을 만들 수 있었다. 켈리는 녹은 금속에 공기를 불어넣어 중요한 것을 만들어냈지만, 정작 본인은 그것을 몰랐다. 적어도 그때까지는.

베서머의 미국 특허 출원이 임박했다는 소식이 파다하더니, 1856년에 마침내 베서머의 미국 특허가 출원되었다. 용융 금속에 공기를 불어넣는 과정도 포함되었다. 그것은 켈리가 생각한 과정과 비슷했지만, 베서머가 공기를 불어넣은 이유는 달랐다. 녹은 철에 공기를 불어넣으면 화학 반응으로 탄소가 제거되고, 따라서 나중에 정확한 양의 탄소를 추가하면 이상적인 강철을 만들 수 있다는 사실을 베서머는 알았다. 이에 반해 켈리는 공기를 불어넣으면 연료를 줄일 수 있다고 이해했다.

켈리는 베서머의 특허 출원 소식을 들은 지 불과 몇 주 후인 1856년 9월 30일에 미국 특허청에 이의를 제기했다. 자신이 그 과정을 1847년에 발명했다며 우선권을 주장한 것이다. 켈리는 십여 명의 증인을 데려와 베서머의 특허 신청을 기각시켰다.[20]

하지만 베서머와 켈리의 공정에는 차이가 있었다. 베서머의 공정은 원하는 결과물을 얻어낼 수 있었지만 켈리의 공정은 그렇지 않았다. 공기를 불어넣는 것만이 강철 제조에 필요한 유일한 공정이 아니었다. 베서머는 이것을 어렵게 알아냈다.

◆

베서머의 초기 실험은 켈리의 공기압 공정과 마찬가지로 선철에서 탄소를 제거했다. 이것이 강철 제조의 중요한 첫 단계인

것은 탄소가 너무 많이 들어 있으면 강철이 생당근처럼 뚝 부러지기 쉽기 때문이다. 하지만 좋은 강철을 만들기 위해서는 또 다른 성분인 인과 망간에도 주목할 필요가 있다. 강철에 인이 너무 많으면 강철이 잘 부러지기 때문에 인을 제거하는 것이 좋다. 하지만 망간은 정반대 효과를 낸다. 즉 망간이 너무 적은 강철도 잘 부러진다. 강철 제조는 인정사정을 봐주지 않는다. 야금학계의 수플레라고나 할까.

베서머의 초기 공정은 우연히 망간을 제거했지만 인은 제거하지 않았다. 사실 그는 자신도 모르게 애초에 인이 적게 포함된 선철을 사용했던 것이다. 베서머는 운이 좋았지만, 그의 실험을 재현하려던 사람들은 그리 운이 좋지 못했다. 그들이 만들어낸 것은 질이 떨어졌고, 베서머가 선전했던 것과 달랐다. 그래서 베서머는 특허권을 팔아 큰돈을 벌었지만 곧 소송을 당해 그 돈을 모두 돌려주고 벌금까지 내야 했다. 결국 베서머는 자신의 특허를, 망간을 첨가하는 공정에 대한 로버트 머시트Robert Mushet의 특허, 그리고 인을 제거하는 공정에 대한 시드니 토머스Sidney Thomas의 특허와 합칠 수밖에 없었다. 모두 합쳐 베서머 공정이라 불린 이 과정은 원하는 결과를 가져다주었다. 베서머 공정에서 일어나는 화학반응들을 둘러싸고 논쟁이 일었지만, 켈리가 그것에 대해 아무것도 몰랐다는 사실에는 논쟁의 여지가 없었다. 특허청의 증언으로 판단하면, 켈리의 직원들은 용융 금속에 공기를 불어넣는 것을 연료 절감법으로 알고 있었을 뿐, 질 좋은 금속을 만드는 방법으로는 생각하지 않은 듯하다.

특허청은 켈리의 신청을 심리하면서, 켈리의 과학적 이해가 부족하다는 점과, 그의 특허 청구 범위와 증거가 불일치한다는 점을 간과했다.[21] 미국 특허청은 이 미국인 발명가에게 미국 특허를 주기로 했다. 1857년 6월 23일에 특허번호 17628이 등록되었고, 공기는 "연료를 사용하지 않고도" 용융물의 온도를 높인다고 명시되었다.[22] 특허의 제목 "철 제조의 개선"에는 강철이 전혀 언급되지 않는다.

켈리는 특허를 받았지만 그것으로 별다른 일을 하지 않았다. 강철을 계속 제조했다는 증거도 없고, 그의 편지에도 이와 관련한 언급은 없다.[23] 게다가 켈리는 파산하고 말았다. 1857년 공황에 따른 영국 경기침체의 여파가 뉴욕 은행들에까지 미쳤고 곧이어 미국 전체를 덮치면서, 켈리는 자금을 조달하지 못해 제철소를 닫아야 했다. 결국 그는 존재감 있는 사람이 되지 못했고, 강철이 대량 생산되기까지는 좀 더 기다려야 했다. 강철을 제조할 생각이 없는 사람이 특허를 쥐고 있었기 때문에 철도 레일과 다리도 생길 수 없었다. 게다가 미국 특허청이 켈리의 특허 신청을 갱신하고 베서머의 신청을 또다시 거절하면서 기다림은 더욱 길어졌다.

남북전쟁이 시작되면서 강철의 필요성이 커지자 미국의 기업가들은 조급해졌다. 철로만 만들어진 레일은 고작 2년밖에 버티지 못해서 자주 교체해야 했다. 하지만 강철 레일은 18년을 버텼다.[24] 미국 기업들은 강철 제조의 공정 전부를 사용할 수 있게 되기를 바랐다. 결국 법적 합의가 도출되어 강철을 빠르게 제조하기 위한 모든 단계가 결합되었다. 공기를 불어넣어 탄소를 제거하는 공정은, 망간을 첨가하는 공정, 인을 제거하는 공정, 그 후 정확한 양의 탄소를 첨가하는 공정과 함께 현장에서 쓰일 수 있게 되었다.

많은 사람들이 베서머가 승리했다고 말할 것이고 실제로 그랬다. 강철 제조법은 미국 전역에서 베서머 공정으로 알려졌으며 헨리 베서머는 부자가 되었다. 하지만 켈리 역시 자신이 오랫동안 바랐던 존재감을 얻음으로써 승리했다. 켄터키주 에디빌에서 그리 멀지 않은 한 마을의 도로변에는 켈리 용광로를 알리는 표지판이 있는데, 거기에는 이렇게 적혀 있다. "이곳에서 윌리엄 켈리가 훗날 베서머 공정으로 알려진 강철 제조법을 발견했다. 이로써 문명은 철의 시대에서 강철의 시대로 이동했다."

강철 제조가 현실이 되면서 이 위대한 물질이 대량 생산되어 국가를 건설했지만, 강철을 만드는 과정에서 전설 또한 레시피에 휩쓸려 들어갔다.

강철은 우리를 어떻게 변화시켰나

베서머 공정을 보고 있으면 마치 가마솥 안의 화산을 보는 것처럼 느껴진다. 엄청나게 높은 온도에서 철과 탄소의 용융물이 눈부신 오렌지색으로 빛나고, 초고온으로 달구어진 공기가 아지랑이처럼 아른아른 피어오른다. 혼합물의 입속을 들여다보면, 부글부글 끓는 표면에 부드러운 연무가 내려앉아 있는 가운데 불길이 아무 때나 아무렇게나 손가락을 쑥 내민다. 연기는 소용돌이를 일으키며 표면에서 미끄러지듯 솟아오르는데, 거기에는 노란색과 붉은색의 선명한 불똥이 점점이 박혀 있다. 하지만 연기, 불길, 불똥은 단지 서곡일 뿐이다.[25] 공기가 도가니로 밀려 들어오면 산불에 불꽃놀이를 약간 섞은 것 같은 소동이 일어난다. 부글거리는 용융물은 천둥소리를 내며 탄소와 공기를 집어삼킨다. 그것은 붉은색에서 오렌지색, 노란색, 눈부신 흰색으로 변하며 이글거린다. 녹은 금속이 탈바꿈한 것이다. 이것이 강철이요, 우리가 아는 세계의 탄생이다.

이 녹은 금속에서 탄생한 강철 레일은 미국을 그물망처럼 연결하는 결합조직이 되었다. 그리고 그것과 함께 많은 것이 등장했다. 누구나 상상할 수 있듯이 사람들이 이주하기 시작했고 그러면서 도시가 성장했다. 이를테면 시카고는 철도의 허브가 되어 팽창했다. 1850년에 3만 명이던 인구가 1890년에는 세 배가 되었다. 원래 있던 도시가 성장하기만 한 건 아니었다. 전에는 존재하지 않던 도시들도 생겨났다. 철도 노선을 따라 흩뿌려진 수많은 먼지투성이 동네들이 오늘날과 같은 완연한 도시의 면모를 갖추었다. 앨버커키, 애틀랜타, 빌링스, 샤이엔, 프레즈노, 리노, 리버사이드, 터코마, 투손은 철도 레일이 낳은 성공한 자식들이다. 삶은 레일의 지배를 받았다. 연결되면 잘 살 수 있고 연결되지 못하면 살아남기 어려웠다.

철도 이전의 여행이 어땠는지 현대의 우리로서는 상상이 잘 안 된다. 하버드 대학 15대 총장 조사이어 퀸시Josiah Quincy, 1772~

1864가 보스턴에서 뉴욕을 다녀와 들려준 이야기는 역마차 여행의 느낌을 간접적으로나마 경험해볼 수 있게 해준다.

뉴욕까지는 일주일이 걸렸다. 마차는 낡고 비좁았고, 마구의 대부분은 밧줄로 되어 있었다. 말 한 쌍은 역마차를 끌고 약 30킬로미터를 달렸다. 사고가 나지 않으면 보통 밤 10시에 휴식장소에 도착했다. 간소하게 저녁을 먹은 후 잠자리에 들 때 다음 날 새벽 3시에 깨울 것이라는 통보를 받지만, 실제로 일어나 보면 두 시 반쯤이다. 그러면 비가 오나 눈이 오나 일어나 뿔 랜턴과 희미한 초에 의지해 떠날 채비를 하고 험한 길을 계속 가야 했다. 간혹 마부가 전혀 취한 기색이 없으면, 인심 좋은 승객들이 정거장마다 위스키 한 잔을 더 권해 결국 취기를 올린다. 이렇게 우리는 역참 사이 30킬로미터 정도를 이동했고, 이따금 마차에서 내려 마부가 수렁이나 바큇자국에 빠진 바퀴를 빼내는 것을 돕기도 했다. 그렇게 일주일의 고된 여행 끝에 우리는 뉴욕에 도착했다.[26]

역마차 여행은 돌을 가공하는 통 모양의 연마기 안을 구르는 것 같았기에, 철도는 사람들에게 큰 환영을 받았다. 철도의 등장으로 여행이 편해지면서 사람들의 머릿속 지도가 다시 그려졌다. 이렇게 거리가 재계산된 예를 1932년판《미국 지리 지도Atlas of the Geography of the United States》에서 볼 수 있다.[27] 이 지도책은 인구조사 데이터를 발췌하여 제작한 것으로, 지도상에는 인구와 인구통계뿐만 아니라 한 지점에서 다른 지점까지의 이

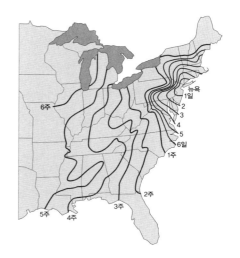

그림18。 1800년에, 특정 시간 내에 어디까지 이동할 수 있는지 나타낸 지도(《미국 역사지리 지도 Atlas of Historical Geography of the United States》에서. 허가를 받아 사용.)

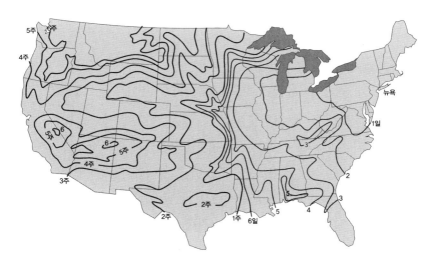

그림19。 1857년에는 수십 년 전에 비해 이동 시간이 크게 줄었다.

동 시간, 즉 여행 속도가 표시되어 있다(그림 18과 19를 보라). 이런 여행 속도는 본격적인 하이킹 지도에서 볼 수 있는, 고도를 표시하는 등고선과 비슷한 곡선으로 그려져 있고, 뉴욕을 출발했을 때 기간별로 어디까지 이동할 수 있는지 보여준다. 지도에 따르면 1800년대 초에는 뉴욕에서 워싱턴 DC까지 역마차로 닷새가 걸렸다. 하지만 불과 몇십 년 후 같은 시간 동안 이동할 수 있는 곳들을 연결하는 선의 범위가 확대되어, 1800년대 중엽에는 뉴욕에서 워싱턴 DC까지 기차로 하루밖에 걸리지 않았다. 선로가 깔리기 전에는 아들이 결혼해서 고향집에서 80킬로미터 정도 떨어진 곳에 살 경우 오가는 데에만 이틀씩 걸려서 자주 가지 못했다. 하지만 기차로 가면 같은 거리를 두 시간이면 가기 때문에 할머니가 손자를 보러 갈 수 있었다.[28] 철도 덕분에 미국은 지리학자들이 '시공간의 압축'이라고 부르는 것을 경험했다. 즉 한 지점에서 다른 지점으로 이동하는 데 걸리는 시간이 줄면서 두 지점 사이 거리의 중요성도 줄어들었다. 다시 말해, 세계가 축소된 것이다.

철도가 깔리기 전에는 시속 30~50킬로미터도 역마차의 2~3배 속도로, 무시무시하게 빠른 것이었다. 하지만 새로운 것이 나오면 늘 그렇듯 저항이 있었다. "신이 자신의 피조물을 증기기관(철도)을 타고 시속 25킬로미터라는 놀라운 속도로 이동하도록 설계했다면, 그는 분명 예언자들을 통해 이를 예시했을 것이다."[29] 이것은 1828년에 미시시피강 서쪽을 연결하는 철도의 개통을 앞두고 오하이오주 랑캐스터 교육위원회가 표명한 의견이다. 하지만 열차는 사람들이 찬성하거나 말거나 도래했고, 이와 함께 속도도 도래했다.

강철 선로와 함께 상업의 성격 자체도 변했다. 열차가 생기기 전에는 작은 상점이 재고를 대량으로 보유해야 했기 때문에 파손이나 도난의 위험이 항상 따라다녔다. 그런데 철도로 몇 주마다 한 번씩 새 상품을 입고해 재고를 보충할 수 있게 되자, 상점 주인들은 재고를 줄여 경영의 위험 부담을 낮출 수 있었다. 그뿐 아니라 영세 자영업의 성격도 바뀌었다. 철도 이전에 서부 변경지의 상인들은 계절 장사를 했다. 여름에는 매출이 꾸준했지만, 겨울이 오면 운하와 강이 얼어붙어서 고객도 상품도 상점에 도착할 수 없었다. 그 당시 상업은 한철 배불리 먹고 나서 내내 굶주리는 것이었다. 하지만 철도로 사시사철 이동할 수 있게 되면서 상품의 흐름이 끊기지 않고 꾸준히 이어졌다.

철과 탄소의 혼합물로 만들어진 강철 레일이 전국 방방곡곡으로 상품을 실어 나르자 사람들은 현지에서 구할 있는 상품에만 의존하지 않아도 되었다. 철도 레일은 미국에서 가파르게 성장했다. 베서머 공정 이전인 1840년에는 약 5,300킬로미터의 선로가 있었다. 그런데 불과 20년 후인 1860년에는 선로 길이가 지구의 적도 둘레보다 약간 더 긴 5만 킬로미터 정도가 되었다.[30] 그리고 1900년에는 지구를 10번 돌 수 있는 길이가 되었다.[31] 즉, 전국 구석구석 선로가 연결되지 않은 곳이 없어졌고 이에 따라 특정 지역의 생산품을 전국 어디서든 구할 수 있게 되었다.

또한 강철 덕분에 사람들은 더욱 만족스러운 식사를 하게 되었다. 철도 레일이 공급지와 소비자를 연결해 충분한 양의 음

식을 모든 사람의 접시에 가져다주었다. 철도 이전에 각 지역
은 지역 내 노동만으로 먹고살았다. 살고 있는 곳에서 장을 보
고 물건을 사는 것이 일상이었다. 하지만 철도 레일로 다른 지
역 상품들을 손에 넣을 수 있게 되자 삶의 방식도 바뀌었다. 미
니애폴리스는 밀가루가 풍부했고, 시카고는 소가 많았고, 루이
지애나는 설탕이 풍족했으며, 미주리는 옥수수가 많이 났다. 각
지역은 지역 생산물을 다른 지역에 공급하고 필요한 물품을 들
여왔다. 이런 자원 교환이 일어나기 위해서는 값싼 운송 수단이
필수였고, 그것이 철도라는 형태로 찾아왔다.

철과 탄소의 혼합물은 강철을 만들어냈고, 강철 레일은 전국
을 연결해 국가를 건설하고 국민을 먹여 살렸다. 하지만 아직
할 일이 더 있었다.

짜깁기로 탄생한 휴일

크리스마스 휴가가 처음부터 이랬던 건 아니었다. 산타와 순록
이 등장한 것은 예수 탄생 다음 해가 아니었다. 아이들은 크리
스마스가 오기까지 적어도 3세기를 더 기다려야 했다.[32] 또 이
휴일은 1800년대까지 유럽에 존재했던 종교적 전통 및 이교도
전통의 다양한 요소를 결합했고, 1843년 영국에서 찰스 디킨
스의 《크리스마스 캐럴》이 출간되었을 때 비로소 우리가 아는
형태가 되었다. 크리마스 휴일이라는 겨울 전통은 디킨스의 책
(그리고 그 책의 등장인물들인 에버니저 스크루지와 꼬맹이 '팁')과

함께 최종적으로 완성되었다.

미국에 크리스마스가 막 도착했을 때, 그것은 해외의 열기에도 불구하고 그다지 인기가 없었다. 1894년에 101세의 제인 브라운 부인은 〈뉴욕타임스〉에 "사람들은 크리스마스보다 새해를 더 중요하게 여겼다"라고 적었다.[33] 브라운 부인은 긴 일생 동안 크리스마스의 변화를 지켜보았는데, 당시 뉴요커는 크리스마스를 지금처럼 중요하게 생각하지 않았다. 또 뉴욕 사람들만 그랬던 것도 아니었다.

필라델피아에서는 크리스마스가 취객들이 거리를 돌아다니며 돈을 구걸하는 재미없는 휴일이었다. 겨울이 오면 공장이 문을 닫기 때문에 돈이 떨어진 노동자들이 크리스마스 휴일을 이용해 부자들을 찾아다니며 기부를 부탁했던 것이다.[34] 무일푼의 실업자들이 기부를 청하며 노래하던 관습은 오늘날에 이르러 크리스마스 캐럴을 부르며 모금을 하는 훨씬 더 즐거운 풍습으로 변했다. 그 후 크리스마스는 중산층의 가치관과 일치하는 형태로 승격되어 "선물을 주고, 양말 속을 채우고, 가족이 모여 맛있는 음식을 먹는" 날이 되었다고 수전 데이비스Susan Davis 교수는 쓰고 있다.[35]

많은 크리스마스 캐럴이 이 무렵에 만들어졌다는 점도 크리스마스의 변모를 뒷받침한다.

1839년 기쁘다 구주 오셨네Joy to the World

1840년 천사 찬송하기를Hark! The Herald Angels Sing

1847년 거룩한 밤O Holy Night

1850년 그 맑고 환한 밤중에It Came upon a Midnight Clear

1857년 동방박사 세 사람We Three Kings

1857년 징글벨Jingle Bells

1868년 오 베들레헴 작은 골O Little Town of Bethlehem[36]

하지만 크리스마스의 이런 변모에는 어두운 이면이 있다. 역사학자 펜네 레스태드Penne Restad는, 경제를 살리기 위해 크리스마스가 선물 주는 날로 변모했다고 말한다.[37] 상품과 선물, 그리고 각종 크리스마스 제품을 운송하기에 강철 레일만 한 것은 없었다.

크리스마스의 다양한 조각들은 하나로 꿰매어져 거대한 태피스트리가 되었다. 먼저 크리스마스 트리가 등장했다. 크리스마스 트리 판매는 19세기에 아주 잘 되는 사업이었다. "여느 상거래만큼이나 경쟁이 치열하고 거래가 활발한 시장이 현재 성장하고 있는데, 이 시장은 오직 크리스마스 트리만 취급한다"라고 1893년에 〈뉴욕타임스〉는 보도했다.[38] 12월 초부터 크리스마스 당일까지 메인주에서 온 상인들은 여러 도시에서 트리를 팔았다. 지금은 흔히 보는 풍경이지만, 당시는 크리스마스 트리를 파는 것이 뉴스거리였다. 크리스마스 트리는 메인주에서 열차에 실려 강철 레일을 따라 뉴욕으로 왔다.

크리스마스 트리와 함께 크리스마스 카드도 등장했다. 1882년에 한 우체국 직원은 "4년 전만 해도 크리스마스 카드는 보기 드물었다"고 하면서 "그 후 대중의 열광에 힘입어 카드 사업은 매년 성장하고 있는 것 같다"고 말했다.[39] 크리스마스

도 레일에 사용되어 미국을 하나로 연결했다. 미국에 강력한 연결 장치가 필요했을 때 링컨이라는 위대한 사람이 등장했고, 그 후 강철이라는 재료가 또다시 다른 형태로 미국을 연결했다. 탄소와 철이 섞인 베서머의 용융물은 처음에는 공간을 압축했고, 이어서 도시와 상업부터 우리가 아는 형태의 크리스마스까지 수많은 흥미로운 것들을 만들어냄으로써 사회를 지금과 같이 기이하고 복잡한 시대로 떠밀었다.

3

전달하다

처음에는 철재, 나중에는 구리로 된 전신선이
빠른 커뮤니케이션을 가능하게 함으로써
정보를 새롭게 형상화하고 의미를 만들었다.

때늦은 소식

1815년 1월 초순이었다. 그날 아침 미국 육군 소장 앤드루 잭
슨은 쌍안경으로 루이지애나의 전장을 주시하고 있었다. 그곳
은 그가 몇 주 동안 영국군을 저지해온 곳이었다. 뉴올리언스시
에서 약 10킬로미터 남쪽에 있는 미시시피강 강변의 질퍽한 둑
에 그가 통솔하는 부대가 있었다. 병사들은 어느 모로 보나 전
문 군인이 아니었다. 일부만이 군인으로 훈련받았을 뿐 나머지
는 개척민, 자원병, 상인, 해방된 노예, 아메리카 원주민들이었
고, 해적도 몇 명 있었다.[1] 훈련된 영국군 1만 명[2]과 대적하는
이 잘 조직되지 않은 4,000명의 병사들[3]의 손에 미국의 운명이
달려 있었다.

1812년 전쟁(영미전쟁 또는 제2차 독립전쟁)은 3년째로 접어들

그림 21. 영국군 지휘관 에드워드 페이크넘 Edward Pakenham, 1778~ 1815. 루이지애나 전투에서 앤드루 잭슨에 맞서 싸웠다.

었고, 전쟁 소식은 말이나 배편으로 전해졌기 때문에 몇 주 뒤에나 세상에 알려졌다. 쉽게 예상할 수 있듯이 미국이라는 새로운 국가는 아직 충분히 큰 군대를 구축하지 못한 터라 전세가 불리했다. 게다가 미국은 대외적으로만이 아니라 내부적으로도 분쟁에 시달리고 있었다. 북부의 주들도 단결되어 있지 않았기에, 영국은 남부인 뉴올리언스를 치면 그 여세가 서부까지 미쳐 미국이 붕괴할 것이라 확신했다. 그 일을 가로막는 유일한 방해물이 호전적이고 성미가 불같은 미국군 장군 앤드루 잭슨이었다.

뉴올리언스 전투는 적국 간의 싸움이었지만 서로 다른 기질 간의 대립이기도 했다. 영국군을 이끈 38세의 소장 에드워드 페이크넘은 교육받은 군인으로, 왕족의 친척이었다. 젊고 건장하고 씩씩한 그는 휘하의 병사들과 소탈하게 어울려서 병사들에게 '네드'라는 애칭으로 불리며 큰 존경을 받았다. 이에 반해 미국군을 이끄는 잭슨은 47세로 이질에 걸려 야위고 수척했으며 1805년의 권총 결투 때 가슴팍에 박힌 탄환도 심장 옆에 그대로 남아 있었다. 그 역시 병사들에게 '늙은 히커리'라는 애칭으로 불렸는데, 히커리가 그들이 아는 가장 단단한 나무였기 때문이다. 잭슨은 교육을 거의 받지 못했고 지휘관으로서의 능력도 검증되지 않았으며 천재적인 군인도 아니었지만, 그에게는 로트와일러 개와 같은 사나움이 있었다.

1815년 1월 8일 동이 틀 무렵, 영국군은 미군을 괴멸시키기 위한 세 번째 시도를 개시했다. 뉴올리언스 근처의 전장은 미시시피강의 흙탕물과 검은 늪지대 사이에 낀 사탕수수 농장 안이었다. 전방

그림 22. 미국군 지휘관 앤드루 잭슨Andrew Jackson, 1767~1845. 그는 뉴올리언스에서 몇 마일 남쪽에 위치하는 샬메트 농장에 진을 쳤다.

에 해자를 파고 흙으로 방호벽을 쌓은 잭슨의 포진은 중앙은 견고했지만 양끝이 취약했다. 영국군은 이 허점을 공략해 양쪽 끝에서 공격할 계획을 세웠다. 영국군을 지휘한 페이크넘 소장은 머리를 쓰는 타입으로, 각 부대가 시계 부품처럼 완벽하게 맞물리며 일사불란하게 움직여야 하는 복잡한 전략을 구사했다. 공격은 총 네 방향으로 이루어졌다. 미시시피강을 건너 공격하는 부대, 미시시피강 상류 쪽 끝에서 공격하는 부대, 늪지대 가장자리를 따라 공격하는 부대, 그리고 포진의 중앙으로 돌격하는 부대였다. 페이크넘은 이 전장을 체스의 수 싸움처럼 보고 적의 '킹'을 잡으면 이긴다고 생각했지만, 잭슨은 체커 같은 소박한 게임으로 간주하고 체커판 위의 말을 많이 잡으면

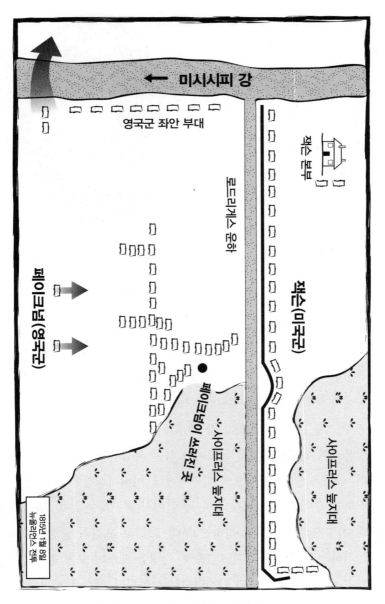

그림 23. 1815년 1월 8일의 뉴올리언스 전투를 묘사한 지도.

이긴다고 생각했다.

전투가 시작되자 곧 전세가 미국군 쪽에 유리해졌다. 미시시피강을 건너 진군하던 영국군의 배가 진창에 빠져 움직일 수 없게 되면서 잭슨의 포진을 후방에서 치기로 했던 공격이 늦어진 것이다. 인간의 실수도 거들었다. 도보로 돌격하기로 했던 영국군 부대가 원래는 사다리를 방벽에 걸치고 올라가 사탕수수 다발을 해자에 던져 넣고 물 위를 건널 계획이었는데, 사다리와 사탕수수 다발을 가져가는 것을 잊어버리는 "어처구니없는 실책"을 저질렀던 것이다.[4] 부대가 이 실수를 깨닫고 다시 돌아가 그것들을 가져오는 바람에 체스판의 말을 움직일 타이밍이 어그러져 동시에 진행해야 하는 작전을 망치고 말았다.

미국군의 머리 위로 대량의 포탄이 날아오기 시작하자, 전투 경험이 없는 병사들은 싸우기도 전에 몸을 벌벌 떨었다. 잭슨은 길들여지지 않은 말을 대하듯 병사들을 달랬다. 그는 동요하지 않고 단호하게 아버지 같은 말투로 병사들의 도망치고 싶은 충동을 억눌렀다. 잭슨의 명령으로 공격이 개시되자, 미국군은 집게손가락으로 머스킷총의 방아쇠를 힘껏 당기거나 대포의 방아끈을 죽 당겨 표적을 겨누고 쏘았다. 당시는 자동식 무기가 등장하기 전으로, 미국군은 전진하는 영국군을 겨냥해 우레와 같은 포성을 울리며 빠르고 가차 없이 공격을 퍼부었다. 영국군은 방호벽을 습격하며 총으로 반격을 가했다. 2시간도 채 되지 않아 포성과 총성이 잦아들더니 간간이 몇 발 들리다가 결국 끊겼다.

자욱한 연기가 걷히자 잭슨은 쌍안경으로 전장을 바라보았다. 붉은 군복을 입은 병사 수천 명이 땅바닥에 쓰러져 있었다. 그들은 마지막 숨을 거둔 장소에서 미동도 하지 않았다. 페이크넘은 대포에 맞아 두 동강이 난 모습으로 누워 있었다. 그런 전쟁터를 바라보던 잭슨도 심장에서 몇 센티미터 떨어진 곳에 옛날의 총탄이 아직 박혀 있었다. 전투는 끝났고, 전혀 이길 것 같지 않았던 미국군은 고작 100명의 전사자를 낸 채 승리를 거두었다.

◆

하지만 승리는 부질없었으며 양국 병사들의 희생은 덧없는 것이었다. 충직한 앤드루 잭슨 소장은 몰랐지만, 뉴올리언스 전투가 시작되기 전 영미전쟁은 이미 끝나 있었다. 잭슨과 영국군이 싸우기 2주 전인 1814년 크리스마스이브에, 양국은 벨기에의 도시 헨트Ghent에서 강화조약을 체결하고 두 나라의 국경과 정책을 전쟁 이전의 조건으로 되돌리기로 합의했다. 하지만 새뮤얼 모스가 전신을 발명하기까지는 아직 20년을 더 기다려야 했기에, 강화 소식은 소포처럼 배로 운반할 수밖에 없었다. 소식은 몇 주 후 워싱턴에 도착했고, 2월 16일에 만장일치로 조약이 비준되었다. 전투 두 달 후인 3월 6일 잭슨이 공식적인 소식을 받았을 때는 이미 루이지애나의 초목이 우거져 영국군 병사들의 유해를 덮고 난 뒤였다.

남부의 사탕수수 밭에서 병사들은 헛되이 목숨을 잃었다. 하지만 소식의 지연은 더 큰 파장을 불러왔다.

역사 속에서 아주 잠시나마 잭슨은 미국에서 가장 훌륭한 군

대를 이끌었다. 그의 군대에는 흑인과 백인, 부자와 빈자, 전문
군인과 아마추어 병사, 원주민과 이주민, 그리고 범죄자까지 있
었다. 그들 사이에는 무수히 많은 차이가 있었지만 공유하는 부
분이 더 컸다. 그들은 행복을 추구할 기회를 원했고 이를 위해
힘을 합쳐 영국군을 물리쳤다. 잭슨은 전투를 치르는 동안 흑인
들에게 백인과 똑같이 포상과 명예를 주겠다고 약속했다.[5] 전
쟁터에서는 아메리카 원주민들을 포함시켜 영국군에 대항했다.
또한 전쟁터 근처의 여성들에게 협조를 요청해 병사들의 의복
과 부상자를 위한 붕대를 준비하게 했다. 잭슨은 다양한 사람
들을 하나로 모았다. 그들은 여럿으로 이루어진 하나였다. 하지
만 이 통합도, 잭슨이 이 사람들에게 부여한 가치도 오래가지 않
았다.

　이 승리 후 잭슨은 인기가 치솟아 결국 대통령이 되었다. 하
지만 재임 중에 그는 미국 땅에서 원주민을 몰아냈고, 그중 상
당수가 '눈물의 길Trail of Tears'(1830~1850년에 걸쳐 미국 정부가 원
주민 6만 명을 강제 이주시킨 사건 – 옮긴이)에서 목숨을 잃었다.
그는 아프리카계 미국인 노예 제도를 계속 유지했으며 자신의
농장에서 노예를 부려 큰 부를 축적했다. 또한 자산가만 가졌던
투표권을 모든 백인이 누릴 수 있도록 확대했지만 여성은 거기
에 포함되지 않았다. 잭슨은 '국민의 대통령'으로 알려지게 되
었지만 자신과 공통점이 있는 국민의 삶만을 개선했다. 그 밖의
모든 사람은 체스판 위의 말처럼 되돌려 보내거나 못 들어오게
막았고, 아메리카 원주민은 제거했다. 잭슨은 뉴올리언스 전쟁
터에서 잠깐이나마 흑인, 케이준인Cajun, 크리올인creole, 원주민,

백인을 이끌며 그들을 하나로 통합했다. 그는 미국의 모세가 되어 미국을 속박에서 구해냈다. 하지만 전쟁 후 약속을 어기면서 미국의 파라오가 되었다. 만일 당시에 새뮤얼 모스의 전신이 있었다면 불필요한 전투를 치르기 전에 강화 소식이 전해졌을 것이다. 그랬다면 잭슨의 권력으로 가는 길이 막혔을 것이고, 전후의 미국 또한 달라졌을지도 모른다.

번개를 전송하다

설리호 갑판에서 새뮤얼 모스는 눈물을 글썽이며 대서양 건너편의 고향을 물끄러미 바라보았다. 그는 우편선을 타고 뉴욕시로 돌아가고 있었다. 우편물과 상품이 실린 이 범선은 센강과 영국 해협이 만나는 곳인 프랑스 르아브르항을 출발해 변덕스러운 바람의 힘으로 전진해왔다. 모스가 프랑스를 출발한 날은 1832년 10월 1일로, 얼마 뒤면 그의 결혼기념일이었다. 모스는 그때까지 7년 동안 이 날이 다가올 때마다 슬픔에 잠겼다. 모스 본인은 자신의 유럽행을 회화 기법을 연마해 화가로서의 경력을 쌓기 위해서라고 설명했을지 몰라도, 그의 몇 안 되는 친한 친구들은 그가 3년 동안이나 유럽에 있었던 까닭은 죽은 아내 루크리셔를 잊지 못해서라고 수군거렸을 것이다. 루크리셔가 1825년에 심장마비로 사망했을 때 모스는 깊은 상처를 입었고, 그날 이후로 하루도 평온한 날이 없었다. 훗날 모스는 남동생에게 "상처가 날마다 새로 덧난다"고 털어놓았다.[6] 모스의 슬픔이

유난히 더 컸던 것은 사랑하는 아내에게 작별인사를 할 기회조차 없었기 때문이다. 아내의 죽음 후 모스는 삶의 무게가 너무 무거워 대서양을 건너 유럽으로 도피했다. 유럽, 특히 런던은 그의 유년기를 형성한 곳으로 회화 기법을 배워 화가가 될 결심을 새롭게 다질 시간을 준 곳이었다. 하지만 우울하고 가난한 41세 남자가 된 그는 이번에는 세 자녀를 친척과 친구들에게 맡겨놓고 프랑스로 갔고, 이어서 이탈리아로 갔다. 그는 시간이 흐르고 공간이 바뀌면 상처가 치유될 거라고 믿었다.

예일 대학에 다니며 오래된 붉은 벽돌 건물 주변을 산책할 때부터 모스는 화가가 되기를 꿈꾸었다. 그는 스스로 "미술 내의 지적인 분야"[7]라고 불렀던 것을 즐기게 되었고, 유럽의 거장들이 해왔듯이 벽화와 역사적 장면으로 캔버스를 채웠다. 또한 그는 자신의 노동으로 안락하게 살 수 있기를 기대했다. 하지만 안타깝게도 키가 180센티미터가 넘는 건장한 체구였던 젊은이는 이제 수척하고 여위어버렸다. 게다가 그의 작품 대부분이 초상화인 것도 문제였다. 미국인은 초상화를 사랑했지만, 그는 초상화가 표현 양식으로서 다른 것만 못하다고 생각했기 때문이다. 그래도 20대와 30대에는 생활비를 벌기 위해, 본가에서 역마차로 며칠이면 닿는 뉴잉글랜드 지역과, 어머니의 친척이 사는 사우스캐롤라이나를 두루 다니면서 돈을 지불하면 누구든 초상화를 그려주었다.

1825년 1월, 운 좋게도 모스는 미술계에서 자신의 입지를 한 단계 높일 절호의 기회를 얻었다. 유명한 라파예트 후작의 전신 초상화를 의뢰받은 것이다. 프랑스 군인 라파예트는 미국 독

그림 24。 모스는 아내 루크리셔의 무덤으로 달려갔다. 루크리셔는 코네티컷주 뉴헤이븐에 있는 가족 묘지에 묻혔다. 아내의 죽음은 훗날 모스가 전신을 발명하는 동기가 되었다.

립전쟁 때 의용군을 지휘하며 미국인과 어깨를 나란히 하고 싸웠던 영웅으로, 당시 몇 안 되는 생존자였다. 모스는 라파예트를 조지 워싱턴 다음으로 존경했다. 모스의 아버지 제디디아 모스는 워싱턴의 친구였다. 강성 프로테스탄트 목사이자 미국의 유명한 지리학자였던 제디디아는 아들이 화가가 되는 것을 원치 않았다. '핀리'라는 중간 이름으로 불리던 새뮤얼 모스는 가난하게 살고 싶지도, 본가에서 멀리 떠나고 싶지도 않았다. 그는 어린 시절에 기숙학교에서 도망쳐 엄격한 부모님 품으로 돌아온 적도 있었다. 그래서 뉴햄프셔주 콩코드에서 초상화를 그리다 만난 루크리셔와 마침내 결혼했을 때, 모스 인생의 결핍이 마침내 채워졌고 두 사람은 "강한 애정"으로 맺어졌다.[8] 그런 아내의 죽음은 그를 무력하게 만들었고, 아내의 죽음을 알게 된 방식도 그에게 깊은 상처를 남겼다.

1825년 겨울 워싱턴 DC에서 라파예트는 초상화를 남기기 위해 이틀에 걸쳐 의자에 앉아 있었다. 그사이에 모스는 호텔에서 아내에게 편지를 썼다. 그는 자신이 참석한 백악관 행사 소식을 전하고 2월 10일 목요일 날짜로 "답장을 기다리며"라고 쓰고 편지를 봉했다.[9] 3주 전 코네티컷주 뉴헤이븐에서 모스의 부모와 함께 지내던 루크리셔가 셋째 아이를 출산한 참이었다. 회복이 느린 편이었지만 꾸준히 좋아지고 있는 듯했다. 어쨌든 그녀의 기분이 좋은 것만은 분명했다. 루크리셔는 침실로 갈 때마다 곧 뉴욕에서 남편과 만날 날이 기다려진다고 말했다고 한다.

아내에게 편지를 보내고 며칠 후인 토요일, 모스는 아버지로부터 뜻밖의 짧은 편지를 받고 뭔가 잘못되었음을 직감했다. 아버지는 청교도의 후손답게 감정에 쓸데없이 에너지를 낭비하지 않는 사람이었는데, 그 편지의 첫머리는 "사랑하는 아들에게 애정을 담아"로 시작하고 있었다.[10] 이어 "가슴이 몹시 아프고 매우 슬프구나"라고 하면서 "네가 가장 사랑하는, 그리고 사랑받아 마땅한 네 아내가 갑자기 뜻하지 않게 죽었다"라고 전했다. 루크리셔는 모스의 편지를 받지 못했다. 왜냐하면 모스가 양피지에 펜으로 편지를 쓰기 사흘 전에 세상을 떠났기 때문이다. 루크리셔는 편지에 따르면 불치병인 '심장병'으로 월요일 밤에 숨을 거두었다고 했다. 이 비극적인 소식을 받자마자 모스는 워싱턴에서 역마차를 타고 뉴헤이븐으로 급히 떠났다. 일요일에 볼티모어, 월요일 밤에 필라델피아, 화요일에 뉴욕을 거쳐 수요일 밤 마침내 뉴헤이븐에 도착했다.[11] 모스가 도착했을 때는 루크리셔가 묻힌 지 나흘이 지나 있었다.

모스는 라파예트의 초상화를 완성하기 위해 뉴욕의 화실로 돌아왔다. 그때 캔버스에 그려진 먹구름은 그 지휘관의 넓적한 얼굴과 대비시키기 위한 예술적 기교만은 아니었을 것이다. 그건 모스의 마음을 드러내는 것이기도 했다. 이후 몇 년 동안 그는 미술계에서의 입지를 더 확고히 하려는 시늉을 했고, 그렇게 얻은 명성으로 상실감을 채울 수 있었다. 하지만 대체로는 삶의 의욕을 느끼지 못했다. 몇 년이 지나도 그의 시간은 루크리셔가 죽은 그때에 멈춰 있었다. 그는 소식이 늦는 것을 저주했다. 예전에도 편지가 굼벵이처럼 느리게 간다고 불평한 적이 있었다. 몇 년 전 젊은 시절에 그는 런던에서 부모님에게 보내는 편지에 이렇게 썼다. "순식간에 정보를 전할 수 있으면 좋겠어요. 하지만 500킬로미터를 순식간에 이동할 수는 없어요"라고 쓴 뒤 "서로의 소식을 들으려면 4주나 기다려야 해요" 하고 한탄했다.[12] 아내의 죽음으로 소식을 빠르게 받고 싶다는 바람은 더욱 커졌다. 아내를 잃은 슬픔이 너무 컸던 그는 위안을 찾기 위해 해외 여행이라도 떠나야 했다. 모스는 어머니를 잃은 세 자녀를 친척에게 맡기고 서둘러 유럽으로 향했다.

◈

1832년, 모스는 외국에서 얻으려던 명성과 부에는 한 발짝도 가까이 가지 못한 채 설리호에 몸을 싣고 고국으로 돌아가고 있었다. 배 안에서 보내는 7주라는 긴 시간 동안, 내키지는 않았지만 그 배에 동승한 19명의 승객들과 안면을 트게 되었다. 승객들은 식사를 함께했기 때문에 여행하는 동안 서로의 일을 알게 되었고, 그러면서 바다 위에 떠 있는 고립된 커뮤니티가 생겨났다. 어느 날 저녁을 먹던 중, 보스턴의 젊은 의사로 나중에 지질학자가 된 찰스 T. 잭슨이 파리 의과대학의 강의에서 본 전기 실험 이야기를 꺼냈다. 그는 전기와 전자석에 관심이 많다고 하면서, U자형 자석에 와이어를 감으면 자석이 더 강해진다고 말했다. 그리고 U자형 자석 주위에 와이어를 여러 번 감고 전기를 흘려보냈을 때 전기가 순식간에 이동한 실험에 대해 장황하게 이야기했다. 듣고 있던 사람들이 믿을 수 없다는 표정을 짓자, 이번에는 미국 영웅 벤저민 프랭클린 이야기를 꺼냈다. 프랭클린은 뇌우 속에서 연날리기 실험을 한 것으로 유명하지만 그 밖에 수 킬로미터의 와이어를 통해 전기 스파크를 보내는 실험도 했다. 그 실험에서 프랭클린은 한쪽 끝에 스파크가 번쩍인 순간 똑같은 스파크가 반대쪽 끝에서도 번쩍이는 것을 목격했다.[13] 그 이야기를 듣고 누군가가 소식도 그렇게 빠르게 보낼 수 있으면 정말 좋겠다고 말했다. 그 순간 지금까지 멍하게 있던 모스가 불쑥 말했다. "안 될 것도 없잖아요?"[14]

대화는 계속되었지만 모스의 정신은 이미 다른 곳에 있었다. 모스에게 어떤 아이디어가 번개처럼 떠올랐다. 저녁식사 후 그는 설리호의 갑판에 올라가 편안히 휴식을 취하며 스케치북에 아이디어를 그렸다. 밤새도록 찬바람을 쐬며, 전기에 메시지나 '정보'를 실어 와이어를 통해 보낸다는 개념을 풀어나갔다. 예일 대학에 다닐 때 모스는 자연철학 교수 제러마이아 데이의 물리학 수업을 들었다. 데이 교수는 학생들에게 둥그렇게 서서 손을 잡도록 하고, 한 남학생에게 전기 충격을 가했다. 모스는 집으로 보내는 편지에 "마치 누군가에게 팔을 한 대 얻어맞은 것 같았다"라고 썼다.[15] 모든 학생이 동시에 충격을 느꼈다. 모스는 전기가 순식간에 이동할 수 있다면 메시지도 즉시 보낼 수 있지 않을까 하고 생각했다. 그런 방법을 찾아낸다면 기숙학교에 들어간 소년이 이따금 부모의 사랑을 느낄 수 있을 것이고, 런던에서 공부하는 미국인 학생이 고향집과 연락하거나 죽어가는 아내에게 남편이 작별인사를 하는 일도 가능할 터였다.

다음 날 아침식사 자리에 모스는 전날 입었던 옷을 입고 나타나 밤새 몸에 밴 퀴퀴한 짠내를 풍겼다. 그 가을밤 대서양 한 가운데서 모스는 생각하고 또 생각했다. 현실을 떠나 바다 위에서 문명과 차단된 채 세계와 소통하는 방법을 궁리했던 것이다. 모스는 자신이 '전자기 전신'이라고 부른 그 아이디어에 푹 빠졌고, 기회만 있으면 찰스 T. 잭슨에게 질문을 하면서 노트에 아이디어를 적고 전기 신호를 보내는 방법을 궁리했다.[16] 그가 그리다가 선실에 둔 그림은 미완성으로 남았다. 그의 뮤즈가 '발명'이라는 새로운 영감을 주었기 때문이다. 설리호는 구약성경에 나오는 요나의 고래처럼 모스를 삼켰고, 고래 뱃속에서 곰곰이 생각하던 모스는 미술에서 발길을 돌려 발명이라는 새로

그림 25。 설리호 갑판에서. 새뮤얼 모스는 유럽 생활을 마치고 뉴욕으로 돌아가는 길에, 단어를 코드로 압축하여 전기로 메시지를 보내는 아이디어를 떠올렸다.

운 방향으로 나아갔다. 11월 15일 설리호가 뉴욕항에 닻을 내렸을 때 모스의 아이디어는 머릿속에서 구체화되어 있었다.

항구에 도착해 두 남동생 시드니와 로버트를 보자마자 모스는 전기를 이용해 '정보'를 보내는 장치에 대한 자신의 생각을 늘어놓기에 바빴다. 모스가 회화 기법을 연마하기 위해 집을 떠난 지 삼 년이나 되었으니 남동생들은 그간 모스의 자식과 가족, 그리고 나라 소식에 대해 하고 싶은 이야기가 무척 많았을 것이다. 하지만 그 삼 년간의 소식은 바다에서 6주 동안 모스에게 계시처럼 떠오른 아이디어에 밀려나고 말았다. 배에 오를 때 모스는 낙담하고 비탄에 잠겨 가슴이 텅 비어 있었지만 바다가 새로운 열정을 채워주었다. 그는 삶의 새로운 기회를 발견해서 배에서 내렸다. 하지만 당장에 할 일은 다시 자리를 잡고, 늘 떨어져 살았던 아이들과 함께 생활을 꾸려나갈 방편을 찾는 것이었다.

1835년에 모스는 뉴욕 대학(지금의 NYU)에서 미술 교수 자리를 얻었고 그것으로 자존심은 충분히 세웠다. 그는 고딕 양식의 견고한 건물 안에서 다시 고급 미술을 시도하면서, 1834년부터 이 년 동안 국회의사당 원형 홀에 내부 그림을 그리는 대규모 공공 작업을 수주받으려고 했다. 미국이 혁명의 꿈에서 실제 국가로 바뀌자 수도 워싱턴은 유럽의 다른 도시들과 어깨를 나란히 하기를 바랐고, 그러려면 미국이라는 나라가 탄생한 이유와 사정을 설명하는 그림이 필요했다. 하지만 확실해 보였던 수주 기회는 날아가버렸고 모스는 크게 낙담했다. 설상가상으로 초상화를 원하는 고객의 수는 해마다 줄었다. 모스는 왕족처럼 행세했지만 주머니는 텅 비어 있었다. 열정을 바친 대상에게 배신당한 것처럼 느꼈던 그는 미술에 대해 "내가 그녀를 버린 게 아니라 그녀가 나를 버렸다"라고 말했다.[17]

◈

모스의 마음에 안정을 가져다준 것은 남몰래 했던 전신 연구였다. 설리호에서 갑자기 영감을 얻은 후 모스는 아내가 죽은 뒤로 잊고 있던 열정을 안고 집으로 돌아왔다. 그는 우선 부품들을 모아 와이어를 통해 전기 신호를 보내는 원시적인 장치를 조립했다. 그것의 이름은 '전자기 전신'이었다. 그렇게 이름 붙인 이유는 이미 존재하던 시각 전신(또는 광전신)과 구별하기 위해서였다. 이는 텔레그라프 힐Telegraph Hill이라는 언덕에서 흔히 볼 수 있는 기둥에 기계 '팔'을 부착한 장치로, 가로대식 신호기로 메시지를 보내는 방식이었다.

모스는 뉴욕의 화실에서 주변에 있는 도구들을 이용해 초기 전자기 전신을 만들었다. 캔버스를 펴서 붙이는 나무틀을 작업대에 놓고, 톱으로 연필을 반으로 자르고, 낡은 시계를 분해해 안에 든 톱니바퀴를 꺼냈다.

모스의 장치는 놀이터에서 보는 놀이기구와 비슷했다. 나무틀에는 작은 그네를 달았다. 그네에는 아이가 앉는 대신 연필이 놓였고, 엄마가 그네를 미는 대신 와이어를 감은 U자형 자석에 전기 펄스가 흘러 연필을 움직였다. 펄스의 보이지 않는 손가락들이 연필을 들어 올리고 내리면서 길쭉한 종이에 스타카토 리듬으로 무언가를 끄적였다. 연필이 지나간 자국은, 마치 초등학교 3학년생이 알파벳 쓰기 연습용지에 그린 v자처럼 v자가 서로 맞닿거나 간격을 두고 떨어져 있는 모습이었다. v자의 뾰족한 밑부분은 모스 부호의 '점(·)'을 나타냈고, 그 사이에 이어진 선은 '대시(−)'를 뜻했다. 이런 점과 대시들은 전기 신호에 의해 만들어졌고, 전기 신호는 모스의 전자기 전신의 다른 부분인 '송신기'에서 생성되었다.

송신기에서 점과 대시를 보내기 위해 모스는 또 다른 놀이 기구인 '시소'를 빌렸다. 시소의 한쪽이 올라가면 다른 쪽은 내려가는데, 거기에 방울뱀의 독니처럼 와이어가 튀어나와 있었다. 그것이 아래쪽에 놓인 액체 수은에 담기면 회로가 연결되어 전기가 구리선을 지나 수신기로 간다. 점과 대시를 만들어내기 위해, 모스는 동생 집에 있는 벽난로의 연료받이 일부를 녹이고 거기서 얻은 액체 납을 틀에 부어 얇은 자를 주조했다(그러다 실수로 납을 흘려 카펫 일부를 태우기도 했다).[18] 그런 다음 그 자를 잘라, 톱날 같은 이빨이 전체가 아니라 일부만 있는 금속 조각들을 만들었다. 톱니 부분은 점을 뜻하고 톱니가 없는 부분은 대시를 뜻했다. 설리호에서 적은 메모를 토대로, 모스는 톱니 개수와 톱니 간격에 기초한 숫자 코드를 고안했다. 화실로 돌아와 그는 톱니가 있는 금속 조각들을 시소 아래쪽에 놓고 부호에 따라 미끄러뜨렸다. 톱니 하나가 시소의 한쪽 끝을 밀어 올리면 반대쪽 끝이 내려와 전기 펄스를 수신기로 보냈다. 그러면 연필이 길쭉한 종이에 v자를 휘갈겨 썼다. 시계 톱니바퀴는 종이를 앞으로 밀어 보냈다. 모스는 자신이 만든 사전에 따라 점과 대시를 숫자로 번역하고, 숫자를 다시 글로 번역했다.

그림 26. 모스의 초기 전신은 그의 화실에 있던 부품들로 만들어졌다. 코드를 수신하는 장치는, 캔버스를 고정하는 나무틀에 전자석을 올린 것이었다. 전자석은 연필을 앞뒤로 밀어 길쭉한 종이에 코드를 쓰게 했다. 시소 장치는 톱니 위를 미끄러지며 코드를 전송했다.

이런 잡다한 장치들을 제대로 작동시키는 데는 화가의 일처럼 미적 감각이 필요하진 않았지만, 그래도 그것은 여간 힘든 일이 아니었다. 모스는 수중에 있는 부족한 돈으로 와이어를 사서 자신의 아파트에 둘러치고 되도록 긴 경로로 메시지를 이동시켜보았다. 그런데 한 번은 톱니를 미끄러뜨려 메시지를 만들어내고 송신기를 눌러 회로를 연결했는데도 수신기가 작동하

그림 27。 새뮤얼 F. B. 모스 Samuel Finley Breese Morse, 1791~1872. 전자기 전신으로 메시지를 빠르게 주고받는 방법을 발명했다.

지 않았다. 부품을 확실히 조이고 연결이 제대로 되었는지 확인해가며 몇 번을 반복해보았지만 수신기는 꿈쩍도 하지 않았다.

아마추어의 노하우로는 한계가 있었다. 과학적 전문성이 필요했다. 1836년 1월 모스는 뉴욕 대학 동료이자 화학자인 레너드 게일 교수에게 도움을 청했다. 게일은 즉시 문제를 찾아냈다. 긴 호스를 이용해 물을 멀리 흘려보내려면 큰 압력이 필요하듯이, 전기도 멀리 이동시키려면 밀어내는 힘이 더 필요했다. 모스는 예일 대학에 다닐 때 벤저민 실리먼 Benjamin Silliman 교수의 수업에서 배운 대로 배터리를 하나만 연결했는데, 게일은 대열을 이루는 병사처럼 배터리 여러 개를 일렬로 연결할 필요가 있다고 조언했다.[19] 각 배터리의 힘이 더해져 전기가 강해지기 때문이다. 게일은 와이어를 감은 U자형 자석도 점검했다. 모스는 자석에 구리선을 몇 번 느슨하게 감았는데, 자석의 세기가 충분하려면 수백 번까지는 아니더라도 수십 번은 감아야 했다. 게일은 그 사실을 뉴저지 칼리지(훗날의 프린스턴 대학)의 물리학 교수 존 헨리가 쓴 1931년 논문을 읽고 알았다. 모스는 개선할 점들을 기록해두었다가 장치를 수정해 다시 작동시켰다.

◈

새뮤얼 모스는 그림과 발명에 매진했지만 정치에 휘둘리기도 했다. 확고한 프로테스탄트로 자란 모스는 교황과 가톨릭교회를 극도로 싫어했다. 모스만 그랬던 게 아니다. 미국에 아일랜드계 가톨릭교도 이민자들이 대거 유입되면서, 많은 미국인은 이민자들 탓에 파이의 몫이 줄어들까 봐 두려워했다. 모스는 "우리의 민주주의 제도가 훼손되고 있다"고 하면서, 미국은 "위험하고 무지한 외국인의 유입으로 민주주의 제도가 위협받는 위험한 상황을 막아야 한다"고 호소했다.[20] 모스와 대중의 분노는 특정 국적과 종교를 지닌 사람들을 향한 혐오로 번졌다. 모스는 미국 시민을 지키기 위해 결성된 반이민당에 가입했다. 당원들은 자신들을 '네이티브 아메리칸Native American', 즉 미국 원주민이라고 불렀다. 아내를 여의고 예술에 버림받은 모스가 마지막으로 사랑을 바친 대상은 국가였다. 그는 누가 미국인이 될 수 있으며 누가 미국인이 될 수 없는지에 대해 확고한 생각을 지니고 있었다. 심지어 노예제도는 신이 만든 사회 질서라고 믿기까지 했다.[21] 자신이 생각하는 미국을 지키기 위해 모스는 반이민·반가톨릭 공약을 내걸고 뉴욕 시장 선거에 출마했다. 그는 무의식의 억제할 수 없는 충동에 이끌려 자신의 생각을 웅변하며 염원대로 명성을 얻었지만, 선거에는 참패했다. 아버지가 항상 "한 번에 두 가지를 잘할 수는 없다"[22]고 타일렀을 정도로 변덕스러웠던 이 남자는 발명으로 되돌아왔다. 그렇지만 누가 미국인이고 누가 미국인이 아닌지에 대한 자신의 생각을 밀어붙이기를 멈추지 않았다.

◆

모스는 남몰래 전신 실험을 해오다가, 마침내 비공식적으로 뉴욕 대학 학생들에게 자신의 발명을 보여주기 시작했다. 실험은 대체로 성공했지만 그는 슬슬 걱정이 되기 시작했다. 다른 형태의 전신들, 특히 프랑스의 시각적 전신(광학적 전신)이 신문에 보도되었기 때문이다. 전신의 최초 발명자를 특정하기 어려워지고 있었다. 그래서 모스는 사실을 바로잡기 위해 자신의 연구를 공개하고 언론매체에 자신의 발명에 대한 기사를 쓰도록 요구했다. 그런 노력은 효과가 있었지만 역효과도 불렀다. 설리호에 동승했던 전기광 찰스 T. 잭슨이 곧 모스에 대한 기사를 읽고 자신이 공동 발명자이므로 후속 기사에는 그렇게 써야 한다고 주장한 것이다.[23] 자신의 모든 에너지를 전신에 쏟아 부은 모스는 그 주장에 동의할 수 없었다. 서로를 향한 두 사람의 악감정이 점점 커지면서 법적 다툼도 불사할 기세가 되었다. 그러는 동안에도 모스는 전기 신호의 내구성을 높여나갔다.

1837년 9월 2일, 모스는 친구, 학생, 교수들 앞에서 투박한 전신 장치를 선보였다. 게일 교수의 강의실로 쓰던 긴 강당에 500미터가 좀 넘는 구리선을 치고 전기 신호를 보내는 데 성공했다.[24] 관중 속에는 30대 남성 앨프리드 베일이 있었다. 뉴욕 대학에서 신학을 공부하고 당시는 뉴저지에 있는 아버지의 제철소에서 기계공으로 일하고 있었던 그는 눈앞의 실험에 충격을 받고 그 잠재력에 매료되었다. 베일은 비참한 대상을 그냥 지나치지 못하는 목사의 마음을 가진 사람이었지만, 건강이 좋지 않아 천직으로 여겼던 목사가 되지 못했다. 소년 같은 얼굴과 검은 머리, 성자 같은 인내심을 지닌 그는 새로운 소명을 찾고 있었다. 모스의 장치는 원시적인 것처럼 보였지만, 자신이 가진 치유의 손으로 그 나무틀을 기계 부품이나

그림 28。 앨프리드 루이스 베일Alfred Lewis Vail, 1807~1859. 그는 모스의 아이디어들 가운데 다수를 실현시켰으며 종종 개선하기도 했다.

전기 부품을 사용한 금속제 장치로 바꿀 수 있을 것이라고 확신했다. 솜씨가 좋고 침착한 베일과 의욕은 넘치지만 쉽게 흔들리는 모스는 서로를 보완할 수 있었기에, 두 사람은 협력하기로 하고 각각 앤드루 잭슨 시대의 스티브 워즈니악과 스티브 잡스가 되었다.

몇 달에 걸쳐 전자기 전신의 부품을 금속으로 바꾸고, 혁신적인 수신용 전자석receving magnet(지금은 릴레이라고 불리는 중계기)으로 신호를 더 멀리 보낼 수 있게 되었을 때 그들의 운이 바뀌기 시작했다. 미국 연방의회가 발명대회 전단을 배포해 장거리 메시지를 보낼 수 있는 최선의 아이디어와 발명을 모집한다고 알린 것이다. 그것을 읽은 모스는 승리의 기쁨이 눈앞에

와 있는 듯했다. 베일과 모스는 이 대회에서 우승하는 데 온 에너지를 집중했다.

전신 장치가 점점 견고해지자, 모스는 1837년 9월에 특허 예비신청(가출원)을 함으로써 법적 기반을 확보했다. 베일은 조립을 마친 후 뉴저지주 모리스타운에 있는 아버지의 스피드웰 제철소에서 테스트를 시작했다. 그곳은 모스의 뉴욕 화실보다 넓은 목재로 된 바닥 공간을 쓸 수 있었을 뿐 아니라, 좋은 공구들도 있었다. 1838년 1월 6일 추운 겨울날, 베일은 낡은 창고 안에서 3킬로미터가 조금 넘는 와이어를 사방의 벽에 둘러치고 실험을 실시해 성공을 거두었다.[25]

한층 자신감을 얻은 두 사람은 워싱턴에서 열릴 예정인 프레젠테이션을 준비하기 위해 자신들의 장치를 공개적으로 시연하기 시작했다. 먼저 모리스타운 주민 수백 명 앞에서 3킬로미터의 와이어를 통해 전기 스파크 메시지를 보냈다. 다음으로, 뉴욕 대학에서 16킬로미터의 와이어를 통해 메시지를 보냈고, 필라델피아의 프랭클린 연구소에서도 같은 길이의 와이어로 신호를 보냈다. 그들의 전신 장치가 발전함에 따라, 모스는 사전을 봐가며 수천 개의 숫자 코드를 단어로 변환하는 거추장스러운 방법 대신, 문자와 숫자를 점과 대시로 나타내는 간편한 코드를 도입했다. 수차례의 실험에서 성공한 경험과 점과 대시라는 새로운 알파벳을 갖춘 모스는 워싱턴의 정부 관계자들에게 자신의 발명으로 무엇을 할 수 있는지 보여줄 준비가 되어 있었다.

2월 15일부터 모스는 워싱턴 DC에서 전신 공개 실험을 시작했다. 2월 21일에는 당시 대통령이던 마틴 밴 뷰런 앞에서도 실험을 했다. 모스는 16킬로미터가 넘는 와이어로 메시지를 전송하는 실험에도 성공했다. 결코 말을 아끼는 법이 없는 정치인들도 말을 잇지 못했다. 발명대회에 참가한 다른 응모자들은 느린 수기 신호를 사용해 '정보'를 전했다. 모스는 인류가 일찍이 본 적이 없는 가장 빠른 통신 수단으로 열 개의 단어를 즉시 전송했다. 다른 수단들은 사실상 명함도 내밀 수 없었다. 그의 승리는 큰 축하를 받을 만했다. 그러나 모스에게는 아직 넘어야 할 산이 남아 있었는데, 그것은 바로 새 발명품을 설치해 실용화할 자금을 조달하는 문제였다. 이는 '모스에게 전신선 부설 자금을 주겠다'는 법안을 미국 연방의회에 상정해 통과시켜야 하는 일이었다.

◆

모스는 법안이 의회에 상정되기를 기다리는 사이, 1838년 5월에 외국 특허를 취득하기 위해 영국과 그 밖의 유럽 지역들로 긴 여행을 떠났다. 미국 특허는 이미 4월에 신청했기 때문에 자신이 있었다. 미국에서 거둔 승리의 달콤한 향기가 콧구멍을 간지럽히는 가운데, 그는 다른 나라에서의 특허 취득 가능성을 알아보기 위해 유럽과 러시아로 향했다.

먼저 영국에서 특허를 따내려고 했지만, 특허 당국은 이미 영국판 전신이 존재한다는 이유로 그의 말을 들으려고도 하지 않았다. 모스가 미국에서 전신을 발명하기 위해 고군분투하는 동안, 영국에서는 찰스 윗스톤Charles Wheatstone, 1802~1875과 윌리엄

쿡William Cooke, 1806~1879이라는 두 발명가가 전선으로 메시지를 보내는 독자적인 방법을 개발한 것이다. 모스는 특허를 딸 수 있는 여지를 만들기 위해 아이디어의 독자성을 제시하려 했다. 영국판 전신은 꺾이는 나침반 바늘로 메시지를 시각적으로 보여주는 반면, 모스는 전자석으로 연필을 움직여 종이 위에 메시지를 썼다. 영국판 전신은 바늘 다섯 개의 위치가 한 글자를 나타낸 반면, 모스는 점과 대시라는 단순한 코드를 번역했다. 영국 전신은 여섯 개의 와이어가 신호를 보냈지만, 모스의 장치는 한 개면 족했다. 게다가 모스의 장치는 연필이 메시지를 휘갈겨 적는 방식이었지만, 영국판 전신은 그렇지 않았다. 모스에게는 둘의 차이가 명백했다. 그러나 그가 자신을 전신의 최초 발명자라고 부르며 미국 신문에 자신의 발명을 공표한 일이 그에게 불리하게 작용했다. 발명을 공표하면 영국에서의 특허 획득 기회는 무효화된다. 더구나 특허 당국은 모스의 특허 신청서에 적힌 '악마의 디테일'(거추장스러운 세부 사항 – 옮긴이)을 조사할 생각이 없었다. 이러한 이유로 영국에서 특허를 취득하려던 시도는 실패로 끝났다. 다음으로 그는 프랑스로 향했다.

파리에서의 성과도 나을 게 없었다. 그의 전신은 특허를 획득할 수 있었지만, 프랑스에는 발명이 1년 이내에 실용화돼야 한다는 추가 규정이 있었다. 전신장치를 설치하는 계획은 처음에는 유망해 보였지만 결국 가능성이 사라지고 말았다. 러시아에서도 긍정적인 결과를 얻지 못했다. 모스는 일 년 가까이 외국을 돌아다니느라 전신을 개량하는 데 쓸 수 있었던 귀중한 시간만 허비하고 1839년 4월에 빈손으로 귀국했다.

1840년에 모스의 미국 특허가 6월 20일자로 등록되었지만 전신망 설치에는 아직 진전이 없었다. 1837년 공황(미국의 금융위기) 이후 불황의 먹구름이 의회와 국내의 새로운 아이디어에 그림자를 드리워 모든 것이 동면 상태에 빠졌다. 그사이 모스는 발명을 제쳐두고 1841년 4월 또다시 뉴욕 시장 선거에 출마했다. 이번에도 반이민 반가톨릭 공약을 내세웠고 이번에도 낙선했다. 모스는 선거 운동을 하는 동안 틈틈이 전신의 가치를 사람들에게 알리려고 노력했다. 하지만 법안이 채택될 기미가 보이지 않자, 선거 후 워싱턴으로 가서 의원들을 상대로 지지를 호소했다. 관공서의 일처리도 연거푸 지연되었다. 모스의 1843년 1월 24일 일기에는 "아직도 기다리고 있다"라고 적혀 있다.[27] 며칠 후 일기에는 이 어중간한 상황이 "점점 초초하고 고통스러워진다"고 적혀 있다.[28]

한 달 후인 1843년 2월 21일 마침내 법안이 의회에 상정되었지만, 법안은 조롱의 대상이 되었다.[29] 한 강경한 하원의원은 모스의 전신이 뜬구름 잡는 생각이라고 깎아내렸다. 1840년대는 돌팔이 의사들이 치료에 자석을 널리 사용할 만큼 자석의 과학에 대한 대중의 이해 수준이 낮았다. 1843년 2월 23일에 표결이 실시되었을 때 모스의 전신 법안은 6표 차이로 간신히 하원을 통과했다(찬성 89표, 반대 83표, 기권 70표).

승리의 기쁨도 잠시, 이제는 상원 심리를 통과해야 했다. 하지만 시간이 얼마 없었다. 상원 회기가 곧 종료되는데, 모스의 법안 앞에는 수백 개 법안이 줄 서 있었다. 모스는 간절한 마음으로 상원의회에서 밤을 새다가, 회기 마지막 날인 3월 3일 밤

쓰린 속을 달래며 방청석에 앉아 있었다. 주머니에는 "1달러가 채 안 되는 마지막 돈"[30]이 들어 있었다. 법안이 통과되지 않으면 시시포스처럼 법안의 바위를 다시 언덕 위로 밀어 올려야 한다고 생각하니 침울해졌다. 물론 그 전에 굶어죽지 않는다면 말이다. 먼저 심의할 법안이 산더미처럼 쌓여 있는 것을 보니 자신의 차례가 돌아올 것 같지 않았다. 모스는 11년 동안의 노력이 서류 더미에 깔려 수포로 돌아가는 것을 지켜볼 자신이 없었다. 그래서 법안이 상정되기 전, 마치 지구의 중력조차 감당하기 힘든 사람처럼 겨우 몸을 일으켜 호텔로 가서 짐을 쌌다.

다음 날 모스가 아침을 먹고 있을 때 애니 엘스워스가 다가왔다. 당시 십 대였던 애니는 모스의 동료이자 미국 특허청 심사관인 헨리 엘스워스의 딸이었다. 모스는 참담한 심정이었지만 애니를 보니 언제나 그랬던 것처럼 기뻤다. 애니는 축하를 전하러 온 것이었다. 그의 법안이 폐회 직전에 반대 없이 가결되어 대통령의 서명을 받았다고 했다. 모스는 워싱턴과 볼티모어 사이의 65킬로미터를 연결하는 전신선 부설 자금으로 3만 달러(지금으로 치면 약 90만 달러)를 받게 되었다.

그 소식을 들었을 때 모스는 모든 시름이 사라지면서 묘한 기쁨이 올라오는 것을 느꼈다. 새롭게 얻은 행복에 취한 그는 소식을 가져다준 애니에게 선물을 주기로 했다. 자신의 전신 장치로 보내는 첫 번째 공식 메시지를 애니가 정할 수 있게 해주겠다고 약속한 것이다. 이제 모스는 애니의 말을 전기 신호로 전송하기 위해 와이어 고속도로를 만들어야 했다.

◈

이제 법안의 잉크도 말랐으니 모스는 자신의 전신 장치로 워싱 턴 DC와 볼티모어를 연결하기로 했다. 먼저 수중에 있는 자금 으로 사람들을 모아 팀을 꾸렸다. 베일은 장치를 관리하고, 게 일 교수는 과학적 지원을 하고, 새로 합류한 제임스 피셔 교수 는 와이어와 와이어 설치를 감독하기로 했다. 모스는 예산과 일정을 관리했다. 그들의 계획은 와이어를 납관에 넣어 지하에 매설하는 것이었다. 하지만 관을 묻는 것은 쉽지 않았다. 얼마 간의 논쟁 끝에 모스는 유능한 납 제조자를 찾았고, 또한 에즈 라 코넬이라는 이름의 젊은이도 만났다. 코넬은 나이프처럼 생 긴 쟁기로 홈을 파서 관을 땅속에 고정시킬 수 있었다. 홈을 파 는 일은 진척이 있었지만 작업은 모스가 짠 일정보다 늦어지고 있었다.

그 외에도 일정을 지연시키는 문제들이 있었다.[31] 1843년 12월에 와이어 결함과 관이 새는 문제가 발생하자 모스는 피셔 를 해고해야 했고, 게일은 건강 문제로 그만둬야 했다. 게다가 겨울이 되자 야외 작업을 진행할 수 없었다. 모스는 봄까지 매 설 작업을 중단하기로 했다. 하지만 그사이에 F. O. J. 스미스라 는 정치 사기꾼이 정부로부터 받은 전신 프로젝트 자금을 사취 하는 바람에 모스는 법적인 문제에 휘말리게 되었다.[32] 스미스 가 친 거미줄에서 빠져나오느라 얼마나 애를 먹었던지 전신에 관한 기술적 문제는 즐겁게 느껴질 정도였다.

1844년 3월에 전신선 부설 공사가 재개되었지만 이번에는 방식이 좀 달라졌다. 와이어는 지상 높은 곳에 설치되었고, 케이블 시험을 더 자주 했다. 전신망 개통이 임박하자 모스와 그의 팀은 대중의 관심을 끌기 위한 계획을 짰다. 곧 민주당의 라이벌 정당인 휘그당이 볼티모어에서 전당대회를 열 예정이었다. 그때 부통령이 발표될 텐데 언론과 정치인 모두 이 정보에 군침을 흘렸다. 하지만 정보를 받으려면 지역에 따라 보통 하루나 이틀을 기다려야 했다. 모스는 이 군침 도는 정보를 워싱턴 DC에서 눈이 빠지게 기다리는 사람들에게 평소의 1000분의 1에 해당하는 속도인 몇 분 내에 전달할 생각이었다. 하지만 아직 볼티모어까지는 전신선이 연결되어 있지 않았다. 모스와 베일이 짜낸 해법은, 1844년 5월 1일에 부통령 후보가 발표되면 볼티모어에서 전신선의 종점까지 기차를 이용해 인편으로 소식을 전달하고, 거기서부터는 베일이 워싱턴 DC에서 기다리고 있는 모스에게 전신으로 보내는 것이었다. 먹구름 때문에 전달되는 데이터의 양이 줄긴 했지만 송신은 성공했고, 이로써 모스의 전신은 장난감에서 도구로 승격되었다. 베일이 전송한 메시지가 워싱턴 DC에 도착했을 때, 사람들은 헨리 클레이와 시어도어 프릴링하이젠이 후보로 결정되었다는 메시지 자체보다도 메시지의 속도에 더 열광했다.

전신선 설치가 완료되어 마침내 5월 24일 시연하는 날이 왔다. 어머니 자연은 이 경사스러운 날을 위해 하늘의 구름을 걷고 워싱턴의 지독한 습기를 제거했으며, 온화한 바람을 보내 사람들의 긴장한 이마를 식혀주었다. 모스의 계획은 자신이 장치를 두드려 점과 대시를 발신하면 베일이 같은 코드를 모스에게 되돌려 보내는 것이었다. 볼티모어에서 베일은 모스가 워싱턴

DC의 대법원 청사에서 보내는 전기 펄스를 기다렸다.

　모스는 약속대로 애니 엘스워스에게 첫 번째 공식 메시지를 정하도록 했다. 애니는 독실한 신자인 어머니에게 이 발명의 위엄과 경이뿐 아니라 그것으로 인한 전율까지도 표현할 수 있는 인용문을 생각해달라고 부탁했다. 엘스워스 부인은 성경 구절(민수기 23장 23절)을 골랐다. 애니가 그것을 종이에 적어 모스에게 건네자, 모스가 그 문장을 전기 펄스로 변환했다. 그는 이렇게 타전했다.

　　점-대시-대시, 스페이스,
　　점-점-점-점, 스페이스,
　　점-대시, 스페이스,
　　대시, 스페이스.

　볼티모어에서 베일은 점과 대시라는 길고 짧은 부호를 받아 같은 메시지를 워싱턴으로 되돌려 보내면서 "하느님께서 이렇듯이 큰일을 하셨구나What Hath God Wrought"라는 메시지로 커뮤니케이션의 새 시대를 열었다.

◈

전신은 전기 펄스로 정보를 즉시 전달하는 놀라운 공학적 발명이었지만, 곧 국가라는 사회조직의 일부가 되어 나라를 하나로 통합했다. 모스의 경이로운 발명은 국가에 유용하게 쓰였고, 불과 몇 십 년 만에 정보의 소비라는 새로운 전 국민적 습관을 심었다. 그것을 특히 잘 보여주었던 때가 미국이 사랑한 20대 대통령 제임스 가필드의 짧은 재임 기간이었다.

대통령 병상 옆의 세계

제임스 가필드 대통령은 백악관 업무를 떠나 여름 휴가길에 올랐지만, 출발을 몇 분 앞두고 발길을 되돌려야 했다. 모스의 전신이 첫 선을 보인 날로부터 40년 가까이 지난 1881년 7월 2일 토요일 아침, 가필드는 볼티모어 앤 포토맥 기차역을 출발해 오하이오주 멘토에 있는 자신의 농장으로 피서를 떠날 예정이었다. 그리고 그 전에 윌리엄스 칼리지의 25주년 동창회에 참석해 그곳에서 연설을 하고 명예 학위를 받기로 되어 있었다. 가필드가 기대한 또 한 가지는 아내 루크리셔를 만나는 것이었다. 말라리아에 걸렸던 아내는 지금 뉴저지 바닷가에 머물며 회복 중이었다. 몇 시간 후면 기차가 그를 전신 메시지처럼 아내 곁으로 데려다줄 것이고, 그들은 함께 저지쇼어에서 산들바람을 즐길 수 있을 터였다. 가필드는 이 날이 오기만을 눈이 빠지게 기다렸다. 그는 수도 워싱턴의 무더위 속에서, 마치 체서피크만灣에서 잡힌 게처럼 익어가고 있었다. 마침내 해방되어 워싱턴의 기차역(볼티모어 앤 포토맥역) 앞에 도착했을 때 마차에서 날듯이 뛰어내린 그는 B 스트리트(현재의 컨스티튜션 애비뉴 - 옮긴이) 쪽 출입구의 돌계단을 그 육중한 몸으로 튀어 오를 것처럼 오른 후, 여성 대합실 앞의 조용하고 좁은 공간에 줄지어 놓인

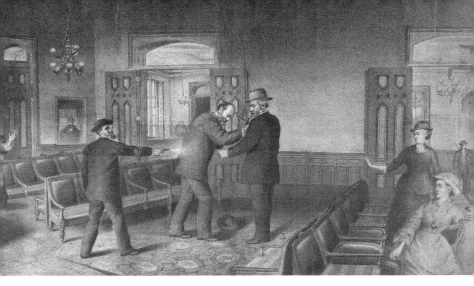

그림 29。 제임스 가필드 대통령은 워싱턴 DC의 볼티모어 앤 포토맥 기차역에 들어가고 나서 얼마 후 저격당했다.

나무 벤치를 미끄러지듯 지나갔다. 그러고는 역 안의 중앙 홀로 향하고 있는데 폭죽이 터지는 듯한 소리가 났고, 가필드는 오른 팔 피부가 찢어질 것처럼 아파왔다.[33] 싸워야 할지 도망쳐야 할지 생각하는 사이, 두 번째 폭발음이 울려 퍼지며 그의 내적 갈등은 중단되었다. 그는 등 쪽에 격렬한 통증이 덮쳐오는 것을 느끼며 대리석 바닥에 무릎을 떨어뜨렸고, 이어 쿵 소리를 내며 쓰러졌다.

국무장관 제임스 블레인이 기차역까지 대통령을 수행한 것은 가필드가 마차를 타고 이동하는 동안 몇 분이라도 더 일하기 위해서였다. 다 턱수염을 기르고 카리스마가 넘쳤던 두 남자는 사이좋게 역으로 걸어 들어가며 가필드 정부를 역사책에 어떻게 남길지에 대한 이야기에 푹 빠져 있었다. 하지만 블레인의

그림 30。 제임스 어브램 가필드James Abram Garfield, 1831~1881. 국민의 사랑을 받은 20대 미국 대통령이었다.

눈앞에서 친구가 바닥에 쓰러질 때 대화에서 몽글몽글 솟아오르던 행복의 거품은 터졌고, 이 웅변가이자 노련한 정치인은 "대통령이 살해당했다!"하고 소리쳤다.[34] 가필드가 휴가에서 돌아와 해야 할 위대하고도 중요한 일이 산더미처럼 쌓여 있었다. 하지만 그 모든 꿈과 아이디어가 가필드의 몸과 함께 무너져 내렸다.

그로부터 몇 분은 영원처럼 길었다. 드러누운 가필드는 자신의 몸 위로 낯선 얼굴들이 어른거리는 것을 보았다. 역에서, 거리에서, 근처 병원에서 십여 명의 의사들이 불려왔다. 가필드는 견딜 수 없는 고통에 사로잡혀 정신이 흐려졌다 또렷해졌다 했다. 의사들이 차례로 가필드의 몸을 뒤집으며 상처를 살펴보았고, 그때마다 불결한 손가락과 의료 기구로 상처를 들쑤시는 탓에 그의 온몸에 통증이 엄습했다. 고통스러운 검사를 끝낸 후 의사들은 가필드를 안심시키기 위해 온갖 말을 늘어놓았지만, 그들도 가필드가 살아남을 수 있을지 확신하지 못했다.

결국 가필드는 말이 끄는 구급차에 실려 백악관으로 이송되었다. 마차가 벽돌길 위에서 덜컹거릴 때마다 통증도 따라서 요동쳤고, 여름용 회색 양복에 피가 번질 때 그의 생명도 빠져

나가는 것 같았다. 처음에 의사들은 가필드가 살아날 거라고 확신했지만, 시간이 지나가고 더 정밀하게 진찰을 하게 되면서 자신들의 의학적 소견을 수정했다. 끝없이 계속되는 고통 속에서 가필드는 아내가 떠올랐다. 그는 절친한 친구인 육군 대령 앨먼 록웰에게 뉴저지주 엘버론에 있는 아내에게 메시지를 보내달라고 부탁했다. 그날 루크

그림 31。 루크리셔 가필드 Lucretia Garfield, 1832~1918. 저격 소식을 듣자마자 남편 곁으로 달려갔다.

리셔가 받은 뜻밖의 전보에는 "대통령의 부탁으로 그가 많이 다쳤음을 알려드립니다"라고 적혀 있었다. 메시지는 이렇게 끝났다. "대통령은 현재 의식이 있으며 부인이 빨리 와주기를 바라고 있습니다. 그리고 부인께 안부를 전하셨습니다."[35] 루크리셔는 아직 병에서 완전히 회복하지 못했지만 그녀의 머릿속은 뉴저지에서 두 시간 거리에 있는 남편 곁으로 한시라도 빨리 가야겠다는 생각뿐이었다. 생사의 갈림길에 놓인 가필드의 머릿속은 새벽이 오는 것을 보겠다는 생각뿐이었다.

◆

제임스 가필드를 아는 사람은 누구나 그를 강인한 의지와 훌륭한 지성을 지닌 다정하고 정직한 사람이라고 평했다. 그는 오

하이오주 클리블랜드 교외의 한 농가에서 가난하게 자랐고 가난에서 벗어나고자 열심히 공부했다. 그의 영특함은 가늠하기 어려운 수준이었지만 그것을 감추기는 쉽지 않았다. 전해지는 말에 따르면, 영어 문장을 한 손으로는 그리스어로, 다른 손으로는 라틴어로 동시에 번역할 수 있었다고 한다. 가필드는 작은 칼리지의 총장이 되었고, 북부군 사령관으로도 활동했으며, 오하이오주의 하원의원을 지낸 후 마침내 미국에서 가장 높은 자리인 20대 대통령에 올랐다. 떡 벌어진 가슴과 연한 푸른 눈을 지닌 49세의 가필드는 미국에서 가장 위대한 대통령의 반열에 오르고도 남을 사람이었다. 그는 링컨처럼 흑인에 대해 진보적인 생각을 지녔으며, 케네디처럼 유명 인사의 풍모를 갖춘 매력적인 웅변가였다. 하지만 두 대통령처럼 가필드도 암살자의 총탄에 비극적인 최후를 맞이했다.

대통령을 저격한 사람은 부랑자였던 41세의 찰스 기토였다. 체중이 60킬로그램이 채 되지 않는 가냘픈 체격을 지닌 기토는 그 더운 여름날 짙은 색 양복을 입고 갈색 턱수염을 기르고 있었으며, 얼굴은 누렇게 뜨고 회색 눈동자는 멍해 보였다.[36] 기토는 누가 봐도 불안정한 남자로, 법률 관련 일, 보험 판매, 복음 전파, 나중에는 신문 발행까지 여러 가지 일에 손을 댔지만 손을 대는 족족 실패했다. 그는 미다스의 손을 가지지 못했음에도 누구의 말도 듣지 않았다.

기토는 기차역에 올 때 주머니 속에 편지를 넣어두었다. 편지에는 대통령의 저격은 "정치적으로 불가피한 일"이라고 적혀 있었다.[37] 그래야만 그가 광적으로 지지하는 공화당의 다른

계파가 집권할 수 있기 때문이었
다. 일리노이주 프리포트 출신
인 그는 뉴욕주 북부에서 시
카고, 보스톤, 그리고 뉴저
지주의 호보컨까지 차례로
옮겨 다녔는데, 떠날 때마
다 집세를 떼어먹기 일쑤였
다. 기토의 소망은 가필드의
새 행정부가 들어서면서 공
석이 된 공직 수천 개 중 하
나를 차지하는 것이었다. 특
히 그는 파리 대사에 눈독

그림 32. 찰스 J. 기토 Charles Julius Guiteau, 1841~1882. 가필드 대통령을 암살한 범인으로, 불안정한 남자였다.

을 들이고 백악관을 십여 차례 방문해 눈도장을 찍었다. 하지
만 번번이 퇴짜를 맞았는데, 기토는 그 이유를 알 수 없었다. 그
러던 어느 날 그에게 가필드를 제거해야겠다는 생각이 떠올랐
다. 그는 전에도 "대통령이 물러나면 모든 게 잘 될 것"[38]이라
고 쓴 적이 있었다. 워싱턴 DC에서 총알이 발사된 지 몇 시간
안에 뉴욕의 모든 사람이 사건을 알게 되었다. 1881년 당시 전
신회사와 신문사는 사옥 밖에 거대한 칠판을 설치하고, 거기에
전신 메시지를 게시해 도시 사람들에게 그날의 사건을 알렸다.
전신선이 선로와 나란히 지나갔기 때문에 농장에서 일하는 사
람들은 철도역 주변으로 몰려왔다. 사회는 다른 지역의 소식을
신문기사로 읽는 일에 점점 익숙해지고 있었다. 링컨이 대통령
으로 재임 중이던 1861년에는 웨스턴 유니언사가 소유한 수만

킬로미터의 전신선이 전 국토에 깔려, 연합통신(AP통신) 등의 통신사들이 그것을 이용해 기사를 전달했다. 남북전쟁 이후로 전쟁 소식과 그 밖의 먼 동네 소식을 듣는 것은 일상이 되었다. 뉴욕에서부터 시카고, 신시내티, 세인트루이스, 뉴올리언스, 캘리포니아까지, 그리고 그 사이 모든 지점에 거미줄처럼 뻗은 전신망을 타고 정보가 오갔다. 신문사는 스토리를 퍼 올렸고, 대중은 그것을 마시며 마른 목을 축였다.

〈뉴욕타임스〉가 "가필드 대통령, 암살당하다"라고 대서특필하자, 가필드를 추앙하던 국민들의 이목이 뉴스에 집중되었다. 취임한 지 4개월밖에 되지 않은 대통령이었지만, 그는 하원의원 시절부터 많은 사랑을 받은 인기 있는 연설가였다. 가필드가 사투를 벌이는 동안 온 국민이 그를 위해 기도했다. 흑인들은 가필드가 해방된 노예도 평등하다고 생각했기 때문에 그렇게 했다.[39] 동해안의 이민자들은 그가 맨손으로 일어선 사람이었기 때문에 기도했다.[40] 서부 사람들은 그가 개척자의 아들로 태어나 소박한 서부 보류지에서 자랐기 때문에 기도했다. 놀랍게도 남부인들도 그를 위해 기도했다. 가필드는 노예해방론자여서 남부인이 그동안 살아온 방식을 바꾸려 했지만, 그는 교육과 기업의 가치를 믿는 사람이었기 때문이다.[41] 전신이 전한 가필드의 소식은 이렇듯 다양한 집단의 사람들을 결속시켰다.

다음 날 전신회사 앞은 인산인해를 이루었다. 사람들은 칠판에서 "낙관적인 분위기가 우세하다"[42]라는 메시지를 보고 모두 안도했다. 또한 "대통령의 체온과 호흡은 현재 정상"이라는 소식도 적혀 있었다. 가필드는 밤을 무사히 넘겼다. 그날 밤 아내

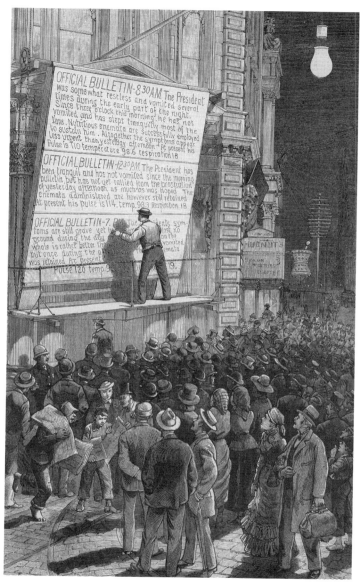

그림 33。 가필드의 상태를 알기 위해 모인 뉴욕 시민들. 게시된 메시지는 백악관에서 전신으로 전송한 공보를 추린 것이다.

가 기관차의 한계 속도로 달려왔을 때 그는 기운을 차렸다. 루크리셔는 그의 침상을 잠시도 떠나지 않았고, 점점 불어나는 군중은 칠판 옆을 밤새 지켰다.

가필드의 헌신적인 개인비서였던 23세의 조지프 스탠리 브라운은 백악관에서 언론사로 공보를 타전하는 내키지 않는 일을 맡아 국민과 지도자의 가교 역할을 했다. 공보는 하루에 세 번, 즉 아침, 정오, 저녁에 발행되어 대통령의 현재 상태를 전했다. 공보였지만 무미건조하거나 지루한 내용은 아니었다. 가필드가 얼마나 잘 잤는지, 무엇을 먹었는지, 기분은 어떤지가 보고되었다. 의학에 관심이 있는 사람들을 위해 체온, 맥박, 호흡 상태도 항상 기재되었다. 공보의 대부분은 짤막한 보고로, 지난번 공보 이후로 별다른 변화가 없다거나 대통령의 상태가 양호함을 국민에게 알리는 것이었다.

다음 몇 주 동안은 좋은 소식이 우세했다. 사람들은 공보를 통해 가필드 대통령이 잘 지냈다(1881년 7월 7일), '고형식'을 먹었다(7월 17일), "편안하고 기분이 좋다"(7월 29일), 낮잠을 푹 잤다(7월 31일)는 것을 알았다.[43] 가필드의 총상 부위를 수술했을 때도 의사들이 7월 24일에 그 사실을 알렸다. 의사들은 총탄이 가필드의 병세를 악화시키는 주된 원인이라고 생각하고 그것을 찾는 데에 주력했다. 심지어는 전화 발명자인 알렉산더 그레이엄 벨에게까지 도움을 요청했다. 벨이 금속이 근처에 있으면 소리가 나는 금속탐지기도 만들었기 때문이다. 벨은 7월 26일에 감지기를 들고 백악관으로 가필드를 찾아와 납덩이 근처에서 울리는 소리를 들으려고 귀를 쫑긋 세웠다. 하지만 대통

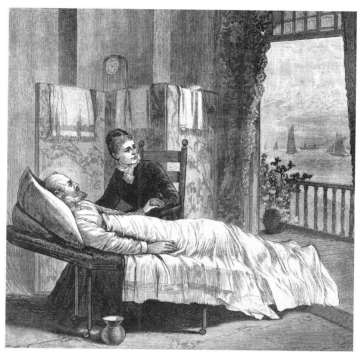

그림 34。 병마와 싸우던 가필드가 자신이 사랑한 바닷가 근처로 자리를 옮기자, 그의 아내는 남편의 침대 곁을 잠시도 떠나지 않았다. 미국 국민도 전신을 통해 대통령 곁을 지켰다.

령의 상반신에 박힌 암살범의 총탄은 발견되지 않았다.[44]

    백악관은 공보를 통해 계속 소식을 전했다. 총격이 있은 지 한 달 가까이 지난 8월 1일 가필드는 전보다 "나아졌다"고 느꼈다. 대통령은 회복하고 있는 것처럼 보였고, 국민은 희망으로 부풀어 올랐다. 8월 초순의 몇 주 동안 공보는 가필드가 "매우 잘 지냈다"[45]는 소식을 반복해서 전했고, "단잠을 잤다"[46]는 사실을 언급하기도 했다. 대통령은 국민의 반응에 놀라 이렇게 말했다. "국민들은 이런 식으로 포장된 내 얘기를 지겨워할 것이다."[47] 하지만 사실은 정반대였다. 국민은 소식을 궁금해 했고 자신들의 지도자와 소통하고 싶어 했다. 그가 저격당한 날부터 "전국 각지와 유럽에서 백악관으로 전보가 계속 쏟아져 들어오고 있다"고 〈뉴욕타임스〉는 보도했다.[48] 남북전쟁 후 미국에는 균열이 생겼지만, 전신선을 따라 시시각각 전해지는 가필드의 소식이 나라를 다시 이어 붙였다.

◈

1881년 8월 워싱턴 DC는 숨 막힐 듯 더웠다. 기온이 오를수록 폭염 속의 지도자를 염려하는 국민의 걱정도 커져갔다. 8월 25일 아침의 공보는 걱정하는 미국인을 향해 "지금 대통령을 워싱턴 밖으로 이송하는 문제를 진지하게 검토하고 있다"고 알렸다.[49] 가필드의 의사들은 폭염 속에서 대통령을 탈출시키고 국민의 걱정도 덜어주고 싶었지만, 대통령의 병세가 너무 위중해 옮길 수가 없었다. 언제라도 열이 오를 수 있었고, 침샘 감염으로 얼굴이 부어올랐으며, '위통'이 계속되었다. 남북전쟁 때 사령관이었던 가필드는 아내에게 "병과의 싸움은 전투보다 훨씬 끔찍하다"고 말했다.[50]

가필드에 대한 공보는 대체로 낙관적이었지만 실제 예후는 그렇지 않았다. 의사들이 공보에 긍정적인 보고를 쓴 이유는 가필드가 그것을 듣고 자신이 위중하다는 사실을 아는 건 바람직하지 않다고 판단했기 때문이라고 전해진다. 대통령은 자신의 진료 기록을 보고 이렇게 말했다. "나는 어떤 경우에도 분명하고 상세한 내용과 확실한 사실을 알고 싶다."[51] 그는 자신의 상태를 외부인의 눈으로 조사했다. 하지만 그런 그에게 진료 기록과 공보, 그리고 신문에 적힌 말들은 전혀 도움이 되지 않았다. 죽음이 눈앞에 와 있는 것이 너무나도 분명했기 때문이다. 체중 100킬로그램에 달하는 체구와 그에 걸맞은 허리둘레를 자랑하던 가필드는 그 무게의 절반인 60킬로그램까지 살이 빠졌다.[52]

9월 초 가필드는 뉴저지의 바다 근처로 옮기기를 바랐다. 어릴 때부터 줄곧 뱃사람이 되고 싶었지만, 고향 오하이오주는 내륙이어서 일자리가 운하와 관련된 일밖에는 없었다. 그가 뉴저지로 떠날 때 수많은 사람들이 기찻길을 따라 배웅했다. 그 후에도 공보는 계속해서 대중에게 대통령이 식사를 잘 하고 있고 (1881년 9월 11일), 기침이 줄었다(9월 12일)는 내용 들을 보고했다.[53] 그런데 16일 밤이 되자, 그의 맥박이 불안정해졌다. 18일에는 "심한 오한"이 한 시간 동안 이어지며 식은땀이 나더니 "기력이 급속히 떨어졌다."[54]

다음 날인 19일 밤 11시 30분, 아무런 예고도 없이 "대통령이 오후 10시 35분에 서거했다"는 발표가 이루어졌다.[55] 제임스 가필드 대통령은 50번째 생일을 불과 몇 주 앞두고 눈을 감았다. 총상으로 인한 감염에 맞서 80일 동안 싸운 후였다. 그가 어떻게 죽었는지 알고 싶을 국민을 위해, 공보는 "심장 근처에 심한 통증이 있었다"고 답했다. 가필드의 시신이 바닷가 마을에서 그가 사랑한 바다를 앞에 두고 안치될 때, 전신 덕분에 전 국민이 대통령의 무덤가를 지킬 수 있었다.

가필드가 대통령으로서 지냈던 시간은 길지 않았지만 죽어가는 동안 역사에 끼친 영향은 심대했다. 그의 용감한 모습이 수백만 미국인에게 전신선을 통해 생중계되면서 그는 도금 시대판 리얼리티 쇼의 스타가 되었다. 〈뉴욕 이브닝 메일〉은 "고통스러운 병상에서 끝까지 싸우며 문명 세계를 완전히 정복했다"고 썼다.[56] 9월에 가필드는 자신에게 남은 시간이 얼마 없다는 것을 알고, 어느 고요한 밤 깊은 생각에 잠겨 절친한 친구 록웰 대령에게 물었다. "내 이름이 인류 역사에 남을 거라고 생각하나?"[57] 록웰은 "남을 것"이라고 대답하며 "사람들의 마음" 속에 계속 살아 있을 것이라고 장담했다.[58] 가필드는 실제로 역사에 영향을 미쳤지만 그 방식은 두 남자가 예상한 것과 달랐다. 대통령은 국민 모두의 환자였다. 미국인은 그의 죽음을 지켜보며 뉴스의 빈도와 질, 그리고 속도에 익숙해져갔다.

◈

기토는 자신이 가필드를 저격한 사실은 인정했지만, "가필드 대통령은 의료사고로 죽었다"고 주장하기도 했다.[59] 그 말은 어느 정도는 사실이었다. 가필드의 등에 박힌 총탄은 척추와 주요 동맥, 중요한 장기를 피해 췌장 옆 지방조직에 안전하게 박혔다. 하지만 소독하지 않은 손가락과 세척하지 않은 수술 도구가 상처 주변과 내부로 감염의 원인이 되는 위험한 병원균을 반복해서 옮겼다. 영국 외과의사 조지프 리스터Joseph Lister가 가져온 '복음'인 석탄산(소독제)을 사용했다면 가필드가 살았을지도 모른다. 가필드는 총알만이 아니라 질 낮은 의료 때문에 죽은 것이기도 했다.

가필드 대통령의 재임 기간은 200일이었고, 역사에는 공직을 노리던 엽관배에게 살해당했다고 남을 것이다. 그는 대통령으로서 나라를 변혁시킬 기회는 얻지 못했지만 죽어가는 병상에서 국민을 하나로 묶었고, 그렇게 하는 동안 뉴스를 '소비'하고 싶은 국민의 충동을 습관으로 고착시켰다. 전신 발명자 새뮤얼 모스는 전 국토를 가로지르는 전신선이 정보를 실어 나르며 전국을 '하나의 이웃'으로 만들 것이라고 예측했다.[60] 가필드가 총상으로 죽어가는 동안 전신을 통해 전달된 메시지가 전 국민의 허기를 채우며 지도자의 병세가 궁금한 지역사회들을 하나로 묶었다. 일찍이 모스는 순식간에 전달되는 커뮤니케이션의 힘을 본능적으로 알았고, 지금 일어나고 있는 일을 더 자주 알고 싶은 절박감을 자신의 경험을 통해 이해했다. "하느님이 이렇듯이 큰일을 하셨구나"라는 공식 메시지로 새 시대를 열기 전에 모스가 시험적으로 열심히 보냈던 메시지들은 대체로 시詩적인 것과는 거리가 멀었는데, 그것은 획기적인 시대의 시작을 예고하는 것이기도 했다. 전신 실험을 하면서 빠른 커뮤니케이션에 익숙해졌을 때 심심한 모스는 걸핏하면 베일에게 메시지를 보내 "무슨 새로운 소식 없어?"라고 물었다.[61]

가필드가 죽은 지 불과 수십 년 후 전신은 생활의 모든 부분에 영향을 미치고 전국의 모든 지역에 도달했다. 전신 메시지는 철선을 통해, 그리고 나중에는 구리선을 통해 먼 거리까지 전달되었다. 그러나 곧 전신은 액체를 담는 용기처럼 담기는 내용물의 형태를 빚기 시작했다.

간결하게

십 대의 어니스트 헤밍웨이Ernest Hemingway, 1899~1961는 면도를 깔끔하게 한, 키가 크고 건장한 청년이었다. 미국 중서부에 살았던 그는 야망이 있었지만 대학에 진학할 타입은 아니었다. 전신이 탄생한 지 70년 가까이 지난 1899년에 태어난 그는 그의 어머니가 일찍이 알아챘듯이 "두려운 게 없었고,"[62] 그래서 1917년에 고등학교를 졸업하자마자 '태어나 학교에 다니고 결혼해서 자식을 낳고 취직하고 죽는' 암묵적인 인생의 리듬에 따라 흘러가는 일리노이주 오크파크의 조용한 세계를 떠나 자신이 아는 모든 것에서 800킬로미터쯤 떨어진 남서쪽 땅을 향해 길을 떠났다.[63] 키가 큰 헤밍웨이는 기차표와 큰 여행가방, 열정과 무한한 에너지를 품고 기차에 올랐고, 10월 15일에 미주리주 캔자스시티에 신설된 역인 유니언역에 도착했다. 이 철도 중심지는 많은 여행자에게 출발점이었지만, 어니스트 헤밍웨이에게는 종점이었다. 몇 달이라는 짧은 기간 동안 그는 미국 최고의 신문사 중 하나인 〈캔자스시티 스타〉에서 일했고, 그러면서 전신의 도움으로 자신도 모르게 미국어의 사용법을 바꾸는 길에 들어섰다.

사건 사고가 끊이지 않는 대도시의 풋내기 기자가 된 헤밍웨이는 고향에서 18년 동안 본 것보다 많은 삶을 기자 생활 몇 달

동안 목격했다. 당시 캔자스시티는, 범죄를 수북이 쌓아올리고 부정부패를 푸짐하게 담은 접시에 재즈 한 방울을 떨어뜨린 것 같은 도시였다. 도가 지나친 그 모든 것들은 캔자스시티에 사는 모든 사람을 압박했다. 그늘진 곳들을 정기적으로 찾아다녔던 헤밍웨이는 두말할 것도 없었다. 뉴스 취재의 먹이사슬의 밑바닥에 있던 헤밍웨이는 경찰서와 범죄 현장, 응급실에서 인터뷰를 했다.[64] 그는 온갖 종류의 직업을 아우르는 제보자들을 만났다. 의사, 도박꾼, 경찰, 매춘부, 장의사, 그리고 도둑도 있었다.[65] 기사를 작성할 때가 되면 헤밍웨이는 뉴스실로 달려가 순식간에 타자를 쳤고, 글자가 다 나오면 원고 심부름하는 아이가 그것을 "낚아챘다."[66]

훗날 헤밍웨이는 〈캔자스시티 스타〉에서 기자로 일했던 시절을 회상하며, 뉴스실은 자신이 글쓰기 기술을 갈고닦은 곳이었다고 술회했다. 그는 그곳에서 "글쓰기에 대해 내가 지금껏 배워온 것들 중 최고의 규칙들"을 얻었다고 말했다.[67] 헤밍웨이는 캔자스시티의 유명한 기자 라이오넬 모이스Lionel Moise를 멘토로 삼았는데, 모이스는 헤밍웨이에게 "기사 작성 방식은 순전히 객관적으로 쓰는 것뿐"이라고 가르쳤다.[68] 헤밍웨이가 사람에게서만 조언을 얻은 것은 아니었다. 그는 '스타의 기사 스타일Star Copy Style'이라는 인쇄물에서도 조언을 얻었다. 그것은 신문 용지에 100가지 이상의 글쓰기 요령을 나열한 목록이었다. 이 목록은 첫머리부터 '신문사 편집자가 원하는 것'의 방향성을 제시했다. 첫 번째는 다음과 같다.

"문장을 짧게 써라. 첫 문단을 짧게 써라. 생생한 영어를 사용하라. 긍정문으로 쓰고, 부정문으로 쓰지 마라."

이 인쇄물의 조언부터가 간결한 문장으로 작성되어, 기자들에게 요구되는 것이 무엇인지를 거울처럼 보여주었다. 세로로 긴 세 개의 단에는 더 구체적인 규칙이 제시되었다.

"불필요한 단어를 없애라."
"형용사 사용을 삼가라."
"진부한 문구를 조심하라."[69]

편집기자들은 간결한 언어를 갈구했고, 헤밍웨이는 군더더기 없는 문장을 제공했다. 〈캔자스시티 스타〉 같은 신문사들이 경제적인 문장을 요구한 것은 기술이 정보의 흐름을 제한했기 때문이다. 타자기와 석판 인쇄기에 이어 전신도 문장의 길이를 제한했다.

이런 추세는 헤밍웨이가 〈캔자스시티 스타〉에서 일하기 수십 년 전이었던 전신 사용 초창기에 이미 시작되었다. 1832년에 새뮤얼 모스는 워싱턴 DC에서 국가수반이 보는 앞에서 시연할 전신 공개 실험을 준비하면서, 젊은 조수 앨프리드 베일에게 "단어를 더 줄여라", "가능하면 'the'를 생략하라" 등과 같은 잔소리를 수시로 했다.[70] 모스와 베일은 손으로 직접 쓴 메시지를 점과 대시로 번역해 서로에게 보냈다. 모스는 메시지를 더 빨리 주고받기 위해서는 무엇보다 문장을 더 간결하게 만들어야 한다고 생각해 베일에게 군더더기를 빼라고 요구했다. 전치사나 미사여구처럼 의미를 더하지 않는 불필요한 말을 모두 제거하라는 뜻이었다. 이렇듯 모스는 자신이 발명한 전신을 통해 미국 영어를 빚는 도공이 되었다.

모스의 전신은 훗날 뉴스 보도에 지대한 영향을 끼쳤다. 전신 발명 이전에는 각 도시의 신문사가 바다를 건너온 기삿거리를 수집하기 위해 기자들을 선착장으로 파견했다. 이런 특파원들은 배를 기다렸다가 뉴스를 수집한 후, 자신의 기사를 말이나 기차, 배, 또는 비둘기를 이용해 본사로 보냈다. 하지만 전신이 개발되자 몇 시간씩 걸려 도착했던 먼 장소의 정보가 불과 몇 분이면 도착했다. 하지만 이 신기술은 빠른 의사소통이라는 이점에도 불구하고 큰 결함이 있었다. 전신선은 한 번에 한 개의 메시지밖에 보낼 수 없었던 것이다(훗날 영리한 토머스 에디슨이 한 번에 두 개의 메시지, 그 뒤에는 네 개의 메시지를 송신하는 것을 가능하게 했다). 그래서 사건이 발생하거나 새로운 배가 도착하면 의욕적인 기자들은 서둘러 전신사무소로 달려갔다. 보스턴의 신문사, 뉴욕의 신문사, 미주리주 신문사, 버지니아주 신문사에서 파견된 특파원들은 기사를 타전하기 위해 하나뿐인 계산대 앞에 줄을 서듯 자기 차례를 기다려야 했다. 이런 정보 흐름의 정체를 줄이기 위해 규칙이 마련되었다. 기사 송신에는 시간 제한(대개 15분 이내)이 있었고, 메시지는 간결해야 했다.[71]

전신회사들이 설립되었을 때 회사는 고객이 메시지를 가급적 짧게 쓰도록 유도하는 가격 체계를 마련해 전신선의 여유 시간을 확보했다. 처음 열 단어까지는 정액 요금을 부과하고,

그다음부터는 단어가 하나 추가될 때마다 정액 요금의 10분의 1을 부과했다. 그런 가격 체계에서 10개 단어로 된 메시지를 워싱턴 DC에서 볼티모어로 보내려면 10센트(지금 기준으로는 3달러 정도에 해당한다)가 들었다. 또 거리가 멀수록 요금이 올라갔는데, 같은 메시지를 워싱턴 DC에서 필라델피아까지 보내려면 30센트(지금 기준으로는 9달러), 그리고 뉴욕으로 보내려면 50센트(15달러) 정도가 들었다.[72] 이런 요금제는 고객에게 의사소통은 간결해야 한다는 생각을 불어넣었고, 대중은 납득했다. 1903년에 전신으로 송신된 메시지 절반이 단어 수가 10개 미만이었고, 평균은 12개였다.[73] 수년 전인 1844년에 모스가 첫 번째 공식 메시지로 "하느님께서 이렇듯이 큰일을 하셨구나"라는 네 단어를 송신했을 때, 그는 예언적인 성경 인용으로 새 시대의 도래를 알렸을 뿐 아니라 간결함의 기준을 정한 듯하다.

전신을 가장 많이 이용한 것은 기업이었다. 기업은 전신 서비스에 돈을 들일 여유가 있었기 때문이다. 1887년에 전신회사 수입의 거의 90퍼센트가 상거래(사업 문서 통신, 주식 거래, 경마장 내기)에서 나왔고, 나머지는 신문사에서 왔다.[74] 개인적인 용무로 전신을 사용하는 경우는 극히 적어서, 전체 인구의 2퍼센트만이 집안 문제를 알리기 위해 그것을 이용했다.[75] 기업은 전보를 활용한 반면, 사회는 대체로 전보를 기피했다. 전신 서비스 비용은 노동자가 받는 주급의 10퍼센트에 달했으므로 사람들은 급한 일이 아니면 편지로 연락하는 것을 선호했다. 이런 이유로 전보가 집에 도착하는 날에는 공포감도 함께 왔다. 대개는 나쁜 소식이 담겨 있었기 때문이다. 집에서 멀리 떨어져 사는 자녀가 받는 전보에는 이를테면 이런 소식이 적혀 있었다. "아버지가 돌아가셨음. 집으로 오기 바람." 긴 설명은 오렌지즙처럼 짜내졌고, 속도의 대가로 정서와 감정이라는 과육도 제거되었다. 힘든 일을 당한 유족들은 더 긴 말을 건네주기를 바랐을 것이다. 하지만 연민을 담고 싶어도 감정은 글자 수 계산을 이길 수 없었다. 전신은 메시지의 인간미를 반 강제로 제거함으로써 전달 능력의 한계를 극복했다.

요컨대 모스 부호는 간결함을 전제로 발전했다. 모스는 각 알파벳 문자를 나타내기 위해 사용 빈도에 따라 점과 대시를 조합했다. 신문기사에서 알파벳 문자들을 세어본 결과 e가 가장 많이 사용되었으므로, e는 점 하나로 표시했다. 두 번째로 많은 i는 점 두 개로 나타내기로 했다. 모스와 그의 조수 베일이 주고받은 메시지에도 간결함이 숨어들었다. 그들은 관습적으로 긴 자필 편지를 썼던 사람들이었지만, 빠르게 의견을 주고받을 수 있게 되자 문장에 의미를 더하지 않는 말들의 부호를 해독하는 데에 점점 염증을 느끼게 되었던 것이다. 서로를 향하는 전신 메시지뿐 아니라 편지도 점점 간결해졌고, 그들끼리 통하는 약자도 생겨났다. 모스는 종종 'the'를 't'로, 'understand'를 'un'으로, 'be'를 'b'로 바꿔 쓰곤 했다.[76] 베일에게도 "메시지를 줄여라. 하지만 모호하지 않게"라고 써 보냈고[77], 급기야는 거의 해독할 수 없는 코드를 만들어냈다. 예를 들어 'ii'는 'yes'(예스)를, '1'은 'wait a moment'(잠깐만)를, '73'은 'best regards'(안부를 전함)를 뜻했다.[78]

얼마 후 전신회사용 표준 코드가 개발되어 통신 속도는

더 빨라졌다. 수천 단어가 등재된 《비밀 통신 용어집 The Secret Corresponding Vocabulary》이라는 사전에는 단어의 어형 각각에 대한 코드가 나와 있다. 코드는 숫자 앞에 문자를 붙이는 형식으로 구성되었는데, 예를 들면 'w.879'는 'wire', 'w.889'는 'wisdom', 'w.899'는 'wishful'을 뜻했다.[79] 곧이어 1879년에는 신문사용 코드인 필립스 전신 코드 Phillips Telegraphic Code가 개발되었다. 이 코드를 만든 사람은 저널리스트이자 전신 기사로 활동한 뒤 나중에는 통신사 〈유나이티드 프레스〉의 사장이 된 월터 P. 필립스 Walter Polk Phillips이다. 이 코드는 뉴스실에서 큰 인기를 끌었고, 그래서 지금도 많은 약자가 미국인의 어휘에 남아 쓰이고 있다. 미국 대통령을 가리키는 POTUS President of the United States와 미국 대법원을 뜻하는 SCOTUS Supreme Court of the United States, 그리고 OK는 전신이 조각해낸 약자로, 간결함이 미덕이던 시대를 떠올리게 한다.

전신의 제약은 신문과 헤밍웨이의 언어를 다듬었다. 헤밍웨이는 꾸미지 않은 군더더기 없는 문장을 좋아해서 그것을 자신의 스타일로 만들었다. 그는 〈캔자스시티 스타〉에서 일한 지 6개월이 조금 넘었을 때 그곳을 떠났다. 제1차 세계대전이 시작된 만큼 당장 전투에 참여하고 싶었기 때문이다. 하지만 나쁜 시력 탓에 입대하려던 시도는 좌절되었고, 그는 대신 적십자의 구급차 운전사가 되기 위해 이탈리아로 갔다. 〈캔자스시티 스타〉에서 배운 글쓰기의 교훈은 그곳에서도 그와 함께했다. 시간이 흐르면서 그가 쓴 책이 성공을 거두자 그의 짧은 평서문이 전형적인 미국 영어가 되어갔다. 몇 세대 후 영어 교사와 문학 교사들은 학생들에게 헤밍웨이의 문체를 모방하기를 장려하면서 부지불식간에 전신의 영향을 더 널리 퍼뜨렸다.

◆

미국 영어의 간결함을 추동했던 더 큰 추진력이 미국 내부에도 있었다. 그것은 바로 영국과는 다른 개성을 갖고 싶어 했던 미국인의 소망이었다. 미국독립전쟁으로 모래땅에 국경선을 그은 후 미국은 언어를 통해서도 자신을 영국과 분리시켰다. 두 나라는 쓰는 언어가 같지만 같은 단어라도 사용하는 철자에 차이가 있다('tire'와 'tyre', 'center'와 'centre', 'color'와 'colour'가 그 예다). 관용구에도 차이가 있다. 행운을 빌기 위해 영국인은 '나무를 만지고touch wood', 미국인은 '나무를 두드린다knock on wood.' 발음에도 차이가 있다. 미국인이 '스케쥴schedule'로 발음하는 것을 영국인은 '쉐쥴'로 발음한다. 미국인이 '프라이버시privacy'로 발음하는 것을 영국인은 '프리버시'로 발음한다. 미국인이 '베이즈vase'라고 발음하는 것을 영국인은 '바즈'라고 발음한다. ('알루미늄'의 발음 차이도 빼놓을 수 없다. 미국인이 영국 악센트를 들으면 아마 피식 웃음을 터트릴 것이다.) 그뿐 아니라 대서양 이쪽과 저쪽에서 쓰는 말 사이에는 뚜렷하게 구분되는 의도적인 차이가 있다. 영국 영어는 말수가 많고 노래하는 것처럼 들리지만, 미국 영어는 해야 할 말을 가장 짧게 표현한다. 영국 영어는 현학적이고 교양 있게 들리고, 미국 영어는 상냥하고 허물없게 들린다.

모스가 볼티모어에서 워싱턴 DC로 최초의 메시지를 보낸 지

딱 4년 후인 1848년에, 한 익명의 필자는 〈데모크래틱 리뷰〉에 기고한 글에서 전신이 문학에 미치는 영향을 검토하며 전신이 당대의 언어를 더 간결하게 만들기를 바랐다.[80] 그러면서 "이 발명이 미국 문학에 영향을 줄 것이라는 생각이 지나친 기대일까?"라고 물었다. 분명한 것은 문어체에 혁명이 일어나고 있었다는 점이다. "문장 안에 문장이 들어 있고, 불필요한 쉼표, 쌍점, 세미콜론, 줄표로 무장한" 복잡한 문장이 더욱 단순한 문장으로 대체되어갔기 때문이다. 이전의 문장은 마침표가 문장을, 그리고 독자를 괴로움에서 벗어날 때까지 "장장 한 페이지에 걸쳐 질질 끌고 가는" 것으로 유명했다. 그 익명의 필자는 전신이 글쓰기를 "간결하고, 응축되고, 표현력이 풍부한" 스타일을 갖춘 완성형으로 끌고 가기를 소망했다. 그는 미국인이 신문사의 전신 기사를 접하며 "양키식(북부식)으로 직설적인" 전신 스타일을 받아들이기를 바랐다. 이 소원은 이루어졌다. 기존의 긴 문장은 헤밍웨이를 유니언역으로 실어 나른 기다란 기차와 비슷했지만, 전신을 비롯한 몇 가지 요인에 힘입어 사고의 경쾌한 운반체로 대체되었다.

◆

1844년 5월, 워싱턴 DC에서 있을 공개 실험을 준비하는 동안 새뮤얼 모스는 앨프리드 베일의 소식을 더 자주 받고 싶어 안달이 났다. 자신의 발명에 길들여진 모스는 그 발명 덕분에 가능해진 즉각적인 통신을 상습적으로 사용하게 되었다. 모스는 눈에 띄게 조급하게 굴었다. 며칠이라도 베일에게서 연락이 오지 않으면 질책하는 편지를 몇 통이고 계속 보내 "자네에게 편지가 오지 않아 실망스럽다"고 전했다.[81] 모스가 살던 시대에는 편지가 배달되기까지 여러 날이 걸렸고, 때로는 몇 주씩 걸리기도 했다. 하지만 모스는 편지를 보낸 지 겨우 며칠이 지났을 뿐인데도 아직 베일에게서 소식이 없다며 불안한 기색을 보였다. 오늘날 연구자들은 이와 비슷한 불안에 대해 걱정하고 있을 뿐아니라, 전신의 후손인 '문자 메시지'가 초래한 의도하지 않은 결과들에 대해서도 염려하고 있다.

인스턴트 메시지가 화제로 오를 때면 어김없이 언어가 어떻게 나쁜 쪽으로 변하고 있는지를 둘러싼 갑론을박이 벌어지고, 공포감마저 표출된다. 하지만 흥미롭게도 오늘날의 언어학자들은 언어의 축약에 대해서나 옥스퍼드 쉼표(영어에서 세 개 이상의 항목을 and 또는 or로 연결할 경우 and나 or 직전에 콤마를 넣는 것 — 옮긴이)의 쓰임새에 대해서는 별로 걱정하지 않는다. 학생들은 스마트폰에서 쓰는 문장과 과제에 쓰는 문장 사이에서 '코드 전환'을 할 수 있음을 보여주는 연구 결과들이 있다. 언어 형태의 변화는 언어와 그 구조를 연구하는 사람들에게 문제가 되지 않는다. 하지만 의사소통 형태의 변화가 끼치고 있는 더 폭넓은 영향에 대해서는 많은 사람들이 우려하고 있다. 아메리칸 대학의 언어학자 나오미 S. 배런Naomi S. Baron은 "지금 무서운 일이 일어나고 있다"고 경고한다.[82]

새뮤얼 모스는 전신을 발명함으로써 순간적인 의사 통신의 길을 열었고, 이는 훗날 이메일과 문자 메시지, 그리고 온갖 소셜 미디어를 낳았다. 하지만 우리가 사용하는 기기에는 부정적인 면도 있다. 배런은 "온라인 커뮤니케이션이 사회적 교류를 크게 저해하고 있다"고 말한다. 커뮤니케이션은 언어, '쿨한' 약어, 교묘하게 선택된 '움짤gif'(움직이는 이미지를 가리키는 말 – 옮긴이)만으로는 충분하게 이루어지지 않는다. 커뮤니케이션은 의미를 표현하는 데 그치지 않고 우리에게 의미를 부여한다. 우리가 멀리 떨어져 있는 상대에게 소식을 전할 때 사용하는 즉각적인 형태의 커뮤니케이션은 새로운 문제를 낳았다. "그런 형태의 의사소통이 위험한 것은 우리가 서로에게 인간적으로 대하는 방법을 잊어가고 있기 때문이다"라고 배런 교수는 말한다.

직접 만나 대화를 나눌 때 우리는 서로에게서 비언어적인 단서를 얻는다. 하지만 온라인에 있을 때 "우리는 상대방의 비언어적인 단서가 없으면 상대가 내 말을 제대로 이해했는지 알 수 없다는 사실을 잊는다"라고 배런은 지적한다. 채팅방에서는 실제 세계의 비언어적 단서를 알 수 없기 때문에 우리는 상대가 긴장하고 있는지, 멍하게 있는지, 아니면 대화에 끼어들고 싶어 하는지를 알 길이 없다. 이런 정보는 '움짤'이나 이모티콘, 이모지로는 전해지지 않는다. 세계 어느 나라 사람보다 많은 문자 메시지를 보내고 있는 미국인은 무언가를 급속히 잃어가고 있다. 우리는 비언어적 신호 없이도 의사소통을 잘 하고 있다고 확신하지만, 실제로 비언어적 단서가 추가되면 그렇지 않다는 것을 알 수 있다. 게다가 온라인은 21세기의 새로운 신경증을 만들어냈다. 그것은 19세기에 모스가 베일과 메시지를 주고받을 때 보였던 증상과 흡사하다. 배런은 말한다. "우리는 즉시 답장이 오지 않으면 불안해진다."

일찍이 페이스북에서 일했던 한 전직 간부는 매일 수십억 명이 이용하는 웹 사이트를 개발한 것은 큰 실수라고 말했다.[83] 하버드 대학 2학년생이 기숙사 방에서 짠 프로그램은 모스가 말한 거대한 '하나의 이웃'을 만들어냈지만 실제로는 여러 가지 면에서 해를 끼치고 있다. 즉각적인 커뮤니케이션으로 우리는 서로의 표정을 읽어내고 대화하는 능력을 잃어가고 있다. 인간은 어울려 사는 존재다. 그래서 현실의 대화가 가상공간에서의 대화보다 더 중요하다. 현실의 친구가 온라인 친구보다 더 소중하다. 대면 의사소통이 웹 기반 커뮤니케이션보다 낫다. 사회관계망 사이트는 우리를 비사회적인 사람으로 만든다. 우리는 언어 이외의 수준에서 의사소통하는 능력을 잃었다. 옥스퍼드 쉼표는 걱정하지 않아도 되지만, 사회는 훨씬 더 중요한 것을 잃어가고 있다. 기기를 통한 커뮤니케이션은 그 원조라고 할 수 있는 전신처럼 인간에게서 무형의 요소를 짜내버렸다. 다행히 현실에서 대화를 하면 그런 인간적인 부분이 되돌아온다.

배런은 묻는다. "사람들과 어울리지 않으면 공감대를 이룰 기회가 훨씬 적어진다. 사회에 공감대가 없어지면 우리는 어떻게 될까?"

CAPTURE

4

포착하다

사진 재료는 눈에 보이는 방식뿐 아니라
보이지 않는 방식으로도 우리를 포착했다.

말에 대한 의문

그 의뢰는 아주 간단한 일처럼 보였다. 한 남자가 사진사에게
말이 질주하는 사진을 찍어달라고 부탁했다. 언뜻 보면 간단한
일 같지만 1870년대에는 스튜디오에서 초상 사진을 찍는 데도
시간이 많이 걸려서, 찍히는 사람은 1분 가까이 서서 혹은 앉은
채로 정색을 하고 있어야 했다. 렌즈 뚜껑이 열려 있는 사이에
그 사람이 움직이면, 분명 실체가 있는 사람이 사진에서는 흐릿
한 유령으로 변했다. 사진 재료의 이런 한계 탓에 사진사는 스
튜디오에 아기가 오면 흠칫했다. 아기는 잠시도 가만히 있지 않
아서, 근엄한 표정을 짓고 있는 어머니 무릎 위에서 짙은 안개
처럼 뿌옇게 변하기 일쑤였다. 카메라 앞에 누군가 잠깐 얼굴을
내밀어도 사진에는 나오지 않을 게 확실했다. 그러니 움직이는

그림 35. 미국의 거물 사업가 릴런드 스탠퍼드Leland Stanford, 1824~1893. 말이 어떤 식으로 달리는지 알기 위해 에드워드 마이브리지의 사진 작업에 자금을 댔다.

말의 사진을 찍겠다는 것은 말도 안 되는 소리였다. 하지만 이 의뢰를 한 남자는 아무나가 아니라 캘리포니아의 록펠러 가문쯤 되는 스탠퍼드 가문의 릴런드 스탠퍼드였고, 그는 '노No'라는 말에 익숙하지 않았다(그는 스탠퍼드 대학의 설립자이기도 하다ー옮긴이).

스탠퍼드는 캘리포니아 주지사를 두 번 지낸 후 센트럴 퍼시픽 철도의 사장이 되어 대륙횡단철도의 동부 노선을 건설했고, 정치와 사업 관행을 타락시켰으며, 부당한 방법으로 막대한 부를 축적했다. 스탠퍼드는 자신이 번 돈으로 광활한 목장을 조성하고 목장 안의 저택에서 전원생활을 즐겼는데, 그가 애초에 사진에 담고자 했던 것은 말이 아니라 그의 집이었다. 스탠퍼드는 당시 관례대로 새크라멘토에 있는 자신의 호화로운 대저택을 사진에 담고 싶었고, 그래서 월트 휘트먼처럼 텁수룩한 갈색 턱수염을 기른 샌프란시스코의 사진작가, 42세의 에드워드 마이브리지를 고용했다. 하지만 얼마 안 가 스탠퍼드의 의뢰는 대저택 내부가 아니라 마구간에 있는 말로 바뀌었다.

스탠퍼드는 말이 달릴 때 네 다리가 동시에 떠 있는 순간이 있다는 가설을 세우고 그 상태를 '지지점 없는 이동'이라고 불렀다.[1] 하지만 그에겐 증거가 필요했다. 전해지는 이야기에 따르면, 스탠퍼드의 돈 많은 친구들이 그 가설을 비웃으며 발이 땅에 닿지 않으면 말이 넘어질 것이라고 놀리다 그만 2만 5천 달러(이는 오늘날에 거의 50만 달러에 달하는 값이다)라는 엄청난 액수가 걸린 내기를 하게 되었다고 한다. 체면을 구기지 않으려

그림 36。 에드워드 마이브리지 Eadward Myubridge, 1830~1904. 여러 대의 카메라로 움직임을 촬영하는 새 시대를 연 사진가.

면 스탠퍼드는 인증 사진이 필요했고, 그래서 마이브리지에게 그 순간을 사진에 담아달라고 부탁한 것이다. 마이브리지는 움직이는 말의 사진을 찍을 수 있으리라는 확신은 없었을지 모르지만 예술가로서 부유한 후원자를 원했을 것이고, 예술가라면 누구나 그렇듯 자신의 기술을 후원하는 프로젝트에 편승해 명성을 얻고 싶었을 것이다. 출세할 생각으로 영국에서 미국으로 건너온 마이브리지는 이름 철자를 여러 번 바꾸었을 뿐 아니라(그는 Edward를 Eadweard로, Muggeridge를 Muygridge로, 또 거기서 Muybridge로 바꾸었다), 자신의 재능을 발견하기 전까지 직업도 수없이 갈아치웠다. 스탠퍼드의 의뢰는 이 사진가에게 다시없을 기회였다. 이런 이유로 마이브리지는 고생으로 거칠어

진 손을 내밀었고, 스탠퍼드가 자신의 두툼한 손으로 그 손을 꼭 쥐자 '잘 부탁한다'고 말하며 손을 흔들었다. 서로 다른 세계에서 살아온 두 사람은 이렇게 해서 손을 맞잡게 되었다.

마이브리지는 샌프란시스코에서 손꼽히는 사진작가였다. 그는 겁도 없이 태평양 해안과 요세미티, 알래스카 같은 오지를 여행하며 사진을 찍었다. 변방을 돌아다니며 촬영하는 일에 걸맞게 건강하고 강했던 마이브리지는 무려 50킬로그램이나 되는 장비를 가지고 다녔다. 그는 사진을 촬영하고 현상하는 데 필요한 모든 물건을 가져갔다. 약품 병뿐 아니라 커다란 나무 카메라, 섬세한 유리판, 물통, 암실 천막, 값비싼 렌즈, 그리고 튼튼한 삼각대도 있었다. 마이브리지는 괴짜였다. 부스스한 콧수염을 길렀고, 잔잔한 푸른 눈에는 자주 동요가 일었으며, 마차를 끄는 노새만을 벗 삼아 문명과 거리를 두고 지내는 것을 즐겼다.

스탠퍼드는 자신이 소유한 말들 중에서도 가장 빠른 말을 사진에 담고 싶었다. 그 말은 속도로 미국을 매혹시킨 '옥시던트'였다. 옥시던트 같은 경주마들은 남북전쟁으로 파괴되었다 재건된 나라에서 국민의 상처를 어루만지는 오락거리가 되어주었다. 나라는 남과 북으로만이 아니라, 기존의 동부 세력과 새로운 서부 세력으로도 쪼개져 있었다. 옥시던트는 뿔뿔이 흩어진 민심을 이어 붙였고, 흙을 실어 나르던 '작은 말'이 경마장을 달리는 '네 발 달린' 왕자가 되었다는 신데렐라 이야기와 함께 캘리포니아를 전국에 알렸다.

1872년에 마이브리지는 전속력으로 달리는 옥시던트를 사진에 담기 위해 무거운 사진 장비를 이끌고 새크라멘토에 있는 스탠퍼드의 마구간으로 갔다. 그는 어두운 천막 안에서 유리판에 화학물질을 처리해 감광과 상 정착이 가능하도록 했다. 우선 시럽 같은 콜로디온 용액을 유리판 표면에 붓고 요리사가 프라이팬을 흔들듯 유리판을 앞뒤로 흔들어 액체를 골고루 펴 발랐다. 도포된 유리판을 이번에는 질산은 용액에 담갔다. 질산은은 상을 정착시키는 역할을 한다. 다음으로 마이브리지는 햇빛을 통과시키지 않는 홀더에 처리가 끝난 유리판을 넣은 후 카메라 쪽으로 가서 기다렸다. 옥시던트는 마구를 차고 마부가 탄 이륜마차를 끌며 초당 약 12미터의 속도로 1.5킬로미터 정도를 달렸다.[2] 발굽을 반대쪽 대각선 방향으로 한 쌍씩 들어 올리며 결승선을 향할 때, 옥시던트는 1킬로미터에 약 1분 30초라는 기록적인 속도를 올렸다. 옥시던트의 사진을 얻으려면 유리판이 축축한 동안에 사진을 찍어야 했다. 도포한 약품이 마르면 상이 정착되지 않으므로 마이브리지는 항상 약품의 증발을 가장 걱정했는데, 이번에는 말의 속도가 더 큰 걱정이었다.

풍경사진을 찍을 때 마이브리지는 카메라를 설치하고 축축한 유리판을 넣은 후 카메라 뚜껑을 연 상태에서 몇 초간 두었다. 그리고 다시 뚜껑을 씌웠다. 달리는 말을 처음 촬영할 때도 그는 평소처럼 뚜껑을 열었다 닫았지만 아무것도 찍히지 않았다. 두 번째 시도에서는 뚜껑을 더 빠르게 열고 닫았더니 유리판에 희미하고 흐릿한 뭔가가 찍혔다.[3] 이 결과는 기대를 갖게 했다. 스탠퍼드는 달리는 말에 대한 의문이 마침내 풀릴 거라는 생각에 힘이 났다. 마이브리지는 자기 이름이 인쇄된 신문기사를 스크랩북에 추가할 생각에 들떴다. 하지만 그 사진은 공개하기에는 너무 흐려서, 식별 가능한 사진을 얻기 위해서는 돈을 더 투자해 기술력을 높일 필요가 있었다. 스탠퍼드는 지갑을 열며, 여러 대의 카메라를 나란히 세우고 움직임을 잘게 잘라 각 단계를 각각의 카메라로 포착하면 어떻겠느냐고 제안했다. 마이브리지는 제안을 받아들여 다음 실험을 준비했지만 작업은 곧 중단되고 말았다.

마이브리지의 인생은 순탄치 않았다. 한 여자와 결혼했지만 아내의 바람으로 삼각관계에 휘말렸다가 바람둥이 남자를 죽이고 감옥에 가면서야 삼각관계에서 벗어날 수 있었다. 그 사건이 일어났을 때가 마침 옥시던트 사진 프로젝트를 진행하던 중이었다. 사흘 후 무죄 판결을 받고 출소한 마이브리지는 그 즉시 미국 중부로 가서 살인 사건 이전에 의뢰받은 사진 작업을 시작했다. 그리고 몇 년 후인 1877년 여름에 다시 말 사진으로 돌아왔다. 그는 새크라멘토와 샌프란시스코에서 실험을 계속하다가, 스탠퍼드의 팰로앨토 목장으로 향했다.

살인을 저지르기 전 마이브리지는 달리는 말을 촬영할 때 렌즈 뚜껑을 잠시 열어두는 방법으로 희미하고 흐릿한 사진을 얻었다. 말의 움직임을 호박 속의 곤충 화석처럼 유리판 위에 생생하게 포착하려면 카메라가 더 빨리 눈을 깜박여 더 짧은 순간을 포착해야 했다. 이를 실현하기 위해 마이브리지는 시가 cigar 상자로 셔터 장치를 만들었다. 먼저 시가 상자에서 얇은 나무판 두 개를 떼어냈다.[4] 그리고 이 판자들을 사다리의 단처럼 상하로 놓고 간격을 5센티미터 정도 벌렸다. 그 상태에서 좌우

그림 37. 이후에 전기를 이용해 렌즈가 '까꿍놀이' 놀이에서와 같이 빠르게 열렸다 닫히도록 만든 카메라 셔터. 마이브리지가 공중에 뜬 말의 사진을 찍을 수 있었던 비결 중 하나이다.

에 좁고 길쭉한 판자를 하나씩 대고 못으로 고정했다. 그런 다음 완성된 것을 세운 상태로 틀에 장착했다. 두 장의 판자는 창처럼 위아래로 올리고 내릴 수 있었고, 사진을 찍기 전에는 내려오지 않도록 고무 밴드로 고정해두었다. 다음으로 이 셔터 장치 전체를 카메라 정면에 두고, 아래쪽 판자가 카메라 렌즈를 가린 상태로 세팅하면 촬영 준비가 끝났다.

말이 달려와 카메라 쪽으로 왔을 때 마이브리지가 줄을 당기면 고무 밴드가 풀리면서 단두대처럼 얇은 판자가 내려왔다. 두 판자 사이의 틈새가 렌즈 정면을 통과하는 순간 '까꿍' 하듯이 렌즈가 모습을 드러내고, 이후 위쪽 판자가 내려와 렌즈를 가린다. 이렇게 하면 카메라에 아주 잠깐 동안만 빛을 넣을 수 있었다. 이 새로운 셔터의 도움으로 카메라는 찰나의 움직임을 보고 얼어붙은 듯 멈춰선 움직임을 유리판에 포착했다. 마이브리지는 촬영 즉시 유리판을 암실 천막으로 가져와 현상했다. 천막

천장에는 구멍을 뚫고 붉은 천을 덧대어 빛을 통과시키되 상에
는 손상이 가지 않게 했다.

처음에는 카메라가 한 대였지만 이후 열두 대가 되었고, 나중
에는 스물네 대로 늘어났다. 고속 셔터로 유리판에 말의 형태가
'더 뚜렷하게 부각'되게 찍기 위해서는 피사체에서 반사된 빛이
카메라로 많이 들어오게 할 다른 방법이 필요했다.[5] 마이브리
지는 말이 달리는 트랙에 야외촬영 스튜디오를 만들고 한쪽에
는 카메라를, 다른 쪽에는 배경막을 설치했다. 반사광을 늘리기
위해 배경막을 하얗게 칠하고 사다리처럼 기울여서 태양광이
더 많이 반사되도록 했다. 말이 달리는 트랙에도 흰 가루를 뿌
렸다. 이 역시 반사광을 늘려 더 많은 빛이 렌즈에 닿게 하기 위
함이었다. 마이브리지는 달리는 말의 스냅 사진을 찍기 위해 질
산은, 태양광, 셔터 등을 이리저리 조정해가며 실험을 했다. 촬
영을 몇 번 반복하자 고무 밴드의 수명이 다해 셔터가 빠르게
내려오지 않게 되었지만, 다행히 당시 유행하던 최신 기술로 문
제를 해결할 수 있었다. 그것은 바로 전기 벨이었다.

1초보다 훨씬 짧은 시간에 말의 움직임을 포착하기 위해 더
빠른 셔터가 필요했던 마이브리지는 전기를 이용해 고무 밴드
의 부족한 점을 보완했다. 당시는 가전제품이 일상으로 도입되
던 시기였는데, 그때 유럽에서 유행하던 발명품 중 하나가 바로
전기 벨이었다. 그것은 버튼을 누르면 전자석에 감겨 있는 회로
에 전기가 흘러 벨의 추가 당겨지면서 벨이 울렸다. 릴런드 스
탠퍼드의 철도회사에 다니던 스물일곱 살의 엔지니어 존 D. 아
이작스John D. Isaacs가 이 새로운 기술을 바탕으로 더 빠른 방아

그림 38。 팰러앨토 경주장의 한 부분. 한쪽에는 카메라들이 놓인 창고가 있었고, 반대쪽에는 빛을 더 많이 반사시키기 위해 비스듬히 세워놓은 배경막이 있었다. 트랙을 가로지르는 실을 달리는 말이 몸으로 밀면, 그것이 카메라 셔터를 작동시켜 사진을 찍었다.

쇠를 만드는 방법을 생각해냈다. 전자석이 셔터를 지지하는 걸쇠를 빛의 속도로 움직이는 전류를 이용해 휙 잡아당김으로써 눈 깜박할 새보다 빨리 셔터를 떨어뜨릴 수 있었다.[6] 이로써 마이브리지의 카메라는 준비가 되었다.

마이브리지는 말이 달리는 트랙을 따라 열두 가닥의 실을 가슴 높이로 매달고 그것을 열두 대의 카메라에 연결했다.[7] 말이 발을 구르는 한 사이클을 완전히 포착할 수 있도록 카메라는 균일한 간격을 두고 설치되었다. 달려오는 말이 결승선 테이프를 끊듯이 가슴으로 실을 눌러 실이 늘어나면, 카메라 옆의 금속 두 조각이 당겨져 접촉하면서 회로에 전기가 흘렀다. 이것이 셔터 장치를 작동시켜 사진 한 장이 촬영되었다. 이어서 말은

그림 39. 말이 질주할 때 네 발이 모두 땅에서 떨어지는 순간이 있다. 마이브리지는 사진을 찍어 스탠퍼드의 의문을 해결해주었다.

다음 실을 당겨 다음 카메라를 작동시킨다. 이렇게 일련의 카메라가 질서 있는 사격훈련장처럼 차례차례로 수천 분의 1초의 움직임을 순간 포착했고, 그 결과 각각의 유리판에는 말의 분절된 동작이 선명하게 포착되었다.

모아놓은 유리판들은 움직임의 각 단계를 보여주었다. 마이브리지는 촬영한 유리판을 암실 천막에서 현상한 후 밖으로 나와 기뻐하면서 "땅에서 뛰어오르는 말의 사진을 찍었다"라고 선언했다.[8]

유리판 위의 상은 희미했지만, 그는 수작업으로 화질을 향상시킴으로써 흰 배경에 움직이는 말의 실루엣이 또렷하게 보이는 12장의 사진을 만들어냈다. 사진은 달리는 말의 네 발이 모두 허공에 떠 있는 순간을 보여주었다. 하지만 움직임을 유리판 위에 포착하려 한 이 시도는 질주하는 말의 네 다리가 동시에 떠 있는 순간이 있음을 증명해낸 것보다 사회에 훨씬 큰 영향을 미쳤다. 마이브리지가 찰나의 순간을 포착하자 사회는 매 순간을 사진으로 남기기를 열망하게 되었고, 그 결과 에베레스트를 이룰 정도로 대량의 사진이 촬영되었다.

이 모든 것은 말 한 마리에서 시작되었다.

사회의 아웃사이더였던 마이브리지가 미국 서해안에서 사진 촬영이라는 분야를 발전시키는 동안, 동해안에서는 사회의 대들보였던 한 인물이 혁신적인 사진 기술을 만들어내고 있었다. 마이브리지의 이름은 역사에 남았지만, 이 동해안의 발명가는 보답을 받지 못했다. 그의 이름은 한니발 굿윈이었다.

우울한 목사

한니발 굿윈 목사가 설교를 할 때면 뉴저지주 뉴어크 기도의 집 교회의 신도석이 400명에 이르는 신도들로 가득 찼다. 굿윈은 언변이 좋은 연설가였다. 낭랑했던 그의 목소리는 1880년대에 교회 종소리처럼 널리 울려 퍼졌다. 코안경을 쓰고 흰 수염을 기른 이 비범한 목사는 신도들을 사랑했고, 신도들 또한 목사에게 그 사랑을 돌려주었다. 예배가 끝나면 많은 사람들이 교회에 남아 그와 이야기를 나누며 그의 축복과 현명한 조언을 받으려 했다. 하지만 언제부턴가 설교가 끝난 후 목사와 친교를 나눌 기회가 점점 줄어들기 시작했다. 목사는 예배가 끝나자마자 서둘러 교회 옆 자택으로 달려갔기 때문이다. 교구 사람들은

그림 40。 한니발 굿윈은 뉴저지주 뉴어크의 '기도의 집 교회' 근처에 있는 플럼하우스에서 살았다. 다락에 화학 실험실을 차려놓고 그곳에서 카메라 필름을 만들었다.

굿윈이 무엇에 정신이 팔려 있는지 알지 못했지만, 어느 날 그의 손이 노란 낙엽색으로 얼룩져 있는 것을 보았다. 그의 흰 성직복 끝자락도 같은 색으로 물들어 있었다.[9] 그것을 본 신도들이 수군대기 시작한 지 얼마 지나지 않아, 왕자 같은 풍채를 지닌 미국 성공회 목사가 빈자처럼 생기 없는 손바닥을 가졌다는 소문이 돌았다.

굿윈은 주변의 수군거림을 한 귀로 듣고 한 귀로 흘린 채, 자택의 커다란 대문을 밀어젖히고 나무 계단을 두 계단 올라가 다락방의 화학 작업실로 들어갔다. 이 공간이 그의 우주의 중심이었다. 1868년부터 1887년까지 그는 플럼하우스라는 곳에서 살았는데, 그곳은 교회에서 열 걸음쯤 떨어져 있고 브로드가와

그림 41. 굿윈 목사는 화학 실험실에 빛이 들어오게 하려고 다락 지붕에 톱으로 1.5미터 높이의 구멍을 만들었다.

스테이트가가 만나는 모퉁이에 위치한 건물이었다. 꼭대기층의 아치형 천장 아래가 그의 다락방이었고, 상아색 벽에는 굿윈의 손때와 같은 색의 얼룩이 묻어 있었다. 방 한쪽에는 벽난로가 놓여 있고 그 양 옆에 창문이 하나씩 있었다. 굿윈은 천장에 높이가 1.5미터나 되는 구멍을 내어 낮에 화학 실험을 하는 동안 빛이 들어올 수 있게 했고, 밤에는 기름등 밑에서 작업에 매달렸다.

아래층에서 아내 레베카가 그를 부르면 대답이 없거나 한마디밖에 되돌아오지 않았다. 그가 식사를 하러 나타날 때야 겨우 아내와 입양한 자식들이 그의 관심을 받을 수 있었다. 굿윈은 욕심이 별로 없는 사람이었다. 먹을 것, 신, 그리고 어린 목자들의 영적 행복이 그가 바라는 전부였다. 그는 자신의 집 거실에서 아이들을 위한 주일학교를 열었는데, 그가 깨어 있는 시간의 대부분을 다락방에서 지내게 된 것은 바로 이 주일학교에서 일어난 어떤 일 때문이었다.

◆

굿윈은 주일학교에서 성경을 가르칠 때 내용과 관련된 사진도 함께 보여주면 좋겠다고 생각했다. 그래서 신도들과 교구 사람들에게 호소해 '마법의 랜턴'으로 불리던 환등기를 구매했다. 소원이 이루어지자 굿윈은 미국의 새로운 풍경이 담긴 사진은 몇 장 구할 수 있었지만, 성경 장면을 담은 사진은 거의 없었다. 다행히 굿윈은 사진 애호가여서 어린 목자들에게 보여주기 위한 성경 사진을 유리판으로 직접 만들기를 마다하지 않았다.

1880년대에 사진을 촬영하는 데는 굿윈처럼 강건한 체격이 필요했다. 무거운 장비를 옮기려면 코끼리 같은 힘이 필요했다. 하지만 다른 한편으로는 거미 같은 섬세함도 필요했는데, 무거운 장비를 옮길 때 유리판을 깨뜨리지 않도록 조심해야 했기 때문이다. 굿윈은 사진에 담을 만한 풍경을 발견하면, 무거운 유리판을 들고 암실 천막 안에 들어가 그것을 감광제가 가득 든 양동이에 푹 담갔다. 이렇게 해서 유리판을 사진을 포착할 수 있는 상태로 만들었다. 사진촬영술이 발전하자 표면에 미리 화학약품을 두껍게 발라놓은 유리판도 판매되었다. 굿윈은 촬영을 마치면 다른 약품으로 유리판을 처리해 상을 정착시켰다. 고생 끝에 마침내 사진이 완성되면 성경 이야기를 들으려고 자신의 거실에 모인 아이들에게 그것을 보여주었다.

굿윈은 자신의 작품에 만족했지만, 안타깝게도 유리판과 아이들이 공존할 수 없다는 것을 깨달았다. 아이들이 도와주겠다며 성경 사진을 환등기에 끼울 때 유리에 금이 가거나 유리가 깨지기 일쑤였던 것이다. 유리판이 여러 장 깨지자, 아이들의 진심 어린 사과에도 불구하고 굿윈 목사의 인내심은 줄어들 뿐이었다. 결국 그는 세상에서 가장 악의 없는 이들의 손에서도 견딜 수 있을 만큼 튼튼한 사진을 만드는 방법이 있어야겠다고 생각하게 되었다.

굿윈이 자유 시간을 모두 다락방에서 보내게 된 것, 가족과 신도들에게 무뚝뚝해진 것, 손과 옷에 얼룩이 생긴 것은 모두 그 때문이었다. 그는 유연한 플라스틱 필름을 만들어보기로 했다. 그런 필름이라면 상을 정착시킬 수 있으면서도 산산조각이 나지 않을 터였다.

❖

독실한 미국인 성공회 목사가 발명가였다고 하면 정말일까 싶겠지만, 굿윈은 기발한 생각과 손재주를 겸비한 사람이었다. 한니발 굿윈은 1823년 4월 뉴욕주 이타카에서 북쪽으로 16킬로미터쯤 떨어진 곳에 위치한 작은 마을 율리시즈에서 태어나 펭거레이크스 호숫가 농장에서 자랐다. 굿윈은 못 말리는 장난꾸러기였다. 한번은 아버지와 함께 하이킹을 갔는데 장난을 심하게 치다가 아메리카검은곰에게 쫓긴 적도 있었다고 전해진다.[10] 한니발의 짓궂은 장난에는 악의가 전혀 없었고, 그저 창의적인 뇌가 앞서나갔을 뿐이었다.

굿윈은 천직을 찾아 나서며 핀볼 같은 경로를 밟았다. 1844년에는 예일 대학 법과대학원에 입학했고, 코네티컷주 미들타운의 감리교 대학에 갔다가 뉴욕 스키넥터디의 유니언 칼리지에 정착해 영어학부터 화학까지 넓은 분야를 망라하여 교양 수업을 들었다. 그러다 1848년에 학사 학위를 받은 후 신을 만나고 뉴욕의 유니언 신학교에 들어가 미국 성공회 목사가 되었다. 성직 서품을 받은 굿윈은 펜실베이니아와 뉴저지, 그리고 캘리포니아주 내파에서 목사로 일하다가, 뉴저지주 뉴어크로 돌아와 기도의 집 교회의 5대 목사로 자리를 잡았다.

❖

1870년에 인구가 10만 5천 명에 달했던 뉴어크는 제조업 중심지이자 유력 사업가들의 활동 거점이었다. 토머스 에디슨도 멘로 파크의 한적한 곳으로 옮겨 가기 전까지 뉴어크에서 활동했다. 뉴어크는 또한 존 웨슬리 하얏트John Wesley Hyatt가 셀룰로이드라는 신종 플라스틱을 제조한 셀룰로이드 컴퍼니가 있는 곳이기도 했다. 셀룰로이드는 상아 대체품이 되어 당구공과 빗, 셔츠 깃과 커프스, 단추, 피아노 건반과 장난감의 재료로 쓰이기 시작했다. 굿윈은 소문난 이 물질이 성경 사진을 찍는 데 도움이 될지도 모른다고 생각했다. 하얏트의 회사는 셀룰로이드를 판형, 봉형, 튜브형으로뿐 아니라 액상으로도 팔았다. 하얏트의 셀룰로이드 컴퍼니가 위치한 뉴어크 머캐닉가 47번지는 굿윈의 집에서 남쪽으로 1.5킬로미터 거리에 있어서, 굿윈은 '딩키'라고 불리던 마차를 타고 그 회사를 찾아가 셀룰로이드를 얼마간 구할 수 있었다.

한니발 굿윈은 주일학교 사진용 필름을 만들기 위해 다양한 화학약품을 골랐다. 그는 필름이 머리카락처럼 얇았으면 좋겠다고 생각했고 그렇게 하기 위해 과학을 이용했다. 굿윈은 말했다. "대학에 다닐 때 화학에 대한 지식을 얼마간 습득했다. 그 지식을 이용해 나는 빛이 거의 들지 않는 곳에서 화학약품과 유기물을 완전히 새로운 조합으로 섞는 실험을 시작했다."[11]

굿윈은 니트로셀룰로오스 덩어리를 녹인 용액에서 니트로셀룰로오스가 스노우볼 안의 눈처럼 차곡차곡 떨어지며 얇은 층을 만들게 하고 싶었다. 그것은 마지막 조합으로 간신히 실현할 수 있었다. 그는 니트로셀룰로오스를 니트로벤젠에 넣었다. 그리고 그렇게 만들어진 시럽처럼 찐득찐득한 액체를 물과 알코올로 희석해 유리판에 부어 말렸다. 배합물의 성분 각각이 얇은 플라스틱 층을 만드는 데 기여했다. 니트로벤젠과 알코올은 거북과 토끼처럼 행동했다. 니트로벤젠은 천천히 증발하는 반면 알코올은 빠르게 증발한다. 이런 배합 덕분에 니트로셀룰로오스는 유리판 전체에 퍼졌다가 천천히 떨어지며 소복소복 쌓이는 눈처럼 유리 표면을 덮었다.

10년 가까이 실험을 계속하는 동안 때로는 다락방을 폭발시킬 뻔한 적도 있었지만, 마침내 굿윈은 상을 정착시킬 수 있는 플라스틱 필름 롤을 발명하고 특허를 신청했다. 이 무렵 그는 어느덧 목사직에서 은퇴할 나이가 되어 앞으로 어떻게 먹고 살지 고민하고 있었다. 번 돈을 가족과 가난한 사람들에게 주고 화학 실험을 하는 데에 다 써버려서 모아놓은 돈이 거의 없었기 때문이다. 그런데 잡지에서 "종이처럼 가볍고 유리처럼 투

그림 42。 한니발 W. 굿윈 Hannibal Williston Goodwin, 1822~1900. 뉴저지주 뉴어크 사람으로, 주일학교 수업에 사용할 사진을 찍고 싶었던 목사. 그는 화학적 원리를 이용해 유연한 카메라 필름을 발명했다.

명한"[12] 필름이 필요하다는 기사를 읽은 후 그는 자신의 발명품이 사진사들에게 도움이 될 거라고 확신했다. 굿윈의 발명품은 그 기준에 딱 맞는 데다, 롤 형태로 된 긴 필름은 사진사들의 촬영 속도를 높일 수 있었다. 그는 특허를 신청하면 막대한 돈을 벌 길이 열릴 줄 알았다. 하지만 당시 최고의 부자 중 하나였던 이스트먼 코닥사社의 조지 이스트먼이 같은 생각을 하고 있는 줄은 까맣게 몰랐다.

1887년에 20년간의 목사 생활을 마친 후 한니발 굿윈 목사는 기도의 집 교회를 떠날 준비를 하고 있었다. 건강이 나빠져 더 이상 직무를 수행하기 어려웠다. 그는 공식 일정 없이 다락방에 틀어박혀 사진필름을 개선했다. 플라스틱 필름의 길이는 3미터, 9미터, 최종적으로는 15미터까지 차츰 늘릴 수 있게 되었다.[13] 이윽고 그는 특허를 신청하고 싶다는 생각을 했다.

크로커스 꽃이 1886년 눈보라의 마지막 폭설을 뚫고 피어났을 때, 굿윈은 자신의 최고 걸작을 담은 '특허 신청서'에 마무리 손질을 했다. 그리고 1887년 5월 2일 특허청에 〈사진 펠리클과 그것을 만드는 과정〉을 제출했다. 거기에는 펠리클(얇은 막)의 발명과 그것을 만드는 방법에 관한 내용이 담겼다. 하지만 설교단에서 신자들을 쥐락펴락했던 말발이 이 법률 문서에서는 통하지 않았다. 당시 대부분의 특허 신청서는 어니언

그림 43. 조지 이스트먼George Eastman, 1854~1932. 사진 사업가. 유연한 카메라 필름의 최초 발명자를 결정하는 문제로 한니발 굿윈과 오랫동안 법적 다툼을 벌였다.

스킨지(얇은 반투명 용지)로 50페이지를 넘지 않았으며 정확한 언어로 기술되었다. 하지만 굿윈의 신청서는 성경만큼 두꺼웠고 실제로 성경처럼 읽혔다. 그래서 그의 신청서는 특허심사관의 미결 서류함에 하염없이 방치되었다.

굿윈은 워싱턴에 있는 특허청을 몇 번이나 찾아가 특허 처리를 재촉했지만, 특허청은 유리판 위에서 잘 마르지 않는 필름과 마찬가지로 재촉이 통하지 않았다.

굿윈 목사는 다른 발명에 몰두하며 시간을 보내는 한편, 카메라와 필름을 제조하던 조지 이스트먼에게 편지를 써서 52미터짜리 샘플에 피막과 감광제를 입혀달라고 의뢰했다.[14] 누군

가가 자신의 아이디어를 베끼거나 훔칠 수 있다는 생각을 하지 못했던 것이다. 호기심을 느낀 이스트먼은 답장을 보내 굿윈의 발명에 대해 많은 질문을 던졌다. 굿윈은 그 필름왕에게 화학약품을 어디서 구했는지 알려주었고, 심지어는 몇 가지 재료를 보내주기까지 했다. 이렇게 편지를 주고받다 보니 특허청의 답변을 기다리는 지루한 시간이 금방 갔고, 덕분에 그는 마치 안정된 금전적 미래에 한발 가까이 다가간 것처럼 느껴졌다.

그런데 이스트먼과 한창 편지를 주고받던 도중인 1889년 4월 6일 조지 이스트먼이 특허청에 자신의 특허를 출원했다. 굿윈이 특허를 신청한 지 2년 후의 일로, 필름을 만들기 위해 약제를 흘려 증발시키는 과정에 관한 내용이었다. 게다가 이스트먼의 직원이자 화학자였던 헨리 라이헨바흐Henry Reichenbach도 며칠 후인 4월 9일에 같은 과정에 대한 특허를 출원했다. 특허청의 심사관들은 굿윈, 이스트먼, 라이헨바흐가 각기 신청한 세 특허가 매우 비슷하다는 것을 깨닫고 최초 발명자를 가려내기 위한 심의에 착수했다. 그사이에 이스트먼이 출원을 취하해 라이헨바흐와 굿윈이 다투게 되었다. 심의 과정에서 굿윈은 권리가 자신에게 있다고 주장하며 1887년에 만든 필름 샘플을 제출했다. 그것을 증거로 특허청은 굿윈의 신청이 최초라고 판단하고 굿윈의 특허심사를 계속 진행시켰다. 굿윈은 자신이 이겼다고 생각했지만 할 일이 더 있는 줄은 몰랐다. 이스트먼 컴퍼니가 발명의 우선권을 묵인했을 때 굿윈은 "문제가 해결되어 마무리되었다"고 생각했다.[15] 하지만 그것은 오산이었다.

착한 굿윈 목사는 자신도 모르게 세계 최대 독점기업과의 체

스 경기에 발을 담근 것이었다. 굿윈은 승리의 기
머지 특허를 확실하게 통과시키기 위해 개선할 부분은 나
특허심사관의 충고를 귀담아듣지 않았다. 특허심사관은
바흐에게도 충고를 했다. 라이헨바흐는 자신의 특허에
조법을 단순화해 특정 양의 니트로셀룰로오스와 장뇌가
가도록 수정했다. 굿윈은 아무것도 바꾸지 않았다.

1898년 12월 10일에 라이헨바흐는 특허를 받았고, 굿윈의
신청은 기각되었다.

굿윈은 자신이 특허의 정당한 소유자라고 믿었기에 그것을
되찾고자 특허청을 수차례 찾아가서 자신이 가진 얼마 되지 않
는 돈을 써가며 특허를 확보할 확실한 방법을 알아내려 했다.
그는 특허, 또는 제대로 된 해명을 원했다. 특허청은 아무것도
줄 수 없었지만, 특허심의관은 재심사를 신청하는 다른 방법을
제안하며 다시 한번 기회를 주었다.

그 제안은 특허 조합에 장뇌를 포함시키라는 것이었다. 굿윈
은 "장뇌를 한 원자도"[16] 사용하지 않았으며 그것을 넣으면 생
기는 "얼룩무늬"[17]를 좋아하지 않았지만, 특허를 받기 위해 심
사관의 말대로 했다. 그런데 그것은 실수였다. 특허에 장뇌를
포함시킴으로써 판도라의 법률 상자를 열고 말았다. 장뇌와 셀
룰로오스는 그 유명한 셀룰로이드의 주원료였기 때문에 이제
굿윈은 자신이 발명한 것이 셀룰로이드가 아님을 증명해야 하
는 상황에 놓였다. 이미 존재하는 것에 대한 특허를 얻을 수는
없었기 때문이다. 굿윈은 대박에 가까이 가기는커녕, 산더미 같
은 서류와 씨름하게 되었다. 그는 친구에게 보낸 편지에 "나는

뿐 아니라 훨씬 더 가난해졌다"라고 적었다.[18]

덴바흐와의 특허 전쟁에서 굿윈은 패색이 짙었다. 수 [...]련 거절당하고 다시 수정하면 또 거절당했다. 1892년, [...]95년, 그리고 1897년에 새로운 신청서를 제출했지만 번번 이 각하되었다.[19] 굿윈은 1896년에 새 법적 대리인으로 드레이 크 앤 컴퍼니의 변호사 찰스 펠을 영입했고, 변호사는 1897년 에 수석 심사관에게 불복심사를 청구했다. 1898년 7월 8일 기 적적으로 이전의 각하 결정이 파기되어 굿윈이 특허를 얻을 수 있는 길이 열렸다. 굿윈의 변호사들은 특허 신청서에서 수정된 내용은 모두 애초에 기술된 내용 범위를 벗어나지 않는다는 것 을 증명할 수 있었다. 또한 굿윈은 특허 신청을 제출했던 시점 에 필름을 생산했던 사실도 증명할 수 있었는데, 그 사실은 첫 번째 선후심사(특허심사가 '선발명주의'였을 때 발명 시점의 선후를 심사한 절차 – 옮긴이)에서 보여주었다. 조지 이스트먼은 이 심사 에서 자신은 1888년 이전에는 만족할 만한 필름을 얻지 못했다 고 증언했다.[20]

1898년 9월 14일 수요일 아침, 병약해진 75세의 굿윈은 집에 서 65킬로미터 떨어진 드레이크 앤 컴퍼니를 친히 방문하여 새 로 획득한 특허를 기념하기 위해 펠과 그의 법률사무소 직원들 에게 축사를 했다. 굿윈은 자신이 아직도 즉석에서 긴 설교를 할 수 있다는 사실을 알았다. 축사에서 그는 법률사무소 사람들 에게 "신은 제분기를 절망적일 정도로 느리게 돌리지만 결국에 는 곡식을 갈아낸다"[21]는 자신의 신념을 일깨워주었다.

굿윈은 특허를 받자마자 구약성경의 다윗처럼 자신의 골리 앗인 이스트먼에게 달려가 돌로 그 거인을 때려눕히려 했다. 이 스트먼은 굿윈의 배합으로 필름을 제조하며 굿윈의 특허권을 침해하고 있었다. 펠과 그의 회사 드레이크 앤 컴퍼니는 코닥사 를 특허권 침해로 고소했다. 이로써 굿윈은 아내 레베카와 함께 얼마 남지 않은 생을 즐길 경제적 밑천을 확보하는 일에 한 발 가까워졌다. 펠과 굿윈은 이스트먼 코닥사 외에도 롤필름을 사 용하고 있는 회사들의 목록을 작성해 특허권 침해 소송을 하려 는 계획을 세웠다. 펠이 전략과 협상조건을 자세히 설명할 때 굿윈은 "그렇지, 옳거니"[22]하며 추임새를 넣었다.

굿윈의 계획은 뉴어크에 공장을 지어 '굿윈 필름 앤 카메라 컴퍼니'로 이름 붙이고 롤필름을 제조하는 것이었다. 하지만 보 도의 갈라진 틈 때문에 계획은 모두 수포로 돌아갔다. 1900년 여름에 굿윈은 몬트클레어 거리에 새로 얻은 집 근처에서 노 면 전차 계단을 내려오다가 발을 헛디뎌 넘어지고 말았다. 키가 180센티미터에 체중이 100킬로그램이 넘는 거구였던 그는 보 도에 세게 부딪혀 왼쪽 다리가 부러지는 중상을 입었다. 그리고 끝내 회복하지 못하고 폐렴에 걸려 그해 말 12월 31일에 눈을 감았다.

굿윈의 아내 레베카는 아직 "몸과 정신이 쇠약함"[23]에도 불구 하고 남편의 십자가를 떠 매고 남편이 몸져누워 있는 동안 회사 를 세우는 것을 도왔고, 더 큰 회사와 합병해 앤서니 앤 스코빌 (훗날의 안스코Ansco)을 만들었다. 새 회사는 코닥사를 상대로 특 허권 침해에 대한 법적 다툼을 계속해 1902년에 연방 지방법원까지 가게 되었다. 거듭된 지연과 항소 끝에 1914년 3월 10일 굿윈은 마침내 승소했고, 재판에서 받아낸 500만 달러(오늘날의 가치로는 1200만 달러 이상에 달한다)의 배상금을 굿윈의 상속인과 회사가 나누어 가졌다. 굿윈은 세상에 없었기에 자신이 번 돈을 받을 수 없었고 레베카는 너무 늙고 쇠약해서 승리를 기뻐할 수 없었지만 말이다. 판결 몇 달 후 레베카마저 눈을 감았다.

◈

한니발 굿윈은 주일학교에서 쓸 이미지를 사진에 담으려다 가시밭길을 걸었고, 결국 다윗과 골리앗 이야기를 실행에 옮겼다. 하지만 굿윈 목사가 깨달았듯이, 사진촬영은 아이들을 위해 사진을 촬영하는, 그저 순수한 활동이 아니었다. 이로 인해 큰 고생을 했으니 말이다. 그런데 굿윈이 법적 다툼을 벌인 지 불과 몇십 년 후 사진촬영은 다시 한번 싸움의 중심에 섰다. 이번에도 어린 학생들이 계기가 되었지만, 이 싸움은 문화적인 싸움이기도 했다. 사진촬영의 순수하지 않은 의도가 이번에는 상업적인 영역뿐 아니라 필름의 화학적 조성에서도 드러났다.

노출 부족

1960년대에 아프리카계 미국인 어머니들은 악의라고는 전혀 보이지 않는 학교 단체사진에서 뭔가 이상한 점을 알아챘다.[24] 학교에 다니는 아이들은 해마다 가장 좋은 나들이옷을 차려입고 학급 단체사진을 찍으며 유년기의 중요한 한순간을 남겼다. 하지만 아이가 집에 가져온 이 소중한 사진에서 흑인 어머니들은 문제를 발견했다. 대법원이 1954년에 브라운 대對 교육위원회 재판에서 학교에서의 인종차별을 폐지한 후 흑인과 백인 아이들은 나란히 앉아 컬러 사진을 찍었지만, 흑인 아이와 백인 아이가 평등하게 찍히지 않았던 것이다. 아이들이 카메라 앞에서 가만히 있기 위해 안간힘을 쓰는 사이, 필름의 감도에 맞추어 아이들의 모습이 보정되고 있었다. 백인 아이들은 평소 모습 그대로 찍혔지만, 흑인 아이들은 얼굴 특징이 사라진 채 잉크 얼룩으로 변했다.[25] 필름은 어두운색 피부와 밝은색 피부를 동시에 담아낼 수 없었다. 필름의 성분 조성에 아무도 눈치채지 못한 편향이 휩쓸려 들어갔기 때문이다. 필름의 이런 결함이 그동안 드러나지 않았던 것은 오랫동안 학교가 인종에 따라 분리되어 있어서 흑인과 백인 아이들의 사진이 따로 찍혔기 때문이다. 하지만 학교가 통합되자 흑인 어머니들은 컬러 필름에 자신의 아이들이 어둡게 찍힌 것을 목격하게 되었다.

2015년, 런던을 거점으로 활동하는 두 사진가 애덤 브룸버그Adam Broomberg와 올리버 채너린Oliver Chanarin이 이 낡은 컬러 필름을 발굴해 학교 단체사진에서 모든 인종의 아이들이 똑같이 선명하게 찍히지 않은 이유를 알아냈다. 필름을 테스트한 두 사진가는 "필름이 애초에 그런 노출 범위에 맞추어져 있지 않았다"[26]는 사실을 알아냈다. 그 필름은 백인 피부에 최적화되어 있었다. 주기율표가 거의 모든 화학 서적에 실리는 표준 항목이 된 뒤로 폭넓은 범위의 색을 충실하게 담아낼 수 있는 화학약품은 계속 존재해왔다. 하지만 필름을 제조하는 화학약품의 성분 조합에는 특정한 색 범위가 잘 찍히도록 은밀한 편애가 들어갔다. 학급 단체사진에 피부색에 따라 얼굴이 다르게 찍힌 것은 바로 이런 숨겨진 필름의 역사 때문이었다.

◆

초창기의 사진촬영은 결코 간단한 일이 아니었다. 초기 풍경사진이 어려운 작업이었던 것은 무거운 장비 때문만은 아니었다. 화학약품 제조와 촬영에 필요한 기술 대부분을 자체적으로 해결해야 하는 탓도 있었다. 사진가 에드워드 마이브리지는 하늘과 산이 있는 캘리포니아의 아름다운 풍경을 촬영하기 위해 흑백 이미지를 담아내는 화학약품을 유리판에 직접 펴 발랐다. 그리고 렌즈 윗부분을 덮어 밝은 구름에 대해서는 노출시간을 줄임으로써 산 뒤쪽의 구름이 하얗게 날아가지 않도록 했다. 한 세대 후, 프레드 아처Fred Archer, 1889~1963와 안셀 애덤스Ansel Adams, 1902~1984가 적절한 노출 시간을 정리한 존 시스템Zone Method을 고안해 흑백사진 촬영을 체계화했다. 이는 중간 농도 중심으로 흰색에서 검은색까지 명암의 각 단계를 표현한 11장의 카드를 사용하는 방법으로, 가장 밝은 흰색과 가장 어두운 검은색이 한 장의 사진 속에서 균형 있고 평화롭게 공존할 수 있게 해주었다. 하지만 초기의 흑백 필름에서 컬러 필름으로 사진 촬영술이 발전하자 노출의 균형을 맞추는 방법이 복잡해졌다. 콘트라스트(명암 대비)와 세 가지 기본 색소(사이안, 마젠타, 노랑)를 동시에 조정해야 했기 때문이다. 하나를 건드리면 다른 무언가가 바뀌었다. 이것을 바꾸면 저것이 변했다. 이런 고생을 하지 않기 위해 색채과학자들이 해법을 마련했지만, 이로 인해 누군가의 인생은 수월해진 반면 다른 누군가의 인생은 곤란해졌다.

색채과학자들이 고안한 것은 일종의 '커닝페이퍼'로, 인쇄물과 텔레비전에 사용되는 각 색상의 표준을 제시하는 색상 밸런스 카드였다. 이 카드를 이용해 찍은 사진은 게시판, 잡지, 시리얼 상자, 광고 등 어디에 실리든지 똑같아 보였다. 안과 병원의 시력검사표처럼 이 색상 카드는 화가, 디자이너, 사진사, 카메라 기사의 작업실에 비치되었다. 가장 널리 쓰인 카드는 진갈색 머리카락에 연한 파란색 눈동자를 지닌 여성이 여러 가지 색상의 베개를 등진 채 억지웃음을 짓고 있는 것이었다. 화가, 디자이너, 사진사, 카메라 기사는 사진이나 화면에 보이는 이미지를 카드 색상에 맞추어 작업했다. 여성의 흰 피부색을 포함해 모든 사물의 모든 색이 이 표준 카드에 맞추어 보정되었다. 모델의 이름을 따 '셜리 카드'로 불린 이 카드를 기준으로 색조가 수정되면서 어두운색 피부를 표현하기는 어려워졌다.

표준 색 카드를 사용하는 이 간단한 결정으로 인해 셜리와 다른 피부색을 가진 사람은 사진에 이상한 모습으로 찍히게 되었다. 필름이 셜리의 안색에 최적화되어 있었기 때문이다. 셜리보다 녹색 색소가 더 많은 지중해 지역 사람들, 붉은 색소가 더 많은 라틴아메리카 사람들, 또는 노란색 색소를 더 많이 함유한 아시아 사람들은 사진에 각각 외계인처럼, 불타는 것처럼, 아픈 사람처럼 찍혔다. 피부가 셜리보다 어두운 사람은 더 극단적인 모습으로 찍혔다. 대개 이 세상 사람이 아닌 것처럼 찍혔고, 때로는 피부 전체가 시커멓게 나오기도 했다. "기술은 이데올로기 속에서 태어나 그 이데올로기를 은근슬쩍 티 나지 않게 구체화한다"라고 사진가 올리버 채너린은 말한다.[27] 셜리 카드의 사용으로 셜리의 얼굴뿐 아니라 피부색까지도 미의 표준이 되면서, 학급 단체사진에 백인 아이들은 자기 모습 그대로, 흑인 아이들은 자신과는 다른 모습으로 찍히는 결과가 초래되었다.

❖

초창기 다게레오타이프(은판사진) 시절의 스튜디오 인물사진은 마이브리지의 풍경사진과 달리 인물을 잘 표현했다. 빛의 조건을 조절하고, 특정 화학약품을 사용하고, 더 큰 유리판으로 해상도를 높였기 때문이다. 덕분에 초기 사진술은 모두에게 자신의 모습을 그대로 재현할 수 있는 기회를 평등하게 제공했다. 다게레오타이프 형태의 사진촬영은 유리판에 요오드화은을 도포하는 간단한 방법으로 사람의 얼굴을 흑백으로 영원히 포착해놓을 수 있었다. 다만 피부의 반사광에 의해 요오드화은의 화학결합이 바뀔 때까지 피사체가 한참 동안 움직이지 않아야 한다는 것이 유일한 흠이었다. 요오드화은은 조성이 단순해서 대개 집에서 만들어 썼고, 따라서 누구든 모든 사람을 찍을 수 있었다.

노예폐지 운동가였던 프레더릭 더글러스는 사진은 초상화와 달리 누구나 사회적 신분에 관계없이 자신의 초상을 얻을 수 있는 매우 민주적인 매체라며 극찬했다. "이제는 주급이 고작 몇 실링인 가난한 하인 소녀도 이전의 귀족이나 왕족보다 더 완벽한 자신의 초상을 가질 수 있다"라고 더글러스는 썼다.[28] 19세기에 더글러스는 이 새로운 기술에 깊은 감명을 받아, 연설을 할 때마다 "다게르(다게레오타이프 사진술을 개발한 프랑스의 화가 – 옮긴이)가 지구를 화랑으로 바꾸었다"며 환영했다고 한다. FD(친구들은 더글러스를 이렇게 불렀다)의 이 말은 지금의 소셜미디어 시대를 예언한 것처럼 들리지만, 당시 그가 직감했던 것은 사진의 중요성이었다.

평생에 걸쳐 더글러스는 자신이 겪어봐서 잘 아는 노예의 비참한 상황에 대해 미국과 영국에서 수백 번 연설을 했다. 텔레비전이 생기기 전에 흔히 그랬듯 그는 대규모 관중을 모아놓고 몇 시간이고 연설을 이어갔고, 관중은 소풍 도시락을 들고 와 그의 말에 귀를 기울였다. 더글러스는 지칠 줄 모르는 연설가였지만, 연설이 없는 날에는 자주 사진 스튜디오를 찾아가 자신의 잘생긴 얼굴을 찍었다. 그의 사진은 판매되어 많은 사람들이 그것을 보았기 때문에, 더글러스는 사진을 통해 자신이 하고 싶은 말을 하기로 했다. 즉, 자신의 사진을 이용해 1800년대 아프리카계 미국인의 정형화된 이미지에 맞선 것이다.

19세기 중엽, 프레더릭 더글러스는 지구상에서 사진이 가장 많이 찍힌 사람이었다.[29] 마크 트웨인, 율리시즈 그랜트, 심지어 에이브러햄 링컨보다도 사진이 많았다. 더글러스는 누구나 호감을 품을 만한 자신의 용모를 이용해 흑인 미국인을 묘사하는 불쾌한 방식에 반격을 가했다. 법에 노예는 '5분의 3의 인간'이라고 적혀 있는 미국이라는 나라에서 더글러스는 흑인이라는 인간을 최고의 모습으로 보여주고 싶었다. 그는 백인들이 자

그림 44. 연설가이자 노예폐지 운동가 프레더릭 더글러스 Frederick Douglass, 1818~1895. 한때 세계에서 가장 사진이 많이 찍힌 사람이었다. 흑인의 정형화된 이미지를 불식하기 위해 자신의 초상 사진을 이용했다.

신의 초상 사진을 보며 본인들의 모습이 반영되어 있다고 느끼기를 바랐다. 더글러스는 피부는 검었지만 혼혈이라서 유럽인의 생김새를 띠고 있었다.[30] 아마 더글러스의 사진을 본 사람들은 코는 앵글로색슨계이고, 태도는 당당하며, 자세에는 활력이 넘친다고 생각했을 것이다. 더글러스는 자신의 사진을 이용해 무례한 자들의 악의적인 묘사에 이의를 제기하고 싶었다.

하지만 더글러스가 사진촬영에 처음 매력을 느낀 19세기가 저물어갈 무렵 변화가 일어났다. 더글러스의 말년에 사진필름은 부엌의 화학물질에서 기업이 대량 생산하는 상품으로 바뀌었다. 기업의 표준 약제는 단순한 화학성분에서 정교한 조합으로 바뀌었고, 필름은 특정 집단에 속한 피사체가 가장 잘 표현될 수 있도록 '초점'이 맞추어지면서 나머지 사람들은 초점 밖으로 밀려났다.

20세기 초 아프리카계 미국인 역사학자 W. E. B. 듀보이스도 흑인의 긍정적인 이미지를 사진에 담는 것으로 무엇을 할 수 있는지 알았다. 더글러스보다 50년 뒤에 태어난 듀보이스는 더글러스 시대와 달리 자신의 시대에는 흑인의 사진을 찍는 것이 쉽지 않음을 깨달았다. 그는 백인 사진사들이 "흑인 사진을 끔찍하게 못 찍는다"라고 썼다.[31] 듀보이스의 시대에는 누구나 똑같이 잘 찍히는 가내 수공업 사진이 더 이상 표준이 아니었다. 미국은 오래전부터 사진촬영에 매료되었고, 이스트먼 코닥사 같은 기업들은 필름을 대량 생산할 뿐 아니라 필름 현상 서비스를 제공함으로

그림 45。 W. E. B. 듀보이스 W. E. B. Du Bois, 1868~1963. 아프리카계 미국인에 대해 연구했던 역사학자. 상업적인 카메라 필름이 흑인의 피부를 잘 찍지 못한다고 생각했다.

써 사람들의 욕구를 채웠다. 이렇게 소비재가 된 필름에는 한 소비자 집단의 색조가 다른 집단의 색조보다 잘 찍혔다.

당시 신문과 잡지에는 흑인의 얼굴 특징을 과장한 캐리커처인, 검은 피부에 커다란 눈만 유독 하얗게 표현된 웃는 얼굴의 '삼보'가 자주 실렸다. 더글러스와 듀보이스는 사진을 이용해 이런 정형화된 흑인 이미지를 없애고 싶었다. 19세기에 사진술이 막 등장했을 때 그런 굴욕적인 이미지에서 잠시나마 해방된 짧은 유예기간이 있었는데, 이는 초기의 초보적인 흑백사진이 현실을 그대로 포착했기 때문이다. 하지만 대량 생산된 필름과 그 뒤의 컬러 필름이 흰 피부를 완벽하게 재현하게끔 개발되면

서 흑인의 얼굴에는 노출이 부족해졌다. 사진에서 흑인은 특징 없이 밋밋한 검은 형상에 눈과 치아만 하얗게 도드라져 보였다. 이런 사진은, 의도한 건 아니었어도 더글러스와 듀보이스가 그토록 혐오했던 유해한 고정관념이 되어갔다. 이 부정적인 캐리커처가 그 추한 얼굴을 다시 내민 것이 20세기 후반의 학교 단체사진이었다.

◆

20세기의 조사 보고서들은 컬러 필름의 주요 생산자인 코닥사가 자사 필름의 결함을 알고도 무시했음을 보여준다.[32] 곧 민권 시대가 열려 인종차별을 철폐하는 요구가 전국에서 일어났으니, 1950년대와 1960년대에 미리 코닥사가 흑인 어머니들의 불만에 귀를 기울였다면 선견지명이 있었다는 소리를 들을 수도 있었을 것이다. 아무리 '검은 것은 아름답다' 해도 현상을 유지하려는 힘이 더 컸다. 상황이 바뀐 것은 광고를 찍기 위해 코닥사의 필름을 대량 구입한 대기업들이 코닥 필름에 대해 소란을 피웠을 때였다. 필름 제조업과는 무관해 보이는 두 산업인 가구 업체와 초콜릿 업체가 코닥사 필름이 어두운 색조를 차별한다고 항의한 것이다.[33]

가구와 초콜릿은 광고 사진을 찍었을 때 짙은 갈색이 잘 표현되어야 할 뿐 아니라, 세세한 부분까지 분명하고 아름답게 보일 필요가 있었다. 사진상으로 소비자가 밀크 초콜릿, 단맛을 줄인 초콜릿, 다크 초콜릿을 구별할 수 있어야 했다. 신혼부부가 느릅나무나 호두나무 또는 떡갈나무 탁자를 신혼집에 가져다놓고 싶게끔 분명하게 보여주어야 했다. 코닥사 직원들은 필름을 수정하기 위해 열심히 노력했다. 성분을 새롭게 조합한 필름을 만들고, 사진을 찍어가며 테스트도 했다. 온갖 초콜릿을 촬영하며 먹은 탓에 체중이 분 사람도 있었다.[34] 흑인 어머니들의 불만은 코닥사를 바꾸지 못했지만 기업들의 불만이 회사를 움직였다. 1970년대 말 컬러 필름의 새롭고 차별 없는 성분 조합이 개발되고 있었고, 1980년대에는 개선된 코닥 골드 필름이 신제품으로 시장에 출시되었다.

초기 필름의 차별적 편향에 사람들의 눈길이 쏠리는 것을 원치 않았던 코닥사는 새로운 필름에는 "옅은 빛 속의 검은 말"이 잘 찍힌다고 선전했다.[35] 이 낭만적인 표현은 19세기에 에드워드 마이브리지가 찍은 옥시던트를 가리키는 게 아니었다. 이 시적인 문구는 새로운 필름에서는 어두운 피부도 잘 찍힌다는 메시지를 전달하는 일종의 암호였다. 코닥사가 필름의 성분 조성에서 편향을 제거한 결과, 짙은 색 목재와 짙은 색 초콜릿, 그리고 짙은 색 피부를 잘 찍을 수 있게 되었다.

필름은 이미지뿐 아니라 문화적 편견도 포착했다. 사진을 찍는 일은 대개 카메라 앞에서 포즈를 취하는 사람들에게 설레는 시간이며, 행복한 순간을 포착하는 시간이다. 하지만 카메라 앞에서 포즈를 취하는 것이 항상 유쾌한 일이기만 했던 것은 아니다. 때로는 견디기 힘든 경험이기도 했다. 미국 사람들은 잘 몰랐겠지만, 미국의 필름 회사들과 그들이 제조한 필름 기술이

해외에서 부정한 목적으로 이용되고 있었다. 1970년대에 필름을 연구하던 젊은 화학자 덕분에 이 부정한 행위가 세상에 드러났고, 그녀의 행동은 세계를 더 나은 곳으로 만드는 데 기여했다.

포착되다

캐럴라인 헌터는 교실 책상에서 10학년(고등학교 1학년) 역사 교사 발더 선생님을 응시하며 그의 말을 공기처럼 들이마셨다. 학생들에게 'V 선생님'으로 불리던 그는 1962년 한 학기 동안 학생들의 관심을 끌기 위해 부단히 노력했다.[36] 이 뉴올리언스 젊은이들이 민권 운동에 더 적극적으로 참여하도록 정치의식을 일깨우기 위해서였다. 하지만 그의 부름에 응답은 없었다. 이 인종 분리 지역에서 그는 '침입자'였기 때문이다. 백인 수녀와 흑인 남녀가 가르치고 흑인들만 다니는 가톨릭 고등학교인 자비에르 대학 예비 학교에서 발더 선생님은 흑인도 성직자도 아니었다. 그러나 그가 독서 과제로 내준 남아프리카공화국 사람들의 이야기《울어라, 사랑하는 조국이여Cry, the Beloved Country》는 어린 캐럴라인의 마음을 울렸다. 캐럴라인은 그 책의 문장을 외워서 대수학 Ⅱ 교과서에 적거나 암송했다. 소설은 그녀가 사는 이곳에서 13,000킬로미터 이상 떨어진 장소를 무대로, 흑인을 분리하는 아파르트헤이트 정책하에서 살아가는 사람들의 곤경을 생생하게 그려냈다. 하지만 그런 현실은 1962년에 뉴올리언스에 살고 있는 캐럴라인의 삶과 닮아 있었다. 학교에 가기 위해 공공버스를 타면, 뒤쪽의 흑인 전용 자리에 앉으라고 지시하는 안내문이 보였다. 백화점에 가서 마음에 드는 원피스를 구경하고 있으면, 점원이 당신은 그것을 살 수 없다고 말했다. 그릴에 햄버거를 굽는 냄새를 풍기는 식당에 들어가면, 웨이터가 당신은 카운터에서 먹을 수 없다고 말했다.《울어라, 사랑하는 조국이여》는 캐럴라인을 일깨웠고 발더 선생님의 수업은 캐럴라인의 기억에 깊이 각인되었지만, 이 모든 것은 얼마 지나지 않아 십 대의 흔한 관심사 속에 묻히고 말았다.

육남매 중 한 명으로 태어난 캐럴라인은 신앙심이 깊은 가톨릭 신자였던 어머니 밑에서 올바른 행동과 교육의 중요성을 몸소 익히며 자랐다. 캐럴라인은 영리하고 사교적이었으며, 긴 문장을 단숨에 말할 수 있었다. 환한 미소, 짙은 갈색 피부, 짧은 곱슬머리를 지녔고 키가 겨우 150센티미터였던 캐럴라인은 자신의 사진이 별로 마음에 들지 않았다. 그녀는 루이지애나주 뉴올리언스에 있는 가톨릭 학교이자 유서 깊은 흑인 대학인 자비에르 대학에 들어가 화학을 전공했다. 학자금을 마련하기 위해 도서관에서 일하느라 학과 외 활동을 할 시간은 없었다. 그래서 졸업 후 취업 제안을 받았을 때 캐럴라인은 기꺼이 자신이 성장한 동네를 떠나기로 했다. 선택지는 루이지애나의 정유회사, 뉴저지의 제약회사, 매사추세츠의 사진필름 제조사 세 곳이 있었다. 그녀는 최대한 북쪽으로 가기로 마음먹고, 1968년 가을에 한 기업의 컬러 사진 연구소에서 화학 연구자로 일을 시작했다. 매사추세츠주 케임브리지에 소재한 그 기업은 미국에서 가장 사랑받는 기업 중 하나인 폴라로이드사였다.

1960년대에 폴라로이드사는 20년 후 애플사가 해낸 것에 비견할 만한 혁신을 이루었다. 두 기업은 각각 에드윈 랜드Edwin Land, 1909~1991와 스티브 잡스Steve Jobs, 1955~2011라는, 사람의 마음을 사로잡는 지도자를 두었다. 소문에 따르면 애드윈 랜드는 에디슨 다음으로 특허를 빨리 낸 사람이라고 한다. 랜드와 잡스는 신동이었지만 둘 다 대학을 중도에 그만두었다. 잡스는 리드 칼리지를, 랜드는 하버드 대학을 중퇴했다. 랜드는 하버드 대학을 1년 만에 떠나 결국 졸업하지 못했지만, 자신을 추앙하는 직원들이 랜드 박사라고 부르는 것을 말리지 않았다. 파이프 담배를 피우던 낯가림 많은 천재는 폴라로이드사를 밑바닥부터 일으켜 세웠다. 회사 이름은 처음에 만든 편광 플라스틱(폴라라이저)에서 가져왔다. 편광 플라스틱은 헤드라이트의 눈부심을 방지하고, 선글라스에 쓰여 일부 광선을 차단했다. 랜드가 그다음으로 내놓으려고 했던 획기적인 발명품이 즉석사진이었고, 이 기술을 연구하는 것이 캐럴라인의 일이었다.

캐럴라인은 화학약품을 배합해 누구나 크리스마스 선물로 갖고 싶어 하는 즉석 컬러 사진기(폴라로이드 카메라)를 만들었다. 셔터를 누르면 사진기 내부에서 사진 용지가 두 개의 롤러 사이를 통과한다. 그러면 흰색 프레임 아래쪽에 담겨 있는, '구goo'라고 불리는 버터처럼 연하고 쫀득거리는 물질이 뿜어져 나와 감광 필름 위로 퍼짐으로써 사진이 현상된다. 캐럴라인이 배합한 화학약품은 사진이 마치 알라딘의 램프에서 나오는 지니처럼 1분 안에 마법처럼 나타나게 해주었다.

◆

1970년 9월 어느 가을날 오후, 캐럴라인은 새 남자친구 켄 윌리엄스와 함께 점심을 먹으러 가고 있었다. 캐럴라인보다 연상인 켄은 폴라로이드사 사진사로, 키가 크고 말랐으며 턱수염을 기른 아프리카계 미국인 남자였다. 그는 독학으로 사진술을 익혔지만 폴라로이드사 최고의 예술가 중 한 명으로 학교에서 배울 수 없는 타고난 감을 지니고 있었다. 그는 필름 다발을 팔 아래 끼워 온도를 높이거나 눈 속에서 식히면 색을 넣고 뺄 수 있다는 것을 알고 있었다. 켄은 뜻밖의 행운으로 사진 부서에 오게 되었다. 그 무렵 매사추세츠주 월섬의 폴라로이드 공장에서 잡역부로 일하는 카메라용 필름 조립공이 아름다운 사진을 찍는다는 소문이 돌고 있었는데 폴라로이드사의 한 간부가 켄의 작품을 보고는 그를 케임브리지의 본사로 보냈던 것이다. 켄의 임무는 예술 부서에서 폴라로이드사 제품의 아름다움을 보여주는 것이었다. 그가 캐럴라인을 만난 곳도 케임브리지였다. 두 사람은 동요에 나오는 잭 스프랫과 스프랫 부인처럼 장단이 잘 맞았다. 켄은 키가 컸고, 캐럴라인은 작았다. 켄은 누구하고나 잘 어울렸지만 캐럴라인은 조심스러워했다. 켄은 수수했고, 캐럴라인은 멋쟁이였다. 둘은 나이도 다르고 교육 수준도 달랐지만, 재즈의 트럼펫과 드럼처럼 서로를 보완했다(〈잭 스프랫과 스프랫 부인〉은 작자 미상의 영국 동요이다. "잭 스프랫은 비계를 못 먹고 / 그의 아내는 살코기를 못 먹었대요 / 그래서 둘이서 함께 / 접시를 깨끗이 비웠대요." – 옮긴이).

두 사람은 케임브리지 메인스트리트에서 세 블록 떨어져 있는 별도의 건물에서 일하고 있었다. 그곳은 켄달 스퀘어라는 동네의 한 구역으로, 길 건너편에는 매사추세츠공과대학MIT이 있었다. 켄은 유리로 된, 미래적인 느낌의 고층 건물 1층에서 일했다. 캐럴라인은 오스본 스트리트 모퉁이에 있는 오래된 3층짜리 벽돌 건물 2층에서 일했다. 그 건물 1층에 랜드 박사의 사무실이 있었는데, 그곳은 역사적으로 기념할 만한 공간이었다. 보스턴에서 알렉산더 그레이엄 벨이 최초의 쌍방향 장거리 전화를 걸었을 때 그의 조수 토머스 A. 왓슨이 전화를 받은 곳이 바로 랜드의 사무실이던 것이다. 그곳은 랜드 박사의 걸출한 두뇌에 걸맞은 방이었다.

캐럴라인이 켄을 만나러 가는 동안 그녀의 오똑한 콧속으로 갖가지 냄새가 밀려왔다. 연구소 실험실에서는 주유소처럼 묘하게 끌리는 화학약품 냄새가 풍겼다. 건물 밖으로 나가자 인근 공장들의 냄새가 코를 압도했다. 서쪽에서 불어오는 산들바람에는 네코사NECCO 사탕 공장에서 나는 초콜릿, 민트, 루트비어의 기분 좋고 달콤한 향기가 실려 왔다. 하지만 그런 즐거운 냄새 밑에는 도축장과 타이어 재생 공장의 악취가 감돌았다.

켄의 사무실은 사진가들의 아지트로, 평평한 곳에는 모두 유성 연필, 루페, 금속 직선 자들이 어지럽게 흩어져 있었다. 낙엽이 지고 있는 뉴잉글랜드는 제법 쌀쌀해져서 켄은 재킷을 걸치고 사무실을 나섰다. 두 사람은 나갈 준비를 하며 평범하지만 그들에게는 중요한 의미가 있는 농담을 주고받았다. 그때 문 옆 게시판에 붙은 낯선 무언가가 그들의 발걸음을 멈추었다.

코르크판에 꽂혀 있는 그것은 신분증 모형이었다. 사진 속의 얼굴은 흔히 보던 것이었지만 "남아프리카공화국, 광산업부"라는 문구는 낯설었다. 켄은 캐럴라인을 돌아보며 "폴라로이드사가 남아공에도 있는 줄은 몰랐네"라고 말했다. 캐럴라인은 "내가 아는 건 남아프리카공화국이 흑인들에게 지옥이라는 것뿐이야"라고 답했다.[37]

'남아프리카공화국'이라는 단어를 보았을 때 캐럴라인은 고등학교 역사 시간에 발더 선생님에게 배웠던 것이 폴라로이드 사진처럼 머릿속에서 바로 출력되었다. 이와 함께 십 대 때 깊은 감명을 받았던 책도 떠올랐다. 남아프리카공화국이 억압으로 얼룩진 오명의 땅임을 알고 있었던 캐럴라인은 왜 폴라로이드사가 그곳에 거래처를 두고 있는지 의아했다. 남아프리카공화국에서 자행된 잔혹 행위에 대한 소식을 마지막으로 들은 것은 10년 전인 1960년, 경찰이 시위자 70명을 죽인 샤프빌 학살 사건이 텔레비전에 방송되었을 때였다. 그 뒤로도 그곳의 잔혹 행위는 계속되었지만 뉴스에는 잘 보도되지 않았다. 그곳과 관련된 최신 뉴스는 일 년 전인 1969년에 유엔이 남아프리카공화국의 아파르트헤이트 정책을 신랄하게 비판하는 보고서를 내며 각 기업과 국가들을 향해 "남아프리카공화국 정부와의 협력을 중단할 것을" 권고했다는 작은 보도였다.[38]

사진은 천 마디 말과 같다지만 게시판에서 본 그 사진은 충분한 정보를 제공하지 않은 채 의문만 가중시켰다. 점심을 다 먹었을 때 그들은 좀 더 알아볼 필요가 있다고 판단했다.

그로부터 2주 동안 캐럴라인 헌터와 켄 윌리엄스는 퇴근 후

도서관에 가서 남아프리카공화국에 대해 찾을 수 있는 모든 정보를 찾아 읽었다. 캐럴라인은 대학 시절 도서관 사서 일과 학업을 병행할 때 익힌 기술을 활용해 수많은 책과 산더미 같은 신문 마이크로필름 속에서 정보를 캐냈다. 그들은 남아프리카공화국은 경찰국가이며 유색인종 통행증을 통해 흑인 남아프리카인의 이동을 통제하고 있다는 사실을 알아냈다. 통행증은 20쪽 분량의 소책자로, 소지자가 사는 곳, 일할 수 있는 곳, 방문할 수 있는 곳 따위의 정보가 실려 있었다. 통행증을 소지하지 않으면 터무니없는 벌금을 물거나 최장 한 달의 징역형을 받고 고된 노역을 해야 했다. 통행증의 핵심은 폴라로이드로 찍은 사진이었다.

그 나라는 통행증을 통해 1,500만 흑인의 이동을 감시했을 뿐 아니라, 통행증 법률을 이용해 백인이 사는 도시 중심가를 들고나는 남아프리카공화국 흑인의 흐름을 노동 수요에 따라 수도꼭지처럼 잠갔다 풀었다 했다.[39] 농장에 노동자가 필요하면 통행증 법률을 강화해 흑인들을 밭에 묶어놓았다. 전시에 전쟁 물자 조달을 위해 노동자가 필요하면 통행증 법률을 느슨하게 풀어 노동력이 도시 공장으로 흘러가게 했다. 다이아몬드 광산에 일꾼이 필요하면 통행증 법률을 다시 조여 이들을 채석장에 묶어두었다. 흑인이 더 이상 필요 없게 되면, 이동을 차단해 격리된 흑인 거주지나 고향 땅으로 돌려보냄으로써 그들을 백인과 분리했다.

1966년에 폴라로이드사는 새로운 기종의 카메라인 ID-2를 개발했다. 이 제품은 신분증과 공문서에 들어가는 두 장의 컬러

그림 46. 폴라로이드사의 ID-2 카메라와 비슷한 모델. 통행증에 들어가는 남아프리카공화국 흑인의 사진을 찍는 데 사용되었다. 통행증은 국가가 흑인의 소재를 통제하는 수단이었다.

사진을 암실이나 화학약품 없이 60초 안에 출력했다. 이 제품을 사용하면서 통행증용 사진 1장과 정부보관용 사진 1장을 만드는 일이 훨씬 간편해졌다. ID-2는 슈트케이스에 쏙 들어가는 크기였고, 한 시간에 수백 장의 사진을 찍을 수 있었다. 남아프리카공화국의 350개 통행증 센터 각각에 카메라 한 대와 필름 상자 수천 개를 비치해두면 흑인 1,500만 명의 사진을 손쉽게 찍을 수 있었고, 덕분에 남아프리카공화국은 GPS 추적의 시대가 오기 전에 개인의 소재에 관한 정보를 입수할 수 있었다.[40]

◆

남아프리카공화국에 대해 찾을 수 있는 것을 모두 찾아 읽은 후, 1970년 10월 1일 목요일에 켄은 본사에서 아는 간부를 만나 자신이 알아낸 것을 말했다. 조사하는 몇 주 동안 캐럴라인과 켄은 분노가 끓어올라 넘치기 일보 직전이었다. 하지만 경영 진의 반응은 뜨뜻미지근했다. 처음에는 남아프리카공화국에 폴라로이드를 판매한 사실을 모른다고 잡아떼더니, 나중에는 판매했다 해도 소량이라고 말을 바꾸었다. 그러고는 켄에게 좀 더 알아보라고 하면서 다시 자리를 마련해 의논하자고 했다. 하지만 켄은 폴라로이드사가 남아프리카공화국에서 활동한 증거를 가지고 있었으므로 정보는 충분했다. 그가 원한 것은 행동이었다. 이 긴급한 사안을 의논만 하고 있을 수는 없었다. 두 번째 만남이 다음 날로 잡혔지만 켄은 나타나지 않았다. 켄과 캐럴라인은 둘이서 뭔가 해보기로 결심했다.

그 주 주말인 10월 4일 일요일에 두 사람은 캐럴라인의 직장으로 갔다. 그들은 폴라로이드사 오스본 스트리트 연구소의 수위실에서 사인을 한 후, 산더미 같은 종이 뭉치를 들고 안으로 들어갔다. 그것은 폴라로이드사가 남아프리카공화국에서 하고 있는 일을 낱낱이 적은 전단이었다. 이곳에 오기 전 두 사람은 빌린 타자기로 전단을 만들고, 그것을 브루클린가에 있던 활동가 신문 〈올드 몰Old Mole〉의 사무실로 가져가 등사기로 인쇄했다. 칙칙 소리와 함께 종이가 한 장씩 잉크 냄새를 풍기며 빠져나왔다. 그들은 이 전단지를 그날 폴라로이드사의 게시판과 화장실 문 안쪽에 붙였다. 나머지는 경영진 전용 주차장에 두었다. 일을 끝낸 후 그들은 다시 수위실 책상에서 사인을 하고 밖으로 나와 남은 휴일을 즐기며 다음 날 출근을 준비했다.

월요일 아침 켄이 차로 브루클린 아파트에서 캐럴라인을 태워 직장에 왔을 때, 회사 건물 앞에서 플래시가 번쩍였다. 케임

그림 47。 캐럴라인 헌터Caroline Hunter. 켄 윌리엄스Ken Williams와 함께 폴라로이드 혁명 노동자 운동을 시작했다. 고용주의 즉석사진이 남아프리카공화국의 아파르트헤이트 정책에 부정하게 이용되고 있음을 밝히려 했다.

브리지 경찰과 폴라로이드사 보안 팀이 두 사람을 기다리고 있었다. 그쪽에서 초경계 태세로 나온 것은 어느 정도는 베트남전 반대 시위와 5월 발생한 켄트 주립대학 총격사건으로 미국 내 상황이 엄중해서였지만, 켄과 캐럴라인이 붙인 전단지도 그냥 넘길 일은 아니었기 때문이다. 전단지에는 블랙팬서 운동의 구호가 사용되었고, 마지막 순간에 전단지에 휘갈겨 적은 표제에는 "폴라로이드사는 60초 안에 흑인을 가둔다"라고 적혀 있었다.

반항적인 십대 자녀의 부모처럼 당황한 폴라로이드 경영진은 결국 캐럴라인과 켄을 직장에 들여보내며 이들의 '생떼'가 가라앉기를 바랐다.

캐럴라인 헌터와 켄 윌리엄스는 폴라로이드 혁명 노동자 운동PRWM, Polaroid Revolutionary Workers Movement을 조직하고, 지난날 발더 선생님이 얘기했던 민권 운동 전략의 정신에 따라 폴라로이드사를 남아프리카공화국에서 철수시키는 운동을 정식으로 시작했다. 두 흑인 직원이 회사의 방향을 돌리는 것은 계란으로 바위를 치는 격이었다. 하지만 폴라로이드사에겐 약점이 있었다. 회사는 기업 이미지를 보호해야 했기에 이 전투는 여론전이 될 수밖에 없었다. 폴라로이드사는 외부를 향한 성벽을 쌓았고, PRWM는 그것을 성서에 나오는 '예리고의 성벽'처럼 무너뜨려야 했다(이스라엘 백성을 이끄는 모세의 후계자 여호수아가 성문을 굳게 잠근 예리고 마을로 들어가기 위해, 야훼의 말씀대로 이스라엘 백성들에게 계약의 궤를 메고 마을 주위를 일곱 바퀴 돌게 한 뒤, 사제들이 나팔을 불면 소리를 지르게 했다. 그러자 마침내 성벽이 무너져 성을 점령했다. 구약성서 여호수아기 6장에 실려 있다 – 옮긴이).

❖

다음 날인 10월 6일 폴라로이드사는 전 직원에게 공지를 내어 남아프리카공화국 정부에 카메라를 팔지 않았음을 알리며 반격을 가했다. 경영진은 남아프리카공화국에는 "회사도, 투자도, 직원도 없다"고 강조했다.[41] 어찌 보면 사실이었다. 폴라로이드사는 1959년부터 남아프리카공화국 10개 도시에 폴라로이드사를 대리하는 프랭크 앤 허쉬 주식회사Frank and Hirsch(Pty) Ltd.라는 유통사를 두고 있었다. 더구나 폴라로이드사는 값싼 노동력을 이용하기 위해 1938년에 이미 그 나라에 진출해서, 또 다른 유통사인 '남아프리카공화국 폴라라이저Polarizer South Africa'를 통해 오래전부터 제품을 판매해왔다.[42] 켄과 캐럴라인은 폴라로이드의 주장을 반박하는 또 다른 전단지를 돌렸다.

다음은 폴라로이드사 차례였다. 그러나 켄과 캐럴라인은 〈손자병법〉의 가르침대로 기습 공격을 감행했다. 전단을 배포하는 것에서 전선을 확대해, 다음 날인 10월 7일에 정치 집회를 연 것이다. 이날 정오에 테크놀로지 스퀘어 549번지에 위치한 폴라로이드 본사 광장에는 200명이 넘는 구경꾼이 모였다. 그들은 보리수나무 아래서 캐럴라인 헌터와 켄 윌리엄스, 그리고 하버드 신학교 학생으로 흑인 남아프리카공화국 사람이었던 크리스 응테타Chris Nteta의 연설에 귀를 기울였다. 그날 오전, 폴라로이드사는 직원에게 다시 공지를 발송했다. 이번에는 말을 약간 바꾸어, 1967년부터 남아프리카공화국에 판매한 ID-2 카메라는 67대뿐이며 모두 군사 목적으로만 사용되었다고 알렸다.[43] 하지만 응테타는 폴라로이드 제품이 남아프리카공화국 전역에서 통행증을 만드는 데 사용되고 있다는 것을 아는 산증인이었다. 그는 군중들에게 폴라로이드의 성명서는 '거짓말투성이'라고 말했다.[44] PRWM은 구성원이 얼마 되지 않았지만 그들의 목소리는 하나하나를 더한 것보다 컸다. 그들이 활동가 네트워크와 언론을 통해 자신들의 주장을 널리 전파했기 때문이다. 특종에 굶주린 신문사, 통신사, 텔레비전 뉴스 프로그램에 캐럴라인과 켄은 군침 도는 기삿거리를 제공했다.

이 집회에서 PRWM은 자신들의 요구를 제시했다. 폴라로이드사의 레터헤드(윗부분에 공식 명칭, 주소 따위가 인쇄된 편지지 — 옮긴이)를 이용해 랜드 박사 앞으로 PRWM이 원하는 바—남아프리카에서 철수할 것, 아파르트헤이트 정책을 공개적으로 비난할 것, 그리고 남아프리카공화국에서 얻은 이득을 해방운동에 쓸 것—를 적었다.[45] 분명 이들의 목표는 원대했고 행동은 '과격해' 보였을 것이다. 하지만 그보다 200년 앞서 있었던 보스턴 차 사건이 반란이 아니었듯이 이들의 행동도 반란이 아니었다. 다음 날인 10월 8일, 폴라로이드사 간부들과의 2시간에 걸친 대화에서 켄과 캐럴라인은 분노의 수위를 점점 올리며 폴라로이드사의 악덕 행위를 조목조목 제시했다. 다음 날 켄은 해고되었다.

이후 몇 달간 폴라로이드와 PRWM은 기울어진 운동장에서 불공정한 '테니스 시합'을 펼쳤고, 관중은 '공'을 따라 고개를 이쪽저쪽으로 돌렸다. 켄은 해고된 날로부터 10여 일이 지난 10월 20일 주 의회 의사당을 방문해 당시 매사추세츠주 하원의원이었던 체스터 애킨스를 만났다. 켄은 그 자리에서 전단지를 전달하고 케임브리지 최대 기업의 행위를 알렸다(공을 쳤다). 폴라로이드사는 이에 대한 대응으로, 다음 날인 10월 21일 언론에 보도자료를 뿌렸다. 1948년 이후 폴라로이드사는 남아프리카의 거래 요구에 응하지 않았으며 필름 판매를 중단시킬 방법을 찾겠다는 내용이었다(공을 받아쳤다).[46] 그러자 PRWM은 폴라로이드사에 대한 세계적인 불매운동을 시작하며, 다가오는 크리스마스 시즌에 폴라로이드 카메라와 필름을 구매하지 말아달라고 호소했다(받을 수 없는 곳으로 공을 되받아쳤다). 폴라로이드사는 추수감사절 즈음 거금을 들여 마케팅 캠페인을 펼치며, 폴라로이드사가 남아프리카공화국에서 하고 있는 일에 대해 변명했다(공이 땅에 닿기 전에 다시 받아쳤다). PRWM은 막대한 돈을 뿌리는 폴라로이드사에 역습을 가할 수는 없었지만 그래도 전단지를 돌리는 일은 계속했다.

다음 라운드에서, 폴라로이드사는 1971년 1월 언론에 '남아프리카공화국 실험'을 실시한다고 발표했다. 프랭크 앤 허쉬사에서 일하는 흑인 직원들의 봉급을 인상하고, 지난 가을 남아프리카공화국에서 실시한 조사를 바탕으로 흑인 직원 155명에게 장학금을 주기로 했다(네트에 붙어 떨어지는 공을 쳤다).[47] PRWM은 새로운 전단지를 만들어 남아프리카공화국에서 흑인이 아파르트헤이트를 비판하는 것은 법으로 금지되어 있을 뿐 아니라 사형선고를 받을 수 있는 범죄이므로 그런 조사로 국민이 진정으로 원하는 것을 제대로 알기는 불가능하다고 말했다(폴라로이드사의 머리 위를 넘어가는 공을 쳤다). 게다가 그곳 법률은 흑인 노동자가 같은 회사에 다니는 백인보다 많은 봉급을 받는 것을 인정하지 않으며, 흑인들은 그 나라의 교육 제도를 정부가 열등의식을 심는 수단이라고 생각한다는 점도 지적했다.[48]

폴라로이드사는 캐럴라인을 수세로 몰기 위한 최후의 수단으로, 뉴잉글랜드에 겨울비가 내리던 1971년 2월 10일, 캐럴라인에게 무급 정직 처분을 내렸다. 그 2주 후인 23일에는 캐럴라인이 물러서지 않는다는 이유로 그녀를 해고했다. 캐럴라인은 한 달에 980달러씩 꼬박꼬박 들어오는 일자리를 잃고 2년 동안

주당 69달러의 실업수당으로 생활하게 되었지만, 자신이 가진 얼마 안 되는 돈마저 신념을 위해 썼다. 16센트짜리 우표를 사서 교회나 대학 내 단체같이 '올바른 생각을 가진' 집단에 폴라로이드사에 항의하는 방법을 알리는 뉴스레터를 보낸 것이다. 캐럴라인은 일자리를 구해야 했으므로, 켄과 함께 "이른 아침과 늦은 밤"에 전단지를 돌렸다.[49]

호응하는 사람들이 많아지면서 운동은 탄력을 받았고, 참여하는 단체가 늘어나면서 압박도 커졌다. 폴리로이드사와 에드윈 랜드가 가는 곳마다 활동가들이 모였다. 2월 2일 화요일 오후 2시, 랜드가 응용물리학회 연례 회의에 초청받아 기조연설을 하기 위해 뉴욕 힐튼 호텔 대연회장에 갔을 때, 캐럴라인 헌터와 켄 윌리엄스도 그 자리에 있었다. 물리학자이자 활동가였던 이들의 초청을 받은 두 사람은 랜드가 무대에 오르기 전에 랜드의 기술에 대한 우려를 표명했다. 이들은 분명 랜드를 초조하게 하고 있었다. 두 사람의 출현에 동요한 에드윈 랜드는 "내가 정말 화나는 건 저들이 내 개인적 목표를 방해하고 있기 때문이다"라고 쏘아붙였다.[50] 다음 날인 2월 3일, 캐럴라인 헌터와 켄 윌리엄스는 유엔 아파르트헤이트 정책 특별위원회에서 발표를 했다. 3월 8일 에드윈 랜드가 하버드 대학에 색각色覺, color vision에 대한 강연을 하러 갔을 때, PRWM에 자극을 받은 아이비리그 학생들은 랜드에게 강의 전에 먼저 남아프리카공화국의 '유색color' 인종에 대해 해명하라고 요구했다.

사람들과 뭔가를 하기보다는 차라리 연구실에서 머리를 쓰는 걸 선호했던 에드윈 랜드는 세계 정치는 고사하고 사내 정치도 좋아하지 않았다. 그는 자신의 연구실 안에서는 탁월한 생각으로 새로운 제품 생태계를 만들었는지 모르지만, 사회 속의 기술에 대한 생각은 그리 탁월하지 않았다. 1971년에 랜드는 주주들에게 남아프리카공화국에 계속 머물기 위한 폴라로이드사의 새로운 계획을 설명하며 "그러려면 소소한 실험이 필요하다"라고 말했다.[51] 정식 과학 교육을 받은 랜드는 나아가 "자연과학의 기능은, 실패하더라도 죄책감을 갖지 않는 방법을 사회과학에 가르치는 것"이라고도 말했다. 하지만 머지않아 랜드는 과학자는 자신의 연구를 연구의 응용과 분리할 수 없다는 것을, 그리고 사회과학과 자연과학은 한쪽 손이 다른 손을 씻듯이 협력할 때 비로소 최선의 결과를 낸다는 것을 배우게 된다.

전단지를 처음 붙이고 7년이 지나 폴라로이드사는 남아프리카공화국에서 철수하게 된다. 캐럴라인 헌터와 켄 윌리엄스의 노력은 거인의 신발 속에 들어간 작은 돌멩이가 되어 이 혁명에 불을 댕겼다. 이 움직임은 대학과 교회로 확산되었고, 폴라로이드사를 포함해 남아프리카공화국에서 돈을 벌고 있는 모든 기업의 주식을 매각하는 운동이 일어났다. 폴라로이드사가 철수하게 된 최종 계기는 1977년에 폴라로이드사의 카메라와 필름이 남아프리카공화국 정부에 우회적인 경로로 판매되고 있다는 사실이 밝혀진 일이었다. 프랭크 앤 허쉬사 직원 인드루스 나두가 발견한 영수증은, 라벨이 부착되지 않은 필름 상자들이 남아프리카공화국 정부로 보내졌고 요하네스버그에 있는 '밀러 약국'이라는 곳에서 청구서가 발행되었음을 보여주었다.[52] 또한 필름은 다른 국가들을 통해서도 은밀히 남아프리카공화국으로 들어간 것으로 밝혀졌다. 폴라로이드사의 철수는 아파르트헤이트를 무너뜨리는 도미노의 시작이 되었다. 후에 미국에 온 넬슨 만델라는 남아프리카공화국의 흑인들을 해방시키기 위해 애쓴 PRWM에 감사를 표했다.

◆

우리가 개발하는 기술은 무해하지 않으며, 항상 공공의 이익을 위해 쓰이는 것도 아니다. 기술은 사진필름이 그러했듯이 그 시대의 쟁점, 신념, 가치를 담아낸다.

카메라 필름의 괴팍한 성격은 한 필름 제조사에만 국한된 것이 아니었다. 코닥사 필름은 학교의 다양한 학생들을 포착할 수 없었지만, 폴라로이드사의 즉석 필름에도 비슷한 문제가 있었다. 폴라로이드 ID-2 카메라는 주로 중산층 백인 고객을 대상으로 설계되었기 때문에 그것으로 찍은 사진은 너무 어둡게 나왔다. 폴라로이드사는 제품의 부족한 점을 보완하기 위해 얼굴을 밝게 하는 버튼('부스트' 버튼)을 카메라 뒷면에 추가했다. 이 버튼을 누르면 플래시의 광량이 늘어났다. 부스트 버튼이 없으면 어두운 피부를 지닌 사람은 사진에 얼굴이 거의 알아볼 수 없게 나왔고 치아와 눈만 하얗게 찍혔다. 폴라로이드사가 이 버튼을 추가한 것은 흑인이 대다수를 차지하는 아프리카 국가들의 신분증 시장에서 돈을 벌기 위해서였다.

사진가 애덤 브룸버그와 올리버 채너린은 2015년에 이 부스트 버튼도 조사했다. "흑인의 피부는 빛을 42퍼센트 더 많이 흡수한다"고 브룸버그는 말한다. "이 버튼은 플래시를 정확히

42퍼센트 강화한다."[53] 어두운색이 흡수를 잘한다는 것은 익히 알려진 사실이며 여름에 해변을 찾는 사람들은 밝은색 옷을 입어 더위를 식힌다. 피부색이 어두울수록 열도 빛도 많이 흡수하므로, 부스트 버튼에는 사진촬영을 위해 어두운 피부를 밝게 비추려는 의도가 있었던 것이다.

❖

기술에 편향이 개입되는 일은 지금도 일어나고 있다. 오늘날 디지털 사진의 실리콘 픽셀은 어두운 피부를 기록하는 데에는 최적화되어 있지 않다. 게다가 알고리즘의 지시를 따르는 일부 웹캠메라는 짙은 색 얼굴은 인식과 추적이 불가능한 반면 흰 얼굴에는 문제가 없다. 타 인종 간 커플은 추수감사절에 가족이 모이면 가뜩이나 가족관계가 복잡해서 고생하는데, 가족사진을 찍으려 해도 고생이다. 한쪽은 피부색이 밝고 한쪽은 어두운 부부가 셀카를 찍고 싶어도, 한 사람이 잘 나오면 다른 사람은 흰색으로 날아가 유령처럼 나오고, 다른 사람이 잘 나오면 한쪽은 그림자처럼 실루엣만 나온다. 사랑에 빠지면 눈이 먼다지만 기술은 그러면 안 된다.

필름과 카메라, 그리고 그 밖의 기술 제품 제조사들이 그동안 해온 일은 사회가 표준이라고 믿는 바에 암묵적으로 동의하는 것이었다. 다시 말해, "이것이 우리 방식"이라는 에스컬레이터에 묻지도 따지지도 않고 올라탄 것이다. 학자들은 이런 종류의 편향을 '규범을 암묵적·무비판적으로 받아들이는 편향'이라고 표현하는데, 이는 우리가 항상 가지고 다니는 휴대폰 속에도 침투해 있다. 하지만 이런 편향은 카메라 잘못이 아니다. 카메라는 인간이 작성한 코드의 지시대로 하고 있을 뿐이다.

이런 기기들은 우리 세계에 존재하는 편향을 포착하고, 다시 그 문화에서 가치 있게 여겨지는 사람들에게 호소한다. 앞으로 기술이 우리 삶에 더 깊이 침투하면, 누구를 위해 그 기기가 설계되고 최적화되었는지가 중요한 논쟁거리가 될 것이다. 우리의 목표는 기술이 우리가 진정으로 원하는 모습을 포착할 수 있도록 하는 것이다.

SEE

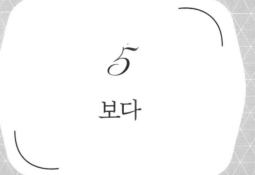

5
보다

탄소 필라멘트는 어둠을 밀어내어
우리를 잘 볼 수 있게 만들었지만,
동시에 우리 눈을 가려서
빛의 과잉이 끼치는 영향을 볼 수 없도록 만들었다.

매혹적인 여름밤

해가 지고 여름의 하루가 저물면 반딧불이가 나타나 작은 등대를 밝힌다. 노랑, 오렌지, 라임과 같은 감귤색 빛의 깜박임은 아이들에게 신호를 보낸다. 동해안부터 로키산맥에 이르기까지 자연의 마법을 붙잡아 유리병에 담는 여름날의 의식이 시작되었다고.

다리가 여섯 달린 이 등대에 마음을 빼앗기지 않을 사람은 없을 것이다. 공원과 뒤뜰, 들판과 야외 촬영지에서 깜박이는 빛은 온갖 종류의 사람들을 매혹한다. 반딧불이는 지구 전역에서 자연의 마법을 구현한 존재로 여겨진다. 먼 옛날 일본에서는 반딧불이의 빛에 사무라이의 영혼이 깃들어 있다고 믿었고, 이는 많은 시와 미술 작품에 영감을 주었다. 오늘날 말레이시아에서는 강기슭의 나무줄기들을 뒤덮은 반딧불이가 일제히 깜빡이는 모습을 보려고, 운동장을 가득 메울 정도로 많은 사람들이 길게 줄을 선다. 미국 그레이트스모키산맥의 깊은 숲을 찾는 수천 명의 관광객은 허리 높이에서 펼쳐지는 숲속의 작은 오로라를 구경하기 위해 수백 킬로미터의 먼 거리를 이동하는 것도 마다하지 않는다. 반딧불이의 작은 랜턴은 수많은 사람의 가슴을 파고든다. 그런데 반딧불이를 사랑하는 사람들은 모르지만, 바로 사람들 때문에 반딧불이의 개체수가 줄고 있다.[1]

범인은 우리 머리 위에서 빛나고 있는 밝은 조명이다.

항상 이랬던 건 아니다. 불과 몇십 년 전만 해도 밤하늘은 지금처럼 환하기는커녕 빛이 너무 적어서 사람들은 전기 조명을 몹시 갈망했다. 오랜 세월 반딧불이에게는 어둠이 잘 맞았지만 유리병을 들고 반딧불이를 쫓아다니는 사람들은 어둠을 별로 좋아하지 않았고, 밤을 다른 방식으로 즐기고 싶어 했다. 그런 옛날에 깨끗하고 안정적인 전기 조명을 상상하는 것은 몽상가들의 몫이었다. 그런 몽상가 중 한 명이자 실행가이기도 했던 사람이 토머스 에디슨이었다. 사람들은 에디슨이 어느 날 갑자기 영감이 떠올라 전구를 발명한 것처럼 이야기하지만, 전등을 만들려 했던 것은 에디슨만이 아니었고 에디슨이 전구를 처음 발명한 것도 아니었다. 다른 사람들도 오랫동안 그 문제에 매달려왔다. 사실 에디슨은 인공조명을 그렇게 진지하게 생각하지 않았다. 하지만 어느 무명 발명가의 집을 방문한 날 영감을 얻어

어둠이 거의 사라진 세상을 창조하게 된다.

◆

토머스 에디슨은 나이 서른에 이미 축음기, 주식 시세 표시기, 전화기, 동시에 네 개의 메시지를 전송할 수 있는 전신 기계 같은 혁신적인 발명으로 세계를 현대로 인도했다. 발명에 대한 에디슨의 왕성한 욕구는 유명했다. 그는 "열흘마다 하나씩 작은 발명품을 만들어내고 6개월마다 하나씩 큰 발명을 해내겠다"[2]고 다짐했고 그 약속을 지켰다. '반딧불이'를 현실로 데려오는 것이 에디슨이 그다음 순서로 떠올린 눈부신 아이디어였다. 당시 전 세계의 많은 과학자가 앞다투어 전등을 만들려 했지만, 에디슨은 거기에는 큰 관심을 두지 않은 채 다른 발명들에 몰두했다. 하지만 코네티컷주 앤소니아에 사는 윌리엄 윌리스를 방문한 날 마음을 바꾸게 되었다.

윌리엄 윌리스는 수염을 빽빽하게 기른 50대 남자로, 아버지가 세운 구리 및 놋쇠 제조 공장인 윌리스 앤 손스를 맡아 운영하고 있었다. 생각에 빠져 지내며 검소하게 생활하는 것으로 유명했던 윌리엄 윌리스는 과시하거나 주목받는 것을 좋아하지 않았다. 그는 잉글랜드 맨체스터에서 자랐지만, 일곱 살 되던 해인 1832년에 미국으로 건너갔다. 그의 부모가 코네티컷 지역에 일고 있던 산업화 바람의 기회를 잡아 새로운 삶을 개척하고자 일곱 자녀를 데리고 이주했기 때문이다. 코네티컷주의 도시들은 그곳에서 생산되는 금속 이름을 따서 불렸는데, 윌리스의 가족은 '구리 도시'였던 앤소니아에 정착했다. 이곳에서 윌리엄은 아버지의 뜻을 따라 사업을 도우며 회사를 성장시켰다. 하지만 젊은 월리스의 진심은 과학자가 되어 언젠가 세상의 인정을 받는 것이었다.

1878년 9월 그는 위대한 토머스 에디슨으로부터 뜻밖의 전보를 받았다. 새로운 발명품을 보러 방문하고 싶다는 내용이었다.[3] 에디슨이 월리스의 연구에 대해 들은 건, 월리스의 친구이기도 한 조지 바커와 함께 와이오밍 준주로 두 달간 서부 탐사 여행을 떠났을 때였다. 바커는 펜실베이니아 대학 물리학 교수로, 1878년 7월 29일에 일식을 관측하는 모임에 에디슨을 초대했다가 '멘로 파크의 마법사' 에디슨에게 코네티컷에 볼 가치가 있는 새로운 전기 발명품이 있으니 꼭 보러 가자고 권유했다. 월리스와 에디슨은 그보다 일 년 전에 에디슨을 흠모하는 사람들이 멘로 파크에 왔을 때 만난 적이 있지만 이번에는 상황이 달랐다. 젊고 자신감이 넘치던 에디슨이 먼저 월리스를 만나고 싶어 했다.

월리스는 집에 있는 시간 전부를 빅토리아 시대풍으로 지은 대저택 3층에서 보냈다. 그곳에는 그가 차려놓은 개인 실험실이 있었다. 그의 실험실은 당시 미국 최고 대학 물리학부에 필적하는 수준으로, 망원경, 현미경, 정전기 발생기가 갖춰져 있었다.[4] 또한 환등기를 이용한 영사 장치도 설치되어 있어서 유리 슬라이드로 여행 사진을 비춰 볼 수 있었다. 벽에는 천문학자 헨리 드레이퍼의 망원경으로 찍은 희귀한 달 사진이 걸려 있었다. 연 날리기 실험으로 번개가 전기 현상임을 밝힌 벤저민 프랭클린의 자필 서명과, 전신의 아버지 새뮤얼 모스의 전신 회

선도 있었다. 그 밖에도 에디슨
이 방문하면 보여줄 만한 과
학 장비가 즐비했다.

오랫동안 월리스는 어떤
방해도 없는 새벽 시간을 이
용해 지칠 줄 모르고 발명
에 매달렸다. 아들 윌리엄
O. 월리스가 충실하게 회
사 경영을 도운 덕분에, 그
사이 아버지 윌리엄은 실험
실에서 연구에 몰두할 수 있
었다. 이따금 월리스의 아내
새라가 구리선 코일을 몇 미

그림 48. 윌리엄 월리스 William Wallace
는 코네티컷주 앤소니아를 방문한
에디슨에게 자신의 아크등을 보여주
었다. 이 일은 에디슨이 전등을 만드
는 계기가 되었다.

터씩 감아 발전기나 전자석을 만드는 것을 도왔다. 딸 엘로이
즈는 아버지의 이론을 듣고 조언하는 자문 역을 했다. 시대가
달랐다면 엘로이즈 역시 전기 분야에서 인정받는 대가가 되었
을지도 모른다.[5] 그녀는 전기에 대해 아버지만큼이나 잘 알았
고, 발명가들이 찾아오면 과학 해설을 곁들여 안내를 했다. 에
디슨과의 만남이 성사된 것도, 이 상서로운 날을 준비할 수 있
었던 것도 모두 월리스 식구의 협조 덕분이었다.

에디슨이 오기로 한 날인 1878년 9월 8일 일요일 월리스
가 부푼 기대를 안고 기다리고 있을 때 마침내 기계식 초인종
이 울렸다. 에디슨은 리버티 거리에 위치한 월리스의 집에 조
지 바커와 함께 도착했다. 풍채가 좋고 붙임성 있는 성격이었

던 바커는 코안경을 통해 두 사람을 지그시 내려다보았다. 그런데 뜻밖에도 동행한 손님들이 더 있었다. 그들은 서로를 잘 아는 것처럼 보였다. 독학으로 과학을 익힌 월리스가 갑자기 맞이하게 된 뜻밖의 손님들은 저명한 과학자들로, 그중에는 컬럼비아 대학 화학 교수 찰스 챈들러, 월리스의 집 벽에 걸린 사진을 찍은 유명한 천문학자 헨리 드레이퍼 박사, 에디슨의 수석 조교 찰스 바첼러가 있었고, 에디슨의 일거수일투족을 뒤쫓는 일간지 〈뉴욕 선New York Sun〉의 기자도 있었다.[6]

평소에는 말수가 적은 월리스였지만 이날은 에디슨과 몇 시간이나 수다를 떨었다. 두 사람은 무리에서 떨어져 나와 가스등이나 기름등보다 나은 새로운 형태의 조명을 만들고 싶은 자신들의 바람을 이야기했다. 월리스는 자신이 지난 몇 년 동안 대중에게 빛을 가져다줄 방법을 어떻게 알아냈는지 상세히 설명했고 자신이 발명한 것을 에디슨에게 어서 보여주고 싶어 했다.

방문객 모두가 실험을 보기 위해 3층으로 올라갔다. 방문객들이 두툼한 러그 위에 서서 지켜보는 가운데 월리스가 스위치를 올리자 발전기가 덜덜거리며 돌아가기 시작했다. 머리 위의 맨사드(이중 경사) 지붕 천장에는 탄소판 두 개가 기묘한 쇠 브래킷에 부착된 채 매달려 있었고, 이들 전체가 구형 유리볼 안에 들어 있었다. 그리고 굵은 와이어 두 개가 유리볼에서 바닥까지 늘어져 있었다. 그 장치에서 빛이 번쩍하더니, 이어서 쉬익, 타닥 소리와 함께 눈부시게 환한 빛이 쏟아지며 탐조등처럼 방 전체를 비추었다. 이것이 아크등이었다. 월리스는 카펫 위를 걸어간 사람이 문손잡이를 잡을 때 손과 문손잡이 사이에 생기

그림 49。 윌리엄 월리스가 만든 아크등 (점선은 빛을 제공한 탄소 블록의 위치를 나타낸다).

는 것 같은 강력한 전기 스파크를 발생시켜 전기에서 빛을 만들어낸 것이다.

이때까지 가정에서는 주로 기름등이나 가스등으로 불을 밝혔고 이따금 촛불도 켰지만, 이 광원들은 모두 침침한 데다 주변을 지저분하게 만들었으며, 촛불 같은 경우에는 냄새도 났다. 월리스는 전기로 두 장의 탄소판 사이에서 연속적인 방전을 일으켜 더 밝고 깨끗한 형태의 빛을 만들었다.

그것을 본 에디슨은 그야말로 불속으로 달려드는 불나방처럼 그쪽으로 달려갔다. 소년 같은 그의 얼굴은 기뻐서 어쩔 줄 모르는 어린아이처럼 신이 나 있었다. 손님들은 모두 나이 지긋한 월리스 씨가 해낸 것을 극찬했지만 에디슨만은 그 유리볼

아래 빛나고 있는 미래를 보았다. 언제나 차림새가 조금은 흐트러져 있었던 에디슨은 작업대 위에 그림과 표 몇 장을 펼쳐놓고 찬찬히 보면서, 이 아크등 장치에서 생기는 빛의 양을 머릿속으로 재빨리 계산했다. 에디슨은 마음을 빼앗겨버렸다.

한편 윌리스에게는 드디어 때가 왔다. 그는 마침내 전기의 반신半神들이 사는 전당에 들어가고 있었다. 그 전당의 제우스는 물론 에디슨이었다. 그동안 윌리스의 과학 연구는 취미생활이라고 조롱받았지만 이제 에디슨 그룹에 들어가기만 하면 달라질 터였다. 지금까지는 부유해도 자유롭지 못한 환경에서 열정을 온전히 추구하지 못했지만 이제는 거기서 해방이었다. 그동안의 희생을 마침내 보답받게 될 것이었다.

에디슨이 구경을 하는 동안 윌리스는 처음 아크등을 만들어냈을 때의 이야기를 꺼내며 에디슨을 즐겁게 했다.[7] 윌리스가 만들었던 것은 나무틀에 탄소 블록 두 개를 설치한 장치로, 각각을 전기에 연결하면 작은 번개가 번쩍하면서 탄소 블록 사이의 작은 틈새에 다리를 만들며 눈부신 빛을 만들어냈다. 1876년 어느 날 윌리스는 이 새로운 장치를 설치하기 위해 윌리스 공장의 63미터나 되는 굴뚝으로 사람을 올려 보냈다. 그날 밤 거기서 눈부신 백열광이 쏟아져 나와, 멀리 떨어진 디비전 거리에 사는 사람들이 그 빛에 신문을 읽을 수 있을 정도였다고 한다. 또 다른 날에 윌리스는 공장에 기름등 대신 여러 개의 아크등을 나란히 달아 주간 근무조와 자정까지 일하는 야간 근무조가 2교대 근무를 할 수 있게 했다.[8] 〈뉴욕 선〉은 이 아크등이 "개당 4,000개의 촛불에 해당하는" 밝기를 낸다고 보도했다.[9]

그림 50. 윌리스는 자신의 공장 굴뚝에 아크등을 달아 시험했다. 아크등에서 나온 빛이 앤소니아를 환하게 밝혀 화제를 불러일으켰다.

발명품으로서의 아크등은 그 전에 이미 있었지만 광원으로 진지하게 고려되지는 않았다. 아크 빛은 1802년경 유명한 화학자 험프리 데이비가 런던 왕립 연구소에서 발견했다. 탄소봉 두 개를 떼어놓고 전류를 흘려보내자, 번개처럼 밝은 스파크가 일어나 두 탄소봉 사이에 다리를 놓았던 것이다. 그는 그것을 호 모양의 전깃불이라는 뜻으로 '아크arch'라고 불렀다. 하지만 데이비는 아크 빛이 조명 수단으로는 적당하지 않다고 생각했다. 그것은 그의 공개 과학 강연에서 신기한 구경거리로 소개되었을 뿐이었다.[10] 아크 빛이 역사에 다시 모습을 드러낸 것은 약 70년 후인 1876년이었다. 러시아의 전신기사 파벨 야블로치코프가 두 개의 탄소 블록 사이에 전압을 가해 '촛불'을 만들었던 것이다. 그 후 그는 모스크바에서 하던 일을 그만두고 1876년 필라델피아 만국박람회에 자신의 발명품을 선보일 계획이었지만 안타깝게도 그는 파리까지밖에 가지 못했다. 야블로치코프 촛불은 '빛의 도시' 파리에서 큰 인기를 끌었다. 조지 바커 교수는 외국 여행 중 그 '촛불'을 보았고, 그 이야기를 동료 월리스에게 전해주었다. 월리스는 이 새로운 발명에 대해 듣자마자 제작에 착수해 미국 최초의 아크등 중 하나를 완성했다. 틀림없이 월리스의 손님들은 그날 그것을 처음 보았을 것이다.

아크등 배후에도 월리스의 경이로운 아이디어가 있었다. 그는 공장 근처를 흐르는 너거턱강의 에너지로 '텔레마천 telemachon'이라는 자체 제작 발전기를 돌림으로써 아크등에 전력을 공급할 수 있었다. 당시의 배터리는 아크등을 켜기에 충분한 에너지를 공급하지 못했기 때문에, 수력을 전기로 바꾼 것이 신의 한 수였다. 〈뉴욕 선〉은 텔레마천을 사용하면 "전력을 한 곳에서 다른 곳으로 마치 전신 메시지처럼 전송할 수 있을 것"이라고 썼다.[11] 에디슨은 월리스의 집에서 본 것에 반해 곧바로 월리스에게 아크등의 전기 장치와 발전기 두 대를 주문했다. 월리스는 기꺼이 응했다.

손님들은 실험실에서 나와 발명을 축하하기 위해 저녁 식탁에 둘러앉았다. 에디슨은 물컵을 집어 거기에 다이아몬드 바늘로 "토머스 A. 에디슨, 1878년 9월 8일 전등 밑에서"라고 새겨서 이 순간을 역사에 남겼다.[12]

에디슨은 떠날 때 월리스를 돌아보며 진심으로 축하하는 듯 악수를 건넸지만, 그다음 순간 날벼락 같은 한마디를 던졌다. "월리스 씨, 제가 당신보다 먼저 전등을 만들 겁니다. 당신은 연

그림 51。 윌리스의 텔레마천. 너거틱강의 수력 에너지를 전기로 변환한 장치.

구 방향을 잘못 잡은 것 같습니다."**13** 윌리스는 전기로 만든 조명을 보여줌으로써 에디슨의 눈길을 끌었을 뿐 아니라 에디슨이 단독으로 정복할 세계로 그를 인도한 셈이었다. 에디슨의 덕을 보려던 윌리스의 미약한 희망은 순식간에 사그라들었다.

에디슨은 앤소니아 여행을 기점으로 전등을 만드는 길에 들어서게 되었다. 윌리스는 발명에 영감을 주었지만, 모든 화학촉매와 마찬가지로 격렬한 반응을 유발했을 뿐 자신의 상황을 바꾸지는 못했다.

1878년 9월 8일은 윌리엄 윌리스의 인생에서 최고의 날이 될 것 같았지만 결과적으로는 그렇지 않았다. 오히려 그날은 윌리스의 빛이 꺼진 날이 되었다.

마법사의 빛나는 아이디어

전등을 만들 아이디어로 머리가 터질 듯했던 에디슨은 앤소니 아를 떠나 서둘러 귀갓길에 올랐다. 펜실베이니아 철도의 기차가 마침내 멘로 파크의 작은 목재 플랫폼에 도착하자 그는 연구소로 발걸음을 재촉했다. 크리스티 거리의 인적 없는 적토길 두 블록을 단숨에 달려 자신의 집(가족과 함께 사는 집)을 그냥 지나치고 곧장 언덕 꼭대기에 있는 2층짜리 어두운 회색 건물로 향했다. 이 좁다란 판자 건물은 기차 한 량보다 조금 길었고 밤낮없이 활기로 떠들썩했다. 이곳은 멘로 파크 연구소였고 에디슨은 그곳의 마법사였다. 그는 나무 계단을 성큼성큼 올라 2층의 기다란 방으로 들어갔다. 방 안에 설치된 여러 개의 선반에는 화학약품 병들이 빼곡히 놓여 있었다. 에디슨은 거기서 일하고 있는 많은 조수들에게 하던 일을 즉시 멈추라고 지시했다. 축음기를 개선하는 작업은 미뤄졌다. 그보다 먼저 해야 할 일이 있었다.

에디슨은 윌리엄 월리스의 실험실에서 깊은 인상을 받았지만, 그에게 더 큰 자극을 주었던 것은 그 실험실에서 보지 못한 것이었다. 이에 대해 에디슨은 "강한 빛이 분할되지 않아서 각 가정까지 전달될 수 없었다"라고 말했다.[14] 월리스의 아크등은 낡은 필름 카메라의 플래시처럼 지나치게 밝았고, 어둡게 하기는 불가능했다. 에디슨의 목표는 빛을 잘게 자르는 것이었다. 그런데 그렇게 하려면 다른 방식으로 접근할 필요가 있었다.

에디슨에게 필요한 재료는 벽난로를 뒤적일 때 쓰는 부지깽

그림 52。 멘로 파크에 있는 에디슨의 연구소. 밤낮으로 활기가 넘쳤다.

그림 53。 에디슨(가운데)과 그의 연구원들. 연구소 2층에서 잠시 일을 중단하고 찍은 사진이다.

그림 54。 젊은 시절의 토머스 에디슨

Thomas Edison, 1847~1931.

이처럼 가열하면 빛을 내며 달아오르지만 타서 없어지지는 않는 것이었다. 수 세대 동안 문명은 빛을 내는 물질을 소진해서 어둠을 몰아냈다. 횃불은 나무를 태웠고, 초는 밀랍을 태웠으며, 램프는 연료를 태웠다. 에디슨에게 필요한 것은 백열하는(고온에서 빛을 내는) 물체였다.

백열광은 빛의 형태로는 새로운 개념이 아니었다. 에디슨 시대보다 훨씬 오래전인 1838년부터 벨기에, 영국, 프랑스, 러시아, 미국에서 20여 명의 발명가들이 이 발명을 향한 여정을 시작했다.[15] 하지만 이들이 생각해낸 백열전등의 대부분이 실패로 끝났다. 이렇게 많은 동업자가 백열광을 찾는 데 실패했지만 에디슨은 단념하지 않았다. 그는 동료들의 실수에서 배울 점이 있으리라 믿었다.

전등을 찾는 새로운 모험에 뛰어든 에디슨은 새로운 회사를 차리고, 과거의 연구에 대해 찾을 수 있는 모든 자료를 읽었으며, 필요한 기술을 갖춘 사람들을 고용해 연구실을 확장하고, 기자회견까지 열었다. 아이디어는 충분했기에, 에디슨은 윌리스에게 전보를 쳐서 텔레마천을 빨리 보내달라고 했다. 에디슨은 앤소니아에서 돌아온 지 채 1주일도 안 돼 〈뉴욕 선〉에 "나는 해냈다"[16]라고 말했지만 실은 해내지 못했다. 그는 몇 주 또는 몇 달 안에 빛을 분할할 수 있으리라 생각했다. 에디슨에게 창의력을 빼면 남는 건 허세뿐이었다.

◆

토머스 에디슨은 1878년 가을 코네티컷으로 윌리스를 찾아가기 전에도 잠시 전등에 대해 이런저런 아이디어를 막연히 떠올린 적이 있었다. 탄소 필라멘트를 재미 삼아 만지작거리기도 했다.[17] 당시 그는 종이를 탄화시켜(물질을 태워서 순수한 탄소로 만드는 것을 말한다) 그것을 회로에 연결하고 유리병을 씌운 후 수동 펌프를 이용해 병 안의 공기를 빨아냈다. 그리고 전류를 흘려보내자 탄소가 붉게 빛나더니 곧 타버렸다. 빛은 겨우 몇 분

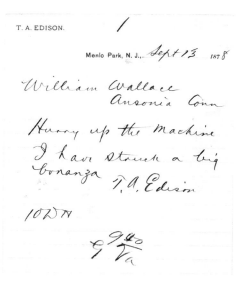

그림 55. 에디슨이 윌리엄 윌리스에게 텔레마천을 보내달라고 재촉하는 편지.

밖에 지속되지 않았다. 이 탄소 필라멘트가 장거리 주자가 아니라 단거리 주자였던 이유는 그것이 병 속에 남아 있던 산소와 결합해 타버렸기 때문이다. 에디슨은 탄소가 소실되지 않게 하는 방법을 찾지 못해 백열광을 단념하고 다른 프로젝트로 옮겨갔다. 하지만 앤소니아에서 돌아와 그는 사람들에게 전등을 가져다주기 위한 새로운 탐구에 나섰다.

처음에는 전기가 흐르면 빛을 내는 다양한 금속을 가지고 시도했지만 결국 초점이 모아진 금속은 백금이었다. 백금은 유망한 재료였다.[18] 탄소처럼 타버리지도 않고 산화되지도 않았다. 하지만 이 금속도 그 나름의 약점이 있었다. 백금 와이어는 너무 높은 온도로 가열하면 버터처럼 녹아 부스러지면서 불이 꺼졌다. 에디슨은 몇 달 동안 복잡한 회로를 이용해 전기의 일부가 백금 필라멘트를 통과하지 않도록 하는 방법으로 과열을 막아보려 했지만 성공하지 못했다.

에디슨의 연구실에는 유리병 안의 반딧불이처럼 둥근 유리 안에서 빛을 내는 와이어가 가득했다. 하지만 몇 달 동안 노력을 거듭해도 백금 필라멘트는 원하는 대로 되지 않았다. 에디슨이 백금을 발광시키지 못한 이유는 이 금속의 성질과 관련이 있었다. 필라멘트가 백열광을 내는 것은 필라멘트를 흐르는 전류를 원자들이 방해하기 때문이다. 이런 방해, 즉 저항이 토스터의 열선처럼 필라멘트를 달아오르게 만든다. 전기의 흐름에 저항하는 물질이 발광을 잘했는데, 유감스럽게도 백금은 전기가 잘 흐르는 물질이었다. 에디슨은 다른 물질로 만든 필라멘트가 필요했다. 그는 울며 겨자 먹기로 백금을 포기했다.

그림 56。에디슨의 초기 전구 중 하나.

1878년 10월 어느 날 에디슨은 처음에 퇴짜를 놓았던 탄소로 되돌아와 면사에 함유된 탄소 원소를 시험해보았다.[19] 백금과 달리 탄소는 전기가 잘 흐르지 않았고, 탄소 필라멘트가 얇을수록 전기가 잘 흐르지 않아서 백금보다 훨씬 많은 빛을 만들어냈다. 에디슨은 백금 필라멘트를 가지고 실험했던 지난 1년 동안 발광 성능을 높이는 요인을 몇 가지 알게 되었다. 그중 하나는 진공 조건을 만드는 것이었다. 진공도가 높으면 탄소 필라멘트가 산소와 반응하지 않아서 더 오래갈 수 있었다.

에디슨은 고품질 면으로 최고의 탄소 필라멘트를 만들어 새로운 실험을 시작했다. 그리고 1879년 10월 말에는 여러 개의 전등을 동시에 밝혀 어느 것이 가장 잘 작동하는지를 살펴보았다. 어떤 것은 강하게 발광했고, 어떤 것은 휘점이 나타났고, 어떤 것은 공기가 샜고, 또 어떤 것은 알 수 없는 이유로 발광하지 않았다. 한 전구는 꼬박 한 시간 동안 빛을 냈다. 그것이 두 시간이 되고, 그다음에는 세 시간, 그리고 마침내 40시간으로 늘어났다. 전등이 탄생하던 날 멘로 파크의 모든 사람들이 밤을 지새우며 그것을 지켜보았다.

곧 지구의 어느 모퉁이도 다시는 캄캄해지지 않았고 이 새로운 현실이 모든 것을 바꾸게 되었다.

❖

전등은 오랫동안 차곡차곡 스텝을 밟아 완성된 결과였다. 여러 발명가들이 '어둠'이라는 문제를 발견하고 그것을 해결할 방법을 찾기 위해 집요하게 노력한 결과 전등이 발명된 것이다. 그들의 발명은 인류의 문제 중 하나를 해결함으로써 헤아릴 수 없이 많은 방면으로 인류의 진보를 도왔다. 하지만 전등은 발명가들이 예상하지 못했던 형태로 우리 삶을 뒤흔들었다. 인공조명은 발명된 지 채 100년이 되지 않아 우리의 상호관계, 그리고 자신과의 관계를 바꾸어놓았다. 그것은 또한 우리 몸과 다른 종들의 몸을 변화시켰다. 전구들이 발하는 광선은 가시적이고 비가시적인 형태로 우리를 바꾸었다.

자연광의 보이지 않는 손

정기검진을 받으러 온 환자들은 담배를 얼마나 피우고 술은 얼마나 마시는지, 또 운동은 얼마나 하는지와 같은 질문에 답한 후 적절한 종류의 빛을 쐬고 있느냐는 질문을 받으면 무슨 소린지 영문을 몰라 의사의 얼굴을 빤히 쳐다볼지도 모른다. 이것은 히피 운동의 태동지인 헤이트 애시베리Haight-Ashbury(샌프란시스코)나 명상의 도시 세도나Sedona(애리조나)의 이야기가 아니라, 현재 진보적인 의료기관들에서 이루어지는 대화이다. 오늘날 각종 질병의 원인으로 운동 부족, 질 낮은 식생활, 수면 부족, 대기 오염과 공해, 나쁜 유전자를 많이 지목한다. 그런데 그 밖에도 원인이 하나 더 있는데, 그것은 전구이다.

　연구 조사는 인공조명에 노출된 동물들이 다양한 질병에 걸린다는 사실을 보여준다. '암, 심혈관계 질환, 당뇨병, 비만'[20]이 그러한 질병에 해당한다고 렌셀러 공과대학의 조명연구소 소장 마리아나 피게이로Mariana Figueiro는 말한다. 동물들만이 아니다. 교대근무 노동자, 즉 경비원이나 외과의사처럼 오전 9시부터 오후 5시 외의 시간에 일하는 다양한 직종의 사람들은 암이나 심장병에 걸릴 위험이 높다고 전문가들은 지적한다. 질환에 관한 많은 데이터에서 필요한 것을 추려내어 환자의 신원, 거주지, 직업과의 연관성을 분석한 결과, 연구자들은 결정적인 역학적 증거를 발견했다. 다른 의학적 요인을 모두 제거했을 때 이모든 질병을 아우르는 한 가지 원인이 있었는데 그것은 바로 우리 머리 위에서 발하는 밝은 빛이었다. 빛은 체내 시계, 즉 일주기 리듬을 흐트러뜨려 이런 건강 문제들을 초래한다.

◆

현대의 우리는 밝은 조명을 얻으면서 오랜 동반자였던 어둠을 잃어버렸다. 우리 문화는 어린아이처럼 어둠을 두려워하고, 어둠을 없애기 위해 온 힘을 다한다. 가로등과 현관등, 야간등을 켤 뿐 아니라 옷장, 냉장고, 오븐 안에도 불을 켠다. 도로, 표지판, 초인종뿐만 아니라 신발과 자동차 바퀴 덮개, 변기 시트에도 불을 밝힌다. 정전이 되어도 휴대폰에는 아직 빛이 남아 있다. 이렇듯 우리 주변에서 조명이 꺼지는 일은 결코 없다.

하지만 현재 과학자들은 빛이 너무 많다고 말한다. 우리는 빛을 쬐지 말아야 할 시간에 쬐지 말아야 할 빛을 너무 많이 쬐고, 그런 빛이 우리의 건강에 영향을 미치고 있다는 것이다. 그 이유는 우리 몸의 구조에서 찾을 수 있다.

지루한 고등학교 생물 수업을 끝까지 들은 대부분의 사람들과 마찬가지로, 과학자들은 최근 150년 동안 눈에 대해 알아야 할 것들을 모두 알았다고 생각했다. 잘 알려진 것처럼, 눈에 들어온 빛은 눈 뒤쪽의 망막에 이른다. 망막은 빛 정보를 전기 임펄스로 바꾸어 뇌로 보낸다. 뇌는 그 정보 조각들을 조립해 우리가 '시각'이라고 부르는 것을 만들어낸다. 하지만 2002년에 브라운 대학 데이비드 버슨David Berson의 발견은 눈의 기능에 대한 이해를 근본적으로 바꾸어놓았다.[21]

버슨은 눈(망막)에는 시각에 기여하지 않는 '특수 빛 탐지기'인 독특한 광수용체가 있다는 사실을 알아냈다. 눈의 이 부분은 미국 독립전쟁 때의 폴 리비어처럼 행동한다(미국 독립전쟁의 영웅 폴 리비어는 1775년 4월 18일 밤 보스턴에서 렉싱턴까지 말을 달리며 영국군의 공격을 알렸다 – 옮긴이). "육지로 오면 하나, 바다로 오면 둘"이라는 메시지 대신, 이 광수용체는 우리 몸에 '낮이면 이것, 밤이면 저것'을 하라고 알린다. 폴 리비어가 말을 타고 달리며 미국 독립전쟁에 참여한 애국자들에게 육전에 대비하라거나 해전에 대비하라고 경고했듯이, 눈의 이 부분은 우리 몸에 낮 또는 밤에 대비하라고 경고한다. 이 센서(하늘색에 가장 민감하다)가 빛을 감지하면, 메시지가 눈에서 뇌를 거쳐 온몸으로 차례차례 전해지면서 지금이 낮임을 알려준다. 더 구체적으로 설명하자면 그 메시지는 잽싸게 눈 뒤의 시신경을 따라 뇌의 시상하부에 있는 시교차상핵에 도달한다. 시교차상핵은 솔방울샘(송과선)이라는 콩알 크기의 작은 부위로 메시지를 보내 멜라토닌 분비를 억제한다. 멜라토닌은 몸에 지금이 밤임을 알리는 화학물질이다. 멜라토닌 분비가 멈추면, '아침이 오고 있다'는 폴 리비어 메시지의 화학적 버전이 완성된다.

◆

멜라토닌은 밤에만 분비되는 오래된 분자로, 우리 몸의 세포들에게 지금이 밤임을 알린다. 미국 국립정신건강 연구소의 명예연구원 토머스 웨어에 따르면, "그것은 우리와 함께 진화한 오래된 화학물질"[22]이다. 우리 몸에 그런 신호가 필요한 것은 인간이 본질적으로 낮의 생명체와 밤의 생명체 두 모드로 살기 때문이다. 우리 몸은 에너지를 절약하기 위해 '온on'과 '오프off'의 시간을 갖는다. 주위의 빛에 따라 멜라토닌이 신호를 보냄으로써 몸의 모드 전환이 일어난다. 낮 동안에는 체온, 대사, 성장 호르몬 수치가 상승하고, 밤에는 이 모두가 감소하여 몸은 '로그오프' 상태가 된다. 하지만 인공조명이 있으면 우리 몸은 꼭 필요한 휴식 모드로 들어가지 못한다.

전기의 시대가 오기 전인 머나먼 옛날에 우리는 낮에는 햇빛에 의존하고 밤에는 촛불에 의지해 살았다. 땅거미가 지면 우리 몸은 깨어 있어도 밤을 준비했고, 빛의 종류가 햇빛에서 촛불로 바뀜에 따라 밤 모드로 접어들기 시작했다. 해가 지기 시작하면 멜라토닌의 양이 증가하기 시작했다. 하지만 오늘날에는 인공조명의 범람으로 우리는 시종일관 같은 종류의 빛을 받는 부자연스러운 생활을 하고, 항상 낮 모드로 지낸다. 그 영향은 이미 나타나고 있다. 토머스 웨어는 "현대인이 조상들보다 키가 큰 것은 어느 정도는 영양 상태 및 기타 요인들과 관련이 있지만 인공조명과도 관련이 있다"고 말한다.

전등이 생기기 전 인간의 생리는 계절과 결부되어 있었다. 늦봄부터 여름까지는 여성의 임신률이 높았다. 우리 몸은 한 해 동안 새벽부터 해질녘까지의 길이(일조량) 변화를 따름으로써 계절의 변화를 쫓아갔다. 낮이 긴 여름에는 겨울보다 멜라토닌을 적게 생산했고, 멜라토닌 양이 감소함에 따라 성장호르몬 양이 증가해 성장의 기회가 늘어났다. 하지만 지금은 인공조명으로 인해 우리 몸이 계절의 변화를 거의 감지하지 못한다. "임신율의 계절 차이가 거의 사라졌다"라고 웨어는 말한다. 하지만 임신율과 계절의 관계가 낳은 인위적 산물이 하나 남아 있다. 웨어는 낮이 길어서 햇빛과 성장호르몬의 양이 많은 "늦봄부터 초여름까지 시험관 아기 시술의 성공률이 가장 높다"라고 말한다.

에디슨의 전등 아래 있으면 우리 몸은 성장호르몬이 겨울의 두 배 가까이 분비되는 여름 모드에 계속 머물게 된다. 이렇게 성장 모드가 지속되면 온몸이 성장호르몬에 잠긴다. 그러면 모든 세포가 영향을 받아 이 과잉자극에 반응할 것이다. "성장호르몬이 계속 여름 수준으로 분비되면 암에 걸릴 위험이 높아진다"라고 웨어는 말한다.

암은 우리 시대의 질병이라서 아직 확실히 밝혀지지 않은 것이 많기 때문에 논의하는 데에 어려움이 있다. 그렇지만 많은 연구자들은 암이 하나의 세포에서 시작된다고 생각한다. 코네티컷 대학의 암역학자 리처드 스티븐스에 따르면 세포에 돌연변이가 일어나는 것은 대체로 "단순한 무작위적 사건, 즉 우연"이다.[23] 그렇다면 인공조명은 이 사실과 어떤 관련이 있을까? 역시 스티븐스에 따르면 "암 발생에 관여한다고 알려진 돌연변이 프로세스가 일주기 시스템의 영향을 받는다"는 사실이 노벨 화학상 수상자 아지즈 산자르의 후속 연구에서 밝혀졌다. "우리 세포가 손상된 DNA를 복구하는 방식과 일주기 사이에는 모종의 관계"가 있다. 무슨 일이 일어나고 있는지 자세히는 모르지만, 이 연구는 우리 몸에는 성장 모드와 복구 모드가 있으며 우리에겐 어둠이 주는 치유의 시간이 필요하다는 것을 분명하게 보여준다.

암을 일으키는 요인은 여러 가지다. 이 분야의 연구는 우리 시대의 가장 중요한 연구 과제 중 하나다. 여성의 건강과 관련해서 보자면, 인공조명은 유방암 인자로서는 흔히 간과된다. 스티븐스는 "유방암이 세계적으로 증가하는 추세를 전등의 사용으로 설명할 수 있다는 의견이 있다"라고 말한다. 무슨 일이 일어나고 있는지 정확히 이해하기 위해서는 더 많은 연구가 필요하지만, 한 인구 집단은 과학자들이 올바른 방향으로 가고 있음을 보여준다. "맹인 여성은 유방암에 걸릴 가능성이 낮은데, 이들은 밤에 빛을 감지할 수 없기 때문"이라고 스티븐스는 말한다. 이들은 생리적으로 빛의 영향을 받지 않는다. 많은 의학적 보고가 맹인 여성이 유방암에서 아웃라이어(평균치에서 크게 벗어난 표본 - 옮긴이)임을 보여주지만, 인공조명이 여성에게 어떤 영향을 미치는지 이해하려면 훨씬 더 많은 연구가 필요하다.

◈

시인들은 눈은 마음의 창이라고 말하지만, 과학자들은 눈은 시계이며 더 정확히는 시계의 리셋 버튼과 같다고 생각한다. 우리 몸에는 하루의 시작을 예측하는 고유한 리듬이 내장되어 있지만 이 체내 시계는 매일 약 12분씩 지연되어 '하루'가 평균 24.2시간이다. 만일 우리가 시각적 단서가 없는 어두운 동굴 속에서 지낸다면, 체내 시계는 느리게 가는 고물 시계처럼 태양 시계보다 뒤처질 것이다. 하지만 아침에 빛을 보면, 특히 하늘의 푸른빛을 보면 우리의 생물 시계는 다시 지구와 동기화된다.

폴 리비어 광수용체가 하늘색에 감도가 높은 것은 자연의 영리한 선택이며 생물학적으로 타당하다. 우리 몸에 지금이 낮임을 알리는 최선의 방법은 라디오 주파수를 특정 방송국에 맞추듯 이 상징적인 색에 눈의 일부를 특별히 맞추는 것이다. 어머니 자연은 흰빛에 포함된 모든 색(빨강, 주황, 노랑, 초록, 파랑, 남색, 보라) 중 어느 것이든 이용할 수 있었을 것이다. 하얀 번개를 동반한 뇌우가 우연히 우리 조상들의 몸을 밤 모드에서 낮 모드로 바꿀 수도 있었을 것이다. 하지만 하늘색이야말로 낮에 분명히 존재하는 색이므로, 지금이 모드를 전환할 때임을 몸에 알릴 수 있는 최적의 신호다.

유감스럽게도 인공조명은 자연의 빛, 즉 태양빛을 완전히 모방하지는 못한다. 위대한 태양 빛에는 무지개 색이 모두 포함되어 있다. 하지만 인공조명에는 태양광 스펙트럼의 일부만 있다. 백열전구는 불그스름한 빛을 띠고, 가정용 형광등과 LED 전구는 푸른빛을 띤다. 그렇다면 현대인이 인공조명 아래서 잘 생활할 수 있도록 에디슨이 정한 항로를 수정하기 위해서는 어떻게 하면 될까? 처방은 간단하다. 암역학자 리처드 스티븐스에 따르면, 우리에게는 "어두침침한 밤과 밝은 아침"이 필요하다. 새

로운 하루는 체내 시계를 리셋 하는 밝은 푸른빛으로 시작해야
한다. 또 그는 "산책이 가장 좋다. 운동을 하며 태양의 밝은 푸
른빛을 듬뿍 쬐라"라고 조언한다. 실내에 있는 사람들은, LED
전구와 밝은 형광등도 푸른 영역의 빛이 꽤 강하다는 사실을
기억해두라.

낮 동안에는 푸른빛을 많이 받는 것이 좋다. 하지만 하루가
저물어감에 따라 받는 빛의 종류도 바뀌어야 한다. 마리아나 피
게이로는 "아침 햇살은 몸에 영향을 준다. 만일 [푸른빛이] 저
녁이나 한밤중에 쏟아지면 악영향을 미칠 것"이라고 말한다. 오
후가 되면 빛의 색을 바꾸어야 하는 것은 이 때문이다. 저녁에
는 붉은 빛이 필요하다. 컴퓨터 모니터, 텔레비전 디스플레이,
휴대폰 화면에서 나오는 블루라이트도 줄여야 한다. "해질녘부
터 [조명을] 약하게 하고, 광원을 백열전구로 바꾸는 것이 좋
다"라고 스티븐슨은 조언한다.

현대 빛의 바다를 가라앉히는 데는 신기술이 도움이 될지도
모른다. 다이얼을 돌려 빛을 붉게 또는 푸르게 조절할 수 있는
스마트 전구가 시중에 나와 있다. 또한 렌셀러 조명연구소에 있
는 마리아나 피게이로의 연구실에서 개발된 것과 같은 몸에 착
용하는 기술(웨어러블 테크놀로지)은 착용자에게 필요한 빛의 종
류를 알려주고, 광추적 장치로 '하루 동안의 빛 변화'를 감지한
다. 이 장치를 사용하면 앱이 푸른빛을 더 쬐라거나, 푸른빛을
피하라거나, 밖으로 나가라고 알려준다.

과학자들은 한밤중에 깨는 사람들에게도 몇 가지 조언을 건
넨다. 스티븐스에 따르면 "어둠 속에 있는 것"이 최선이다. "그

러면 다시 잠들기 훨씬 쉽다." 이 지혜는 수백 년 전에는 당연한 것이었지만 지금은 모두가 잊었다. 우리 조상들은 분할 수면 사이에 깨면, 촛불을 켜놓고 뭔가를 먹기도 하고, 집안 어딘가에서 기도나 독서, 집안일 같은 뭔가를 했다. 이렇게 깨어 있어도 그들의 몸은 여전히 한밤중 모드였다. 촛불은 어두컴컴하고 불그스레한 빛이라서 멜라토닌을 멈추는 방아쇠로 작용하지 않는다. 반면 한밤중에 밝은 전깃불을 켜면 멜라토닌 수치가 곤두박질친다. "5분 안에 불을 끄면 원래대로 돌아가지만 20분이 넘어가면 끝장"이라고 스티븐슨은 말한다.

건강하려면 적절한 시간에 적절한 종류의 빛을 쬘 필요가 있다. 이는 신비주의적인 주장이 아니라 의학에 근거한 사실이다. 피게이로가 말하듯 "빛은 생물 시계의 운전자로, 몸 안의 모든 것을 구동한다." 이런 이유에서 우리는 전구를 단순히 배경에서 빛을 내는 무해한 물체로 볼 것이 아니라 건강의 원동력으로 봐야 한다.

에디슨은 빛의 시대를 열었지만 우리 사회는 다시 어둠과 접촉할 필요가 있다. 거기에는 건강상의 이유 말고도 많은 이유가 있다. 별은 인류의 오랜 동반자로 뱃사람과 개척자들이 방향을 찾을 수 있도록 도왔다. 수백 년 동안 인류는 무수한 별을 보았다. 하지만 요즘 도시 거주자가 볼 수 있는 별은 대략 50개 정도다.[24] 대부분의 미국인은 인공조명 탓에 통상적인 밤하늘보다 밝은 빛에 노출되어 있기 때문이다. 불과 몇 세대 만에 밤이 변했다. 우리 증조부모 세대가 젊었을 때는 달이 구름에 가리는 흐린 밤이 한 달 중 가장 어두운 밤이었다. 하지만 지금은 구름 낀 흐린 밤이 가장 밝은 밤에 속한다. 구름 속의 물방울과 먼지가 디스코 볼처럼 빛을 튕겨 반사시키기 때문이다.[25]

우리가 알지 못하는 저 높은 하늘에는 숨 막힐 정도로 멋진 광경이 존재한다. 하지만 인공조명으로 인해 하늘이 환해지면서 머리 위에서 펼쳐지는 천상의 영화를 볼 수 없게 되었다. 밝은 밤에 하늘을 올려다 보는 것은 "불을 켜놓고 영화를 보는 것과 같다"라고 천문학자 파비오 팔키Fabio Falchi는 말한다. "스크린의 명암 대비가 사라지기 때문에" 영화는 제대로 보이지 않는다.[26]

태고의 밤하늘이 우리에게 얼마나 생소한 것인지가 1994년에 명백하게 드러났다. 그해 1월 아침, 지진이 로스앤젤레스 노스리지 지역을 강타했고 그날 밤 도시 전체가 정전이 되어 빛의 광휘가 사라졌다. 신경이 곤두섰던 많은 시민들은 밤하늘에서 이상한 것을 발견하고 119로 전화를 걸어 "은빛을 띠는 회색 구름"을 보았다고 신고했다.[27] 캘리포니아 남부에서 시민들이 보았던 그것은 은하수였다. 조사에 따르면 미국인 셋 중 둘은 이 구름 띠 모양의 천체 무리를 더 이상 볼 수 없다고 한다.[28]

오늘날 우리가 보는 밤하늘은 우리 조부모나 증조부모가 경험했던 것과는 사뭇 다르다. 우리는 조명 덕분에 생활의 편의를 얻었지만 빼앗긴 것도 있다.《잃어버린 밤을 찾아서The End of Night: Searching for Natural Darkness in an Age of Artificial Light》의 저자 폴 보가드는 "우리는 인류 역사 내내 우리에게 영감을 준 경험을 누리지 못하게 되었다"라고 말한다.[29] 가로등이 우리 눈을 가리기 때문에 우리 대부분은 밤하늘의 진면목을 보지 못한다. 진정한 밤하늘은 반 고흐의 〈별이 빛나는 밤Starry Night〉처럼 저마다 밝기와 색깔이 다른 별들로 소용돌이치는 3차원적 체험을 선사한다. 그것은 "한밤중에 문밖으로 나와 우주와 직접 마주하는 일"이라고, 《잃어버린 밤을 찾아서》를 집필하는 동안 지구에서 가장 어두운 장소들을 찾아다녔던 보가드는 말한다.

더 많은 조명이 설치되면서 우리의 자아 또한 비대해졌다. 우주와 맞대면하면 "내 자신이 별 게 아님을 깨닫게 된다"고 보가드는 말한다. 인공조명은 그런 경외심을 앗아갔다. 인공조명은 우주를 볼 수 없게 우리 눈을 가리기 때문에 그 아래서는 교만이 자라기 쉽다. 어두운 하늘은 과거에는 창이었지만 지금은 거울이 되었다.

탄광 속의 반딧불이

우리의 친구 반딧불이가 이 여정의 시작이었다. 이 친구들은 딱정벌레류로, 일부 조류나 거미류에게 맛있는 먹이가 된다는 것 외에는 자연에서 필수적인 역할이 없다. 이를테면 벌은 식물의 꽃가루받이를 돕고, 개미는 토양을 뒤적여 공기를 넣는다. 역할은 제한적일지 몰라도 수천 종에 이르는 반딧불이는 자연의 경이로움에 관한 한 '시장'을 거의 독점해왔다. 반딧불이가 자연의 마법 랜턴으로서 우리를 매혹하는 것은 에디슨 이전에 빛이 기적이었기 때문만은 아니다. 그들의 빛은 현대의 우리를 잡념에서 멀어지게 해주는 힘을 갖고 있기도 하다.

◆

여름 캠핑에서 소등 후 신호를 주고받는 캠핑족처럼, 반딧불이는 모스 부호 같은 깜빡거림으로 이야기한다. 그들은 '생체발광'이라 불리는 화학반응으로 빛을 낸다. 산소, 에너지 다발인 'ATP' 분자, 빛을 내는 화학물질인 루시페린, 발광 효소 루시페라아제가 섞인 화학 칵테일이 분자 발광을 만들어낸다. 하지만 반딧불이의 빛은 의미 없는 깜박임이 아니다. 그것은 사랑의 편지다. 풀밭에서 사람 무릎 높이를 맴돌며 빛을 내는 수컷 반딧불이는 성과 종을 밝히며 자기소개를 하고 있는 것이다. 반딧불이의 언어에 능통한 사람은 없지만, 대략 '나는 수컷이고 포토니스속 그리니종입니다'[30]와 같은 말을 하는 것이라고, 터프스 대학 생물학 교수이자 《경이로운 반딧불이의 세계 Silent Sparks: The Wonderous World of Firefies》의 저자 새라 루이스 Sara Lewis는 말한다.

한편 암컷 반딧불이는 아래쪽의 풀잎이나 관목 잎사귀에 앉아 수컷의 깜박임을 올려다본다. 보이는 것이 마음에 들면, 대충 '당신이 마음에 들어요'라고 번역할 수 있는 깜박임으로 수줍게 응답한다. 관심이 있다는 '청신호'가 오면, 비행하던 수컷은 공중에서 정지하고 와일 E. 코요테(사냥감을 쫓다가 절벽에서 떨어지는 장면으로 유명한 만화 캐릭터 – 옮긴이)처럼 낙하해 암컷이 있는 풀잎으로 한 시간 동안 비행을 한다. 이들이 만나면 본격적인 불꽃놀이가 시작된다.

반딧불이가 이렇게 구애 행동을 하려면 서로를 볼 수 있어야 한다. 인공조명이 쏟아지면 주위가 너무 밝아서 암컷 반딧불이가 수컷의 깜박임을 볼 수 없다. 수컷이 신호를 보내도 암컷은 눈부심 때문에 응답하지 못하므로, 연인이 될 수 있었던 암수 한 쌍은 영영 만나지 못하게 된다. 게다가 인공조명은 경쟁을 과열시킨다. 암컷은 더 밝은 빛을 내는 수컷을 더 좋아한다. 밝은 빛을 낼 수 있다는 것은 그 수컷이 건강하고 좋은 유전자를 가졌다는 뜻이고, 따라서 생식력도 높을 것이기 때문이다. 하지만 배경 조명이 있으면 수컷의 발광이 실제보다 어두침침해 보여서 암컷의 흥미를 끌지 못하므로 응답이 오지 않는다.

이처럼 인간 세계의 밝은 전구는 반딧불이의 짝짓기 신호를 가려 의사소통을 불가능하게 만든다. 수컷 반딧불이는 짝짓기 상대의 관심을 끌기 위해 더 밝게 발광할 수 있지만, 그러느라 귀중한 에너지를 다 써버리게 된다. 반딧불이 성충은 14일밖에 살지 못한다. 일부 종은 땅속에서 애벌레로 지내는 2년 동안 오직 먹고 몸을 키우고 에너지를 ATP로 저장하는 데 전념한다. 그 에너지로 빛을 낼 수 있는 것인데, APT 한 분자가 한 개의 광자를 생산한다.[31] 반딧불이 성충은 저장해둔 에너지를 쓰기만 할 뿐 거의 먹지 않는다. 그들이 보고 보여주고 사랑을 찾는 데만도 시간이 모자라기 때문이다.

◆

우리가 불을 *끄기*를 바라는 생물은 반딧불이만이 아니다. 새, 곤충, 바다거북을 포함해 엄청나게 많은 동물들이 우리가 불을 *끄*기를 바란다. 대부분의 사람들은 잘 모르지만, 폴 보가드는 곤충의 거의 3분의 2가 야행성[32]이라고 말한다. 인공조명으로 인해 이런 곤충들의 행동도 바뀌고 있다. 나방 같은 일부 곤충들이 불속으로 뛰어드는 행위를 우리는 '시적'이라고 말할 게 아니라 형벌이라고 불러야 한다. 나방은 광원 주위를 뱅뱅 돌다가 기진맥진해 죽는다. 또한 통신 탑에서 깜빡이는 불빛은 우리가 아직은 잘 모르는 이유로 새들을 유혹하는데, 새들 역시 그 주위를 돌다가 나방과 똑같은 운명을 맞는다. 생태학자이자 서던캘리포니아대학USC 교수인 트래비스 롱코어는 미국과 캐나다에서만 매년 약 680만 마리의 새가 그렇게 죽는다[33]고 말한다. 곤충의 경우에는 그 수가 수십억에 이른다. 이들의 희생은 생태계 전체에 영향을 미친다. 곤충은 먹이사슬 상위에 있는 종들의 먹이가 된다. 사슬의 강도는 가장 약한 고리가 결정하므로, 우리의 전기조명으로 인해 그 먹이사슬을 이루는 모든 동물이 피해를 입고 있는 것이다.

인공조명은 바다거북 새끼들을 자기파괴적인 선택으로 이끌 수 있다. 새끼 거북은 밤에 해안에서 부화하면 잠시 바다의 방향을 파악한다. 바다는 새끼 거북을 포식자로부터 보호하고 탈수를 막아주기 때문이다.[34] 새끼 거북은 가장 밝은 쪽으로 가야 한다는 것을 본능적으로 안다. 조상 대대로 그 방향은 수면에 달빛이 비쳐 어른거리는 바다였다. 하지만 오늘날 가장 밝은 방향은 대개 바다의 반대쪽, 즉 불을 환하게 밝힌 도시 쪽이다.

◆

앞날이 암울해 보이긴 해도, 반딧불이와 그 밖의 야생동물을 구할 수 있는 쉬운 방법이 있다. 적극적으로 목소리를 내는 일부 천문학자들과 '국제 밤하늘 협회International Dark Association'에 따르면, 조명에 신경을 쓰기만 하면 된다. 즉 조명 설비에 덮개를 씌워 빛이 아래쪽으로 향하게 하고, 특정한 지역을 실제로 필요한 만큼만 밝히고, 스마트 조명을 달아 수요가 있을 때만 불을 켜는 것이다.

효과나 디자인을 희생시키지 않고도 필요한 곳에 조명을 사용할 수 있고, 그렇게 해도 보는 데 필요한 조도는 충분히 확보된다. 뉴욕의 고가 공원 하이라인 파크를 산책하기 위해 계단을 오르는 사람들은 계단 난간에 두 가지 추가 기능이 있다는 사실은 알아채지 못할 것이다.[35] 난간은 계단을 비추는 조명을 숨기는 동시에, 빛이 아래로 향하게 함으로써 하늘을 비추는 것을 막는다. 사려 깊은 조명 디자이너들은 밤하늘을 살리기 위해 의도적으로 설계에 주의를 기울이고 있다. 주차장 조명을 설계할 때도, 사용하지 않을 때에는 어둡게 해두었다가 움직임이 감지되는 즉시 밝아지게 할 수 있다. 인적이 드문 거리의 조명도 똑같이 할 수 있을 것이다. 이렇게 한다면 밤을 조금이나마 살릴 수 있고, 비용 절감 효과 또한 어마어마할 것이다. 폴 보가드는 실외 조명을 줄이면 전 세계적으로 1천억 달러를 절약할 수 있다고 이야기한다.

요즘 주유소는 20년 전보다 10배나 밝아졌는데, 사물을 보는 데 그렇게 밝은 빛은 필요치 않다. 눈은 가장 밝은 물체에 순응하기 때문에, 어두컴컴한 곳에서도 훌륭하게 기능한다. 그것은 눈의 과학적 원리 때문이다. 우리 눈의 망막에는 빛을 감지하는 세포인 막대세포와 원추세포가 있다. 막대세포는 세계의 상을 흑백으로 얻는 뛰어난 야간투시경이다. 원추세포는 밝은 빛속에서 활성화되고, 세상을 총천연색으로 본다. 눈에 원추세포는 600만 개가 있는 반면, 막대세포는 1억 2,000만 개나 있어서 어둠 속에서 모양과 상의 인식을 돕는다. 하지만 현재 대부분의 사람들은 밤에 막대세포를 사용할 일이 드물고, 감도가 낮은 원추세포만 있으면 되는 세계에 살고 있다.

인류라는 종은 어둠을 몹시 두려워한다. 이는 우리를 더 크고, 더 밝고, 더 강한 빛에 탐닉하게 했다. 하지만 그 결과 우리는 동물계에 해를 끼치고 있을 뿐 아니라 우리 스스로를 해치고 있다.

나이가 들면 빛이 예전과는 다르게 보인다. 나이를 먹으면 눈의 수정체가 푸른빛을 투과하기 어려워진다는 것이 연구를 통해 밝혀지고 있다. 25세의 눈은 푸른빛을 거의 전부 받아들이지만, 65세의 눈에서는 그것이 절반만 망막에 닿고 나머지 빛은 눈부심을 일으킨다.[36] 천문학자이자 밤하늘 밝기를 연구하는 전문가인 파비오 팔키는 "가로등에 푸른빛을 많이 사용하는 것은 인구의 노령화를 고려하면 안전 면에서 바람직하지 않다"고 말한다. 도시에서 푸른빛이 많은 LED 가로등이 급증하고 있는데, 이는 곧 빛스펙트럼에서 노인의 감도가 가장 낮은 부분의 빛이 사용된다는 뜻이고, 이에 따라 노년층 운전자들이 실제로 지장을 받고 있다.

많은 사람들이 조명이 많을수록 범죄가 줄어든다고 주장

할 것이다. 몇 가지 일화를 살펴보면 사실인 것 같지만 이를 실제로 뒷받침하는 연구 결과는 거의 없다. 폴 보가드에 따르면, 2008년에 샌프란시스코의 에너지 회사 PG&E Pacific Gas and Electric Company가 "조명과 범죄 사이에 아무런 연관성이 없다"[37]는 것을 알아냈으며, 어떤 관련이 있다 해도 "너무 복잡 미묘하기 때문에 데이터로 분명하게 입증되었다고 볼 수 없다." 어느 수준까지는 빛이 범죄를 예방할 수 있겠지만, 결국에는 지나친 빛이 눈부심을 유발해서 오히려 잠재적 피해자가 공격자를 알아보는 것이 어려워지는 티핑 포인트가 온다.

우리는 빛을 현명하게 사용할 필요가 있다. 이를테면 국제 밤하늘 협회가 권고하는 것처럼 조도를 낮추고, 전등갓을 씌워 빛이 위로 새는 것을 차단하고, 꼭 필요한 곳에만 조명을 사용하는 방법이 있을 것이다. 하지만 미국 의학 협회가 권고하는 것처럼 조명에서 푸른빛을 제거하는 것도 필요하다.[38]

태양광에는 무지개 색이 모두 들어 있지만 LED에는 푸른빛이 많다. 의학계의 시각에서 보면 LED는 대체로 나쁘지 않지만, 푸른빛을 많이 포함하는 LED는 나쁘다. 2016년 무렵 이미 도시 가로등의 10퍼센트가 푸른빛이 많은 LED로 바뀌었고, 이런 움직임은 가속화되고 있다.[39] LED는 효율이 좋고, 밝고, 수명도 길어서 도시 에너지 절감의 상징으로 여겨질 만하다. 비용을 절감하려는 것은 중요한 태도이다. 하지만 지금 도입되고 있는 LED 전구는 인간의 건강에 최적이라고 말할 수 없다. LED 제조사들이 푸른빛이 적은 전구를 개발했지만 아직 도시 가로등에는 사용되지 않고 있다.

빛 공해를 줄이기 위해서는 관행을 바꾸고 새로운 국민적 습관을 불어넣을 수 있도록 디자이너와 기업가, 시민과 도시가 함께 노력해야 할 것이다. 사회가 더 크고 밝은 조명을 추구하는 분위기를 지양하고 더 건강한 조명을 도입할 수 있으려면 그런 노력이 필수적이다. LED 전구의 영향은 고려해보지도 않은 채 그것을 도입하는 데만 열심인 우리 모습을 신차 개발에 비유할 수 있다. "리터당 주행거리가 가급적 긴 엔진"을 만드는 데만 집중하다가 "오염 증가를 무릅써가면서 엔진 효율을 높이는 꼴"이라고, 천문학자 파비오 팔키는 말한다.

문제는 조명의 영향이나 조명에 대한 우리의 탐닉을 대부분의 사람들이 보지 못한다는 것이다. 그래서 파비오 팔키를 비롯한 과학자들이 한눈에 볼 수 있는 빛 공해 지도를 만들었다. 이 과학자들은 위성사진을 통해 알래스카와 하와이를 제외한 미국 땅에 사는 사람들의 99퍼센트가 빛 공해 지역에 살고 있으며, 빛이 지역 밖으로 퍼지고 있음을 알게 되었다.[40] 팔키는 "시카고의 조명이 오대호까지 퍼져 나가고 있는 것을 볼 수 있다"고 말한다. 그 외에도 이 지도를 통해 몇 가지 놀라운 사실을 알 수 있었다. 그중 하나는 "한국과 일본 사이의 바다는 지구상에서 가장 밝은 지점 중 하나"라는 점이었다. 그것은 "오징어를 유인하기 위해 빛을 이용하기 때문"이다. 푸른빛을 줄이고 조도를 낮추려면 그야말로 법이 필요할 것이다. 점점 더 많은 도시와 주들이 관행을 바꾸고 있으므로 연방법으로 만드는 것이 불가능하지는 않다. 과거에 이와 비슷한 사례가 있었다. 1978년에 납이 어린이의 발달에 악영향을 주는 신경독이라는 이유로 물감 성분으로 사용하는 것을 금지했다. 그때와 같은 의식과 노력, 그리고 교육이 있다면 덜 밝고 덜 푸른 조명을 도입할 수 있을 것이다.

그런 공동의 노력이 있다면 우리의 미래는, 올바른 방향으로 더 밝아질 것이다.

6

공유하다

데이터가 담긴 자석은
데이터를 공유할 수 있게 했지만,
우리에 대한 정보가 공유되는 것을
멈추기 어렵게 하기도 했다.

나사의 골든 레코드

1977년에 스티븐 스필버그는 자신이 감독한 영화 〈미지와의
조우Close Encounters of the Third Kind〉의 마무리 작업을 하고 있었다.
이 영화에서 인류는 음악 소리를 이용해 외계인과 소통했는데,
당시 미국항공우주국 나사NASA도 지구 밖 생명체를 향해 메시
지를 보내기 위한 준비를 하고 있었다. 그해 두 대의 우주탐사
선 보이저 1호와 2호의 발사를 앞두고 나사는 그 우주선들을
원래 계획보다 더 빠르게 더 멀리 보낼 수 있는 다시없을 기회
를 만났다. 태양계의 외행성들이 일렬로 늘어서는, 176년에 한
번 있는 일이 일어나고 있었던 것이다. 이 배열을 이용하면 우
주선을 한 행성에서 다음 행성으로, 그리고 다시 그다음 행성으
로 뜨거운 감자를 던지듯 튕겨낼 수 있었다. 두 대의 보이저호

그림 57。 나사의 존 카사니 John Casani, 1932~. 보이저호에 장착하기 전의 골든 레코드와 함께.

는 행성의 중력을 이용한 '새총(슬링샷)' 효과에 의해 적은 연료로 높은 속도를 얻음으로써 태양계를 가로질러 가장 먼 우주로, 어쩌면 외계 생명체가 있는 곳까지 도달할 수 있을 터였다.

　보이저호에는 메시지가 실릴 예정이었는데, 그것은 평범한 메시지가 아니었다. 메시지에 포함될 내용은 초기 지도나 동굴 벽에 새겨진 조각처럼 한 문화를 대표하는 역사적인 것이었다. 이 메시지는 매우 중요했다. 왜냐하면 보이저 탐사선은 아무런 방해도 받지 않고 수십억 년을 순항하여 지구보다 오래 살아남을 것으로 예측되었기 때문이다. 또 다른 예측에 따르면 지구는

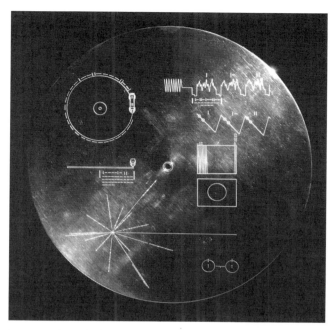

그림 58. 골든 레코드의 커버에는 외계인에게 사용법을 알리는 설명이 새겨졌다.

그 전에 태양에 삼켜질 운명이었다. 따라서 쌍둥이 보이저호는 단순한 우주탐사선이 아니라, 지구의 마지막 데이터 꾸러미를 운반하는 인류의 마지막 유물로 지위가 격상되었다.[1]

우주에 보낼 메시지를 고르는 작업은 발사 1년 전인 1976년에 정점에 이르렀다. 그때 보이저 프로젝트를 맡은 매니저 존 카사니는 추수감사절 즈음 코넬 대학 천문학 교수인 칼 세이건에게 연락해 보이저호에 어떤 메시지를 실으면 좋을지 검토해 달라고 부탁했다. 세이건은 "물론"[2]이라고 답했다.

세이건은 레코드판을 보내기로 결정했다. 이 레코드는

1970년대 당시 지구에서 널리 사용된 녹음 매체였던 바이닐 음반이 아니라, 지름 약 30센티미터의 금도금된 동銅 레코드판이었다. 쌍둥이 보이저호 각각에 하나씩 실릴 이 '골든 레코드'에는 지구인의 인사, 영상, 소리, 그리고 음악이 담길 예정이었다. 세이건은 친구들을 모아 임시 보이저 레코드 위원회를 결성했다. 멤버는 당시 칼 세이건의 아내였던 린다 살츠먼 세이건, 세이건의 저서들에 삽화를 그린 존 롬버그, 〈롤링스톤〉의 필진이었던 티머시 페리스, 소설가이자 페리스의 약혼녀인 앤 드루얀이었다. 이들은 각자 레코드 내용의 다른 부분을 맡았지만 음악에는 모두가 참여했다.

90분 분량에 맞추어 지구 전체를 대표할 음악을 고르는 일은 기술적 도전이자 인간적 도전이었다. 디지털 파일 시대 이전에는 음악이 물리적 매체인 레코드판이나 카세트테이프에 실렸기 때문에, 타워레코드 같은 음반 매장에 진열되어 있는 음반을 스튜디오로 직접 가져와 틀어야 했다.[3] 이런 기술상의 문제 외에 무엇을 우주로 보낼지 선택하는 것도 문제였다. 우주선의 궤도를 설계하는 데 필요한 수학이 비인격적인 일인 것과 달리, 음악 선곡은 인간적인 면과 관련이 있어서 개인의 취향이 기준이 되었다. 보이저 레코드 위원회 멤버들은 우주 방주를 짓는 노아가 된 심정으로 인류의 화음을 만들어냈지만, 선곡에는 본인들 모르게 편향이 개입되고 있었다.[4]

어떤 음악을 우주로 보낼지 결정하는 문제는 베스트셀러가 된 한 책에서 이미 다루어진 사고실험이었다. 앞서 1974년에 존경받는 과학자 루이스 토머스Lewis Thomas는 《세포의 생애The

Lives of Cells》에서 "나라면 바흐에 한 표를 던지겠다. 바흐의 전곡을 계속해서 우주로 보낼 것"[5]이라며, "물론 뽐내는 것처럼 보이겠지만 첫 만남에 최대한 좋은 면을 보여주려는 것은 너무나도 당연한 일이다. 괴로운 진실은 나중에 말하면 된다"라고 말했다. 골든 레코드를 위한 선곡에도 처음에는 이 베스트셀러의 사고방식이 고스란히 반영된 까닭에 그것이 지구 전체를 대표한다고 말하기는 어려웠다. 곡의 대부분이 세이건이 가장 좋아했던 장르인, 유럽의 작은 지역에서 유래한 고전음악이었는데, 이는 '창백한 푸른 점'(세이건이 지구를 부를 때 즐겨 사용한 표현) 전체를 대표한다고 볼 수 없었다. 하지만 선곡에 서서히 다른 문화의 음악도 포함되기 시작했다. 위원회 내 젊은 멤버들의 촉구와 인류학자들의 제안, 그리고 전설적인 민속음악 수집가 앨런 로맥스Alan Lomax의 잔소리와 격려가 위원회의 마음을 움직여 플레이리스트는 지구 전체를 반영해내기 시작했다.[6] 곧 골든 레코드는 발신지를 대표하는 진정한 표본이 되었다. 레코드에는 상징적인 도입부로 우주의 정적을 깨는 베토벤의 5번 교향곡 〈운명〉과 함께 세네갈의 타악기 연주, 아제르바이잔의 백파이프 연주, 나바호족의 합창, 솔로몬 제도의 팬파이프 연주, 그리고 아프리카계 미국인의 재즈가 실렸다.

1977년 8월 20일에는 보이저 2호가, 9월 5일에는 보이저 1호가 각각 골든 레코드와 함께 발사되면서 지구의 '믹스테이프'의 기나긴 여정이 시작되었다. 쌍둥이 보이저호의 임무는 원래 우주의 데이터를 수집하는 것이었지만, 이제는 세계 음악이라는 데이터를 발송하는 임무도 띠게 되었다.

1977년의 이 이벤트가 가능했던 것은 정확히 100년 전에 등장한 발명품인 축음기 덕분이었다. 1877년 토머스 에디슨이 뜻밖의 행운으로 만들어낸 새로운 장치는 음악의 저장뿐 아니라 공유를 가능하게 함으로써 사회에서 중요한 자리를 차지하게 되었다. 음악은 대부분의 문화에서 중요하므로, 에디슨은 오래된 사랑과 전통을 건드렸다고도 할 수 있었다.

오늘날의 현대적 감각으로는 원할 때 음악을 들을 수 없는 세상을 상상도 할 수 없지만 옛날에는 그랬다. 음악을 쉽게 구하기 위해서는 에디슨 시대의 '탈바꿈'이 필요했다. 음악은 그 형태를 바꾸어 물리적인 것이 되어야 했다. 형태를 갖추어야 했다. 음악은 데이터가 되어야 했다.

◈

1877년 이전에는 사람의 목소리를 녹음하고 재생할 수 있는 기계가 존재하지 않았다. 그래서 에디슨의 발명 이전에 죽은 사람의 목소리 높이나 억양은 알 길이 없다. 앞으로도 우리는 공자나 셰익스피어의 목소리, 에이브러햄 링컨이나 프레더릭 더글러스의 목소리를 알지 못할 것이다. 포나 디킨슨이 자신의 작품을 실제로 어떻게 읽었는지도 알 수 없을 것이다. 이집트 상형문자로 표현된 구어를 비롯한 고대 언어들의 발음도 영원히 밝혀내지 못할 것이다. 19세기 이전에는 소리를 잡는 것이 불가능했다. 그것은 올가미로 빛을 잡거나 산들바람을 병에 담는 것처럼 꿈같은 일이었다. 시인 랠프 월도 에머슨Ralph Waldo Emerson은 "메아리를 체계적으로 정리하게 될 날이 올 것이다"라는 말로 에디슨의 기술을 예견했다. 하지만 1877년에 에디슨은 메아리를 체계적으로 정리하는 것 이상의 일을 했다. 그는 그것을 만지고, 들고 다니고, 재생할 수 있게 했다.

에디슨의 소리를 잡는 꿈

1877년 여름, 두 가지 발명에 시선을 고정한 31세의 토머스 에디슨은 19세기 기술을 미래로 쏘아보내고 있었다. 그는 실험실에서 곰곰이 생각에 잠긴 채, 새뮤얼 모스가 발명한 전신 장치에서 나오는 메시지를 자동으로 적을 방법과, 알렉산더 그레이엄 벨이 발명한 전화의 결합을 고칠 방안을 궁리하고 있었다. 에디슨은 기존의 발명품을 개량하는 데 탁월한 재능이 있었고, 한 번에 여러 가지 아이디어를 다루는 것은 그에게는 드문일이 아니었다. 평소와 다름없던 1877년 7월 17일, 에디슨은 전화와 전신 양쪽을 연구하다가 이 둘을 땅콩버터와 초콜릿처럼 섞어보자고 생각했다.[7] 전신 메시지를 받아 적는 기능과 전화 음성을 잡는 기능을 결합해 훗날 그가 가장 좋아하는 발명품으로 꼽은, 소리를 적는 기계를 생각해낸 것이다. 그는 그것을 축음기蓄音機, phonograph라고 불렀다(그리스어로 '소리'를 뜻하는 'phone'과 '쓰기'를 뜻하는 'graphe'에서 유래했다. 종이에 펜으로 글자를 적듯이 레코드 바늘로 레코드판에 소리를 적는 녹음 기술을 말한다—옮긴이).

  1877년 여름 몇 달간 에디슨은 정신없는 나날을 보냈다. 1년 전 벨이 발명한 인기 제품을 따라잡기 위해 전화를 개량해야 했고, 이와 동시에 머릿속에 샘솟는 아이디어도 진행시켜야 했다. 연구소의 길쭉한 방 한쪽에는 스프링, 레버, 침(뾰족한 바늘 끝부분) 등 부품들로 가득한 작업대가 여러 개 있었다. 이 부품들은 모스의 전신에서 나오는 메시지를 기록할 수 있는, 특수 코팅을 한 길쭉한 종이에 점과 대시를 새기는 기계를 만들기 위한 재료였다. 방의 다른 한쪽에서는 전화 실험도 진행되고 있었다. 알렉산더 그레이엄 벨이 에디슨을 이겼지만 벨의 설계에는 문제가 있었다. t, p, v, c 같은 자음이 포함된 말을 발음할 때마다 소리가 새는 탓에 '스', '드', '쉬' 같은 소리들은 알아듣기가 어려웠다.[8] 에디슨이 원뿔형 마우스피스에 뭐라고 외치면서 마우스피스 반대편에 손가락을 대고 원뿔의 좁은 부분에 덮인 얇은 물질의 떨림을 감지하는 모습을 연구소 사람들은 날마다 볼 수 있었다. 그 얇은 물질은 다이어그램(진동판)이라고 불렸다. 에디슨은 진동판으로 쓸 만한 몇 가지 후보들을 시험하면서 어느 것이 사람 목소리에 충실하게 떨리는지 찾고 있었다. 그의 노트는 그가 전화와 전신을 오가며 스케치한 그림으로 가득했다. 에디슨이 무더운 여름 나날을 종이에 자국을 내는 부품들과 공명하는 조각들에 둘러싸여 연구에 몰두하던 어느 날 그의 아이디어가 알을 깨고 나왔다.

여느 때와 같은 한밤중 식사 시간에 연구실의 활동이 잠시 멈추었을 때, 제멋대로 뻗친 부스스한 머리를 한 멘로 파크의 마법사는 여전히 진동하는 물질을 연구하고 있었다. 생각을 입 밖에 내어 말하던 그는 그 전설적인 자신감을 드러내며 수석 조수 찰스 바첼러에게 자신의 아이디어를 말했다. "저 진동판 중심에 바늘 끝을 놓고, 바늘 밑에 깔린 코팅된 종이를 잡아당기면서 말을 하는 거야. 그다음에 종이를 원래대로 되돌려놓고 다시 잡아당기면 조금 전에 한 말이 나와."[9] 그의 아이디어는 연구실에 있던 모든 사람을 우레처럼 내리쳤다. 사람의 목소리를 잡아서 다시 듣는 것은 지금까지 없던 일이었으므로 그 제안을 듣고 연구자들은 소름이 돋았다. 에디슨의 말이 떨어지기가 무섭게 조수들은 마치 달리기 신호총이 울리기라도 한 듯 서둘러 말하는 기계를 만들기 위한 부품들을 찾아 나섰다.

에디슨이 전에 만든, 연구실 목제 작업대에 놓여 있는 장치들이 새로운 용도로 사용되었다. 누군가는 바늘의 뾰족한 끝 부분을 잘라내 원형 진동판에 납땜했다.[10] 다른 누군가는 진동판과 마우스피스를 나무 스탠드에 고정시켰다. 또 다른 누군가는 왁스가 코팅된 종이를 길쭉하게 잘라 진동판 바늘 아래 놓았다. 한 시간도 안 되어 마법사 에디슨 앞에 장치가 나타났다. 연구실 안이 쥐죽은 듯 고요한 가운데 에디슨이 자리에 앉더니 뚱뚱한 몸을 앞으로 기울여 마우스피스에 입술을 댔다. 그러고는 "이봐Halloo"라고 외쳤다. 에디슨이 말을 하는 동안 조수 바첼러가 바늘 밑에 깔린 왁스 칠 된 길쭉한 종이를 낚싯줄 잡아당기듯 천천히 일정한 속도로 잡아당겼다. 얼마 후 에디슨은 소리치는 것을 멈추고 바첼러와 함께 종이를 들여다보았다. 바늘 끝이 그린 선은 먹이를 집어삼킨 지렁이처럼 굵어졌다가 가늘어졌다. 두 사람은 그 종이를 제자리에 가져다 놓고 다시 진동판 밑에서 잡아당겼다. 그 순간에 대해 에디슨은 이렇게 말했다. "나

그림 59. 에디슨의 축음기는 실린더에 감긴 주석박에 자국을 냄으로써 소리를 포착해낼 수 있었다.

는 숨죽인 채 귀를 기울였다. 또렷한 소리가 들렸다. 상상력을 좀 발휘했다면, 그 소리가 내가 원래 했던 말인 '할루'로 들렸을 것이다."[11] 귀가 거의 들리지 않았던 에디슨은 뭔가를 들었지만, 바쳴러는 고개를 갸우뚱했다.

말하는 기계, 즉 축음기의 씨앗은 뿌려졌지만 축음기가 탄생하려면 좀 더 기다려야 했다. 에디슨은 전화와 전신 프로젝트로 돌아왔고, 전기 조명의 새로운 형태도 검토하기 시작했다. 몇 달이 지나 아직 축음기로 돌아오지 못했을 때도 노트에 설계도는 계속 그려나갔다. 그러다 11월 말 마침내 말하는 기계에 대해 생각할 틈이 생긴 에디슨은 목소리를 저장할 매체로 원반과 길쭉한 종이테이프를 고려했지만, 결국 실린더(원통)를 사용하기로 결정했다. 그 설계의 천재성은 단순함에 있었다. 마우스피스가 음파를 모으고, 그 음파가 트램펄린에서 뛸 때처럼 진동판을 누르면, 진동판에 부착된 가느다란 침이 위아래로 움직이며 실린더에 감겨 있는 주석박을 쿡쿡 찌른다. 많은 생각을 거듭하고 수차례 수정을 가한 끝에 추수감사절 다음 주 목요일 에디슨은 설계도를 그려서 믿음직한 기계공 존 크루시에게 건넸고, 자신의 의도를 설명하며 말한 대로 기계를 만들라고 지시했다. 크루시는 믿을 수 없다는 듯 에디슨을 쳐다보았다.

크루시는 12월의 첫 엿새를 꼬박 축음기를 만드는 데 썼다.[12] 크루시는 에디슨의 아이디어에 생명을 불어넣으며 청동 실린더 표면에 (마치 사선 무늬가 있는 지팡이 모양 사탕처럼) 나선형 홈을 팠다. 그 홈을 따라 바늘이 지나갈 것이고, 또한 바늘이 주석박을 누를 때 밀릴 수 있는 공간이 생길 터였다. 크루시는 찰스 바첼러와 함께 주석박을 실린더에 붙인 후 12월 6일에 자신의 상사 에디슨에게 그것을 시험해보라고 전달했다. 마법사는 마우스피스에 입술을 가까이 대고 자신의 발명품에 첫마디 말을 건넬 준비를 했다.

에디슨은 자신의 어린 자녀들인 '닷'과 '대시'(애칭)에게 자주 했던 말인 "메리에게는 작은 양이 한 마리 있었네Mary Had a Little Lamb"를 외쳤다. 이 전래동요 가사는 1844년에 모스가 말한 "하느님께서 이렇듯 큰일을 하셨구나"처럼 예언적이지는 않았지만, 1년 전인 1876년에 알렉산더 그레이엄 벨이 말한 "왓슨! 이리로 와줘. 네가 필요해"보다는 확실히 의도적이었다. 그다음에 원뿔형 스피커를 붙이고 레버를 돌리자 에디슨의 말임이 틀림없는 소리가 희미하게 흘러나왔다. 에디슨은 훗날 "인생에서 그렇게 당황한 적은 처음이었다"[13]고 회상했다.

솔직히 그의 발명품에는 결함이 있었다. "메리 헤드 어 리틀 램"은 첫 실험에서 아마 "에리 애드 얼 앰"[14]으로 들렸을 것이다. 게다가 실린더의 나선형 홈은 길이에 한계가 있어서 담을 수 있는 소리의 분량이 1분이 채 되지 않았다.[15] 또한 주석박은 여렸기 때문에 메시지를 두세 번 재생하면 변형되어 소리가 알아들을 수 없는 수준으로 일그러졌다. 그럼에도 에디슨의 열정은 식을 줄 몰랐다. 에디슨과 그의 조수들은 다음 날 자신들의 창조물을 세상에 보여주고자 밤을 새워가며 최대한 또렷하게 들리는 축음기를 만들었다.

1877년 12월 7일 에디슨과 바첼러는 뉴저지주 멘로 파크의 작은 목조 플랫폼에서 기차를 타고 뉴욕시로 향했다. 거기서 에디슨의 사업 파트너인 에드워드 존슨과 합류해 과학 뉴스의 주요 발신원인 〈사이언티픽 아메리칸〉 사무실을 찾아갔다. 그들이 편집장의 책상에 축음기를 올려놓는 동안 몇 사람이 구경을 왔다. 에디슨이 레버를 돌리자, 모여드는 구경꾼들 때문에 마룻바닥이 삐걱거리는 가운데 "안녕하세요. 요즘 어때요? 축음기가 마음에 드세요?"[16]라는 소리가 흘러나왔다. 그러고 나서 축음기는 구경꾼들에게 잘 자라고 작별 인사를 했다. 그날 〈사이언티픽 아메리칸〉은 좀처럼 하지 않던 일을 했다. 예정된 기사를 중단시키고 온 인류를 향해 세상이 바뀌었음을 알린 것이다. 그들은 "말소리가 불멸이 되었다"[17]라고 전했다.

◆

에디슨은 문자언어 외에 정보를 기술하는 새로운 방법을 창조했다. 한 페이지에 적힌 단어들은 구어와 문어로 두 번 살았다. 하지만 그때까지 소리는 한 번밖에 살 수 없었다. 소리는 누군가의 입술에서 다른 사람의 귀에 닿기까지 짧은 시간 동안만 머물고, 이 범위를 넘어서면 눈송이처럼 흔적도 없이 사라졌다. 그렇기에 에디슨이 축음기에 대고 "메리 해드 어 리틀 램"이라고 말한 것은 닐 암스트롱이 달 표면에 발을 디디며 "한 사람에게는 작은 발걸음이지만 인류에게는 큰 도약"이라고 말했을 때와 맞먹는 인류 진보의 획기적 사건이었다. 축음기 덕분에 아기의 첫마디 말처럼 의미 있는 말들을 나중에 들을 수 있도록 소중하게 간직할 수 있었다. 그런데 에디슨 자신과 인류가 눈치채지 못한 사이 에디슨은 데이터의 형태를 바꾸었다. 정보는 양피지 위의 글자와 구텐베르크의 인쇄기로 종이에 찍은 단어들에서, 에디슨의 주석박에 새긴 자국으로 탈바꿈했다.

축음기가 마음에 들었던 멘로 파크의 마법사는 이 발명품의 미래를 머릿속에 그려보았다. 또한 축음기를 완성한 지 몇 달 후에는 그것이 어디에 쓰일지 예측해 목록을 만들었다. 그 목록에는 오디오북, 강의, 최후의 증언, 음악, 장난감, 응답 기계가 포함되었는데, 그중 다수가 오늘날 실제로 존재한다.[18] 또한 에디슨은 축음기의 주된 용도는 비즈니스를 위한 기록일 것이라고 생각했다. 하지만 이 예상은 빗나갔다. 축음기가 주로 족적을 남긴 곳은 음악이었기 때문이다.

◆

축음기 이전에는 돌아다니며 라이브 공연을 하는 가수들이나 악보를 보고 연주하는 재능 있는 지역 음악가가 노래를 퍼뜨렸다.[19] 축음기는 온 국민을 매혹시켰고, 머지않아 부잣집의 호화로운 응접실부터 가난한 농부의 낡은 집까지 퍼져나가 문명의 가장 구석진 곳에서도 볼 수 있게 되었다. 그야말로 음악 감상이 민주화된 것이다. 에디슨은 자신의 축음기로 지위와 계층에 관계없이 누구나 노래를 들을 수 있기를 꿈꾸었다. 그리고 그의 발명품 덕분에 그 꿈은 이루어졌다.

마법사 에디슨은 음악을 사람들의 일상으로 가져왔고, 곧 사회가 음악을 경험하는 방식이 축음기와 함께 변했다. 지금까지 음악은 콘서트홀이나 공원 또는 술집에서 라이브로 연주되는 동안 연주자와 청중, 그리고 청중들끼리 공유하는 것이었다.

그림 60。 오두막에 사는 소년과 축음기. 음악을 듣는 것이 대중화되었음을 보여 준다.

축음기가 등장하자 이런 공동 청취 경험의 공간은 넓은 홀에서 거실로 축소되었지만, 그 대신 언제든 음악을 들을 수 있게 되었다. 축음기는 에디슨이 가장 마음에 들어 했던 발명품 중 하나였으나 모두가 축음기의 팬이었던 것은 아니다. 행군 악단의 수호성인인 존 필립 수자John Philip Sousa는 축음기가 "미국의 음악과 음악적 취향을 현저하게 퇴보시킬 것"[20]이라고 생각했다. 그래도 축음기의 매출은 늘어만 갔다. 에디슨이 축음기를 발명한 지 30년 후인 1906년에는 2,600만 장이 넘는 음반이 팔렸고,[21] 50년 후인 1927년에는 음반 판매량이 1억 장에 달했다.[22]

대중은 축음기로 음악을 듣는 것에 거부할 수 없는 매력을 느꼈지만 그렇게 음악을 즐기는 동안 축음기가 음악의 형태를 바꾸고 있는 줄은 몰랐을 것이다. 알렉산더 그레이엄 벨의 초기 전화기가 '스'와 '쉬' 같은 소리를 포착할 수 없었던 것처럼, 에디슨의 축음기도 비슷한 한계가 있었다. 초기 축음기는 첼로나 바이올린, 기타의 부드러운 음색을 포착할 수 없었기 때문에 피아노, 밴조, 실로폰, 튜바, 트럼펫, 트롬본처럼 큰 소리를 내는 악기들이 녹음에 선호되었다.[23] 또한 축음기는 뚜렷한 인종차별이 존재하는 나라에서 새로운 음악 양식을 빚어내기도 했다. 흑인과 백인은 함께 어울리지 않았지만 축음기로 재생되는 음반은 인종 간 분리를 뛰어넘을 수 있었으므로, 백인 음악가와 흑인 음악가는 서로의 음악을 듣고 차용할 수 있었다. 축음기는 문화를 운반했다. 음악가들 사이의 이런 음악 공유는 재즈와 블루스 그리고 이후 로큰롤을 탄생시킴으로써 에디슨이 전혀 예상하지 못한 사회적 응집력을 만들어냈다.

❖

축음기가 탄생한 지 100년 후인 1977년에도 에디슨이 만든 발명품은 진화를 계속하고 있었다. 축음기 계보의 한 계통에서는 아날로그 홈을 이용해 데이터를 저장하는 레코드가 생겼고, 또다른 계통에서는 자기 가루를 이용해 음을 기록하는 카세트테이프가 탄생했다. 각각은 단점이 있었다. 레코드는 부피가 크지만 원하는 곡을 바로 들을 수 있었으며 재생되는 음악의 질이좋았다. 카세트테이프는 주머니에 쏙 들어가는 크기였지만 듣고 싶은 곡을 재생하기까지 인내심이 필요했고, 음질에도 한계가 있었다. 사촌지간이 대개 그렇듯이 레코드와 카세트테이프

그림 61. 카세트테이프 덕분에 청취자는 좋아하는 곡을 녹음해 타인과 공유할 수 있었다.

는 생김새가 전혀 다르고 공통 조상인 축음기와도 닮지 않았지만 음악을 공유하고 전파하는 운반체라는 가문의 특징은 그대로 간직했다.

1877년에 에디슨이 축음기를 발명하면서 마침내 음악을 상점에서 구입할 수 있게 되었다. 1977년에 카세트테이프가 등장하자 음악을 구입하고 빌리고 소비하고 수집하려는 열기는 높아져만 갔다. 하지만 이 자손은 새로운 특징을 갖고 있었다. 카세트테이프 안의 가늘고 긴 플라스틱에 달라붙어 있는 자석 가루는 음악을 듣는 것뿐 아니라 복제를 가능하게 했다. 이런 녹음 기능 덕분에 청취자는 개인적 취향에 따라 자유롭게 음악을 편집할 수 있었고, 이렇게 음악을 수집하고 복제하고 편집할 수 있게 되자 믹스테이프(플레이리스트의 조상)가 등장했다.

청취자는 믹스테이프로 자기만의 음악을 가질 수 있었다. 폴리에스테르 바지가 유행했던 1970년대 후반에 출현한 믹스테이프는 거기 담긴 내용을 통해 그것을 만든 사람의 기분, 생각, 관심사, 상황을 나타냈다. 1970년대 이후로 믹스테이프는 애정의 징표, 우정의 선물, 사랑의 표시가 되었다. 그 안에 담긴 음악은 선물하는 사람의 '베스트', 또는 되고 싶은 바를 나타냈다. 청취자에게 의미 있는 곡을 고르고 배열할 수 있는 막강한 힘을 줌으로써 믹스테이프는 어떤 면에서 그 사람의 음향적 화신이 되었다. 믹스테이프는 그 사람 자신이 된 것이다.

믹스테이프와 미리 녹음된 카세트테이프는 다양한 방법으로 음악을 보급하고 공유하도록 도왔다. 플레이어로 카세트테이프를 재생하면 그것을 들을 수 있는 범위 내에 있는 모든 사람과 음악을 공유할 수 있었다. 음악가는 데모테이프를 제작함으로써 음악 산업의 유통망 밖에서 자신의 음악을 공유했다. 아이팟의 1980년대 버전인 소니 워크맨이 출시되었을 때 청취자들은 아무도 침범할 수 없는 음악적 비눗방울 안에서 자기들끼리 음악을 공유할 수 있었다. 골든 레코드가 제작된 해인 1977년에는 1억 3,000만 개가 넘는 카세트테이프가 판매되었고,[24] 자석 가루로 편성된 그 안의 '오케스트라'는 에디슨의 축음기가 100년 전에 했던 것과 마찬가지로 음악의 민주화를 더욱 촉진했다.

그런데 사회가 음악과 믹스테이프를 자유롭게 공유하는 와중에도 사람들이 눈치채지 못한 사실이 있었으니, 에디슨의 축음기가 자기 카세트테이프로 도약하며 데이터의 형태도 변했다는 점이었다. 축음기 실린더와 그 후 원반 레코드의 표면은 거기서 생기는 음파의 강약과 일치하는 산과 계곡 모양의 홈으로 덮여 있었다. 카세트테이프 같은 아날로그 자기 테이프도 연속적으로 변하는 음파의 강약에 따라 자기 가루가 연속적으로 변한다. 반면 디지털 녹음에서는, 음파에서 변환된 전기가 이진법 언어로 테이프상의 작은 구역들에 강한 자석 또는 약한 자석이 되라고 지시한다. 사회는 주석박과 코팅지에 새긴 아날로그 홈에서 디지털 자기 가루로 옮겨갔다. 사람들이 라디오나 자신이 좋아하는 앨범에서 곡을 복제하느라 분주한 사이, 데이터의 형태가 바뀌면서 세상은 이진법의 시대로 진입하고 있었다.

이 단계는 중요했는데, 왜냐하면 이진법은 컴퓨터의 언어이기 때문이다. 이진법으로 말하는 장치가 늘어남에 따라 더 많은 기계들이 서로 이야기를 할 수 있게 되어 자동화된 세계가 한 발 앞당겨졌고, 결국에는 컴퓨터가 생각할 수 있게 되었다.

이진법은 현대의 개념처럼 보인다. 하지만 1877년에 에디슨이 아날로그 축음기에 몰두하기 20년 전 이미 아일랜드 수학자 조지 불George Boole, 1815~1864이 근대 세계를 디지털화하기 위한 씨앗을 뿌렸다. 언어에 대한 관심과 애정이 깊었던 불은 1854년 단순한 논리 명제를 기호로 나타낼 수 있다는 것과, 참과 거짓으로 두 명제의 상호관계를 정립할 수 있다는 것을 알아냈다. 그로부터 80년 후 매사추세츠공과대학의 대학원생이었던 클로드 섀넌Claude Shannon, 1916~2001이 불의 난해한 수학 정리를 전기회로의 온-오프 스위치에 적용함으로써 자신의 기계에 계산하고 생각할 수 있는 능력을 부여했다. 클로드는 컴퓨터 언어를 확립했고, 이에 따라 기계들이 함께 작동하기 위해서는

그림 62。 제이콥 하고피언 Jacob Hagopian, 1935~1998. IBM 초기 하드 디스크에 자기층을 입힘으로써 데이터의 형태를 바꾸는 데 공헌한 공학자.

모든 정보가 '1'과 '0'이라는 기본 단위, 즉 비트로 환원되어야 했다. 음악 정보도 마찬가지였다. 그리고 일단 기기가 디지털이 되자 인간은 예전만큼 필요치 않았다. 기계가 스스로 일을 할 수 있었던 것이다.

책이나 신문에서는 잘 언급되지 않지만, 데이터가 자기 형태가 된 것은 획기적인 사건이었다. 그 기술이 작은 공간에 더 많은 정보를 넣고 싶다는 인류의 오래된 소망을 이루어주었기 때문이다. 게다가 자기 형태의 데이터는 컴퓨터의 이진법 언어로 처리할 수 있었으므로 인간은 불필요해졌다. 또한 디지털 형식에 힘입어 음악 같은 데이터는 어느덧 물리적 용기를 벗어나 기기에서 스트리밍할 수 있게 되었다. 스트리밍 사이트나 웹사이트에서 우리가 즐기는 음악은 컴퓨터 화면상의 아름다운 이미지에서 나오는 것이 아니라, 하드디스크로 가득 찬 매력 없는 건물이나 데이터 센터에서 온다. 데이터는 단순히 클릭의 산물이 아니라 자기 가루의 움직임에서 오는 것이다. 하지만 정보와 음악의 대규모 창고가 실현되려면 먼저 하드디스크가 탄생해야 했다. 그러기 위해서는 자기 가루의 움직임을 잘 다룰 필요가 있었다.

서해안의 과학자들

1952년 여름, 마른 외모에 단정하게 차려입은 활기찬 아르메니아계 엔지니어 제이콥 하고피언은 캘리포니아주 새너제이에 있는 IBMInternational Business Machines Corporation 서해안 연구소에 서른세 번째 직원으로 고용되었다. 그는 지역 신문에서 "이례적 기회"라는 광고 문구를 보고 새 일자리에 지원했지만 앞으로 무

그림 63. 레이놀드 존슨 Raynold Johnson, 1906~1998. IBM에서 펀치카드를 사용하지 않고 데이터를 저장하는 방법을 찾는 임무를 맡았다.

엇을 하게 될지는 확실치 않았다. IBM은 캘리포니아의 공학자들을 모집하고 싶었지만 쌀쌀한 날씨 탓에 본사가 있는 동부로는 아무도 오려 하지 않았다. 그래서 '빅 블루'(IBM의 애칭)는 창의적 재능을 지닌 인재를 영입하기 위해 서해안 연구소를 설립하는 중이었다. IBM맨이 된 하고피언은 긴급소집병처럼 사내의 시급한 문제들을 해결하는 컨설턴트 엔지니어로 투입되었다. 이 일은 그에게 안성맞춤이었다. 하고피언은 매우 경험이 풍부한 엔지니어로, 문제를 이해하기 쉬운 조각들로 분해하는 요령을 터득하고 있었기 때문이다. 이는 그의 새로운 상사가 필요로 했던 능력이었다.

하고피언의 상사 레이놀드 존슨은 농장에서 자란 스웨덴계

그림 64。 허먼 홀러리스 Herman Hollerith, 1860~1929. 인구조사 데이터를 수집하고 집계하는 방법으로, 카드에 구멍을 뚫는 것을 생각해냈다.

미네소타 사람으로, 빨강 머리에 키가 컸고, 두 손으로 상대의 손을 감싸 쥐듯 악수하는 습관이 있었다. 존슨은 불과 몇 달 전에 이 서해안의 모험적인 사업에 내던져졌다. 1952년 1월 어느 겨울날 오후, IBM 경영진은 존슨에게 뉴욕 IBM의 엔디콧 본사에서 캘리포니아로 스탭들을 모두 데리고 옮겨 가라고 명령했다. 당시 그는 IBM의 25년 근속 직원들을 위한 '쿼터 센추리 클럽' 가입을 10년 남겨둔 채 뉴욕 북부의 안락한 집에서 느긋하게 생활하는 것에 익숙해져가고 있었다. 하지만 그의 보스에게는 다른 계획이 있었다.

IBM에는 문제가 있었다. IBM은 당시 매년 160억 장의 펀치카드를 생산하고 있었는데 생산이 이 속도로 계속되면 카드의 보관, 분류, 관리가 점점 어려워질 터였다.[25] 펀치카드는 원래 인구조사를 위해 생긴 것이었다. 수백만으로 늘어난 인구를 수작업으로 집계하기에는 한계가 있었기 때문이다. 카드의 특정 부분에 구멍을 뚫어 정보를 나타내는 방법은 미국 발명가 허먼 홀러리스가 고안했다. 그는 두 곳에서 아이디어를 얻었는데, 첫째는 19세기 말 열차 차장들이 표에 구멍을 뚫어 승객의 인상

그림 65。 조제프 마리 자카드의 직물 초상화. 구멍이 뚫린 카드의 지시에 따라 직조기로 짠 것이다. 바늘이 카드의 구멍을 통과해 그림을 만들어낸다.

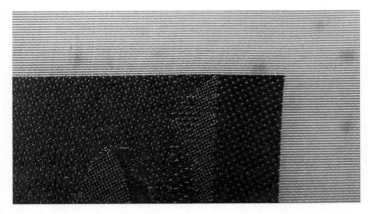

그림 66. 자카드의 초상화를 확대한 것. 이것이 직물임을 알 수 있다.

착의를 기록하던 것이었다.[26] 또 하나는 1800년대에 프랑스의 조제프 마리 자카드가 발명한 직조기였다. 이 기계는 구멍 뚫린 두꺼운 종이의 지시대로 복잡한 패턴의 직물을 짜냈다. 실이 꿰어진 긴 철사 후크들이 밋밋한 섬유에 빗줄기처럼 떨어지면서 무늬가 들어간 직물을 짜낼 수 있었다. 구멍이 있는 곳은 실이 통과할 수 있었고 구멍이 없는 곳은 실이 꿰어지지 않았다. 구멍을 이용해 정보를 전달하는 것이 홀러리스의 발명의 핵심이었고, 천공카드와 함께 데이터의 형태는 글자에서 구멍으로 바뀌었다.

홀러리스가 펀치카드를 발명하기 전이었던 1880년의 인구조사에서는 집계를 완료하기까지 거의 7년 반이 걸렸다. 그러나 구멍을 기계로 세는 홀러리스 시스템이 도입된 1890년에는 6,500만 명에 달했던 미국인의 데이터를 두 번 집계하는 데 두 달이 걸렸다.[27] 새로운 형태의 데이터로 일이 편해진 것은 부정

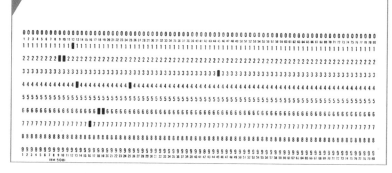

그림 67。 펀치카드. 구멍의 위치를 이용해 정보를 담았지만, 카드의 수가 늘어나
자 관리가 어려워졌다.

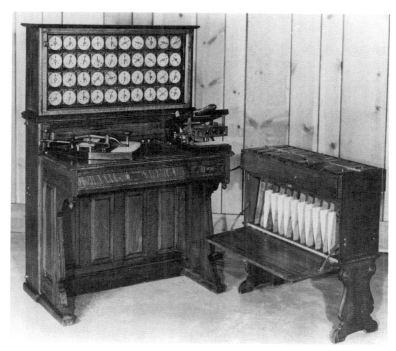

그림 68。 카드에 구멍을 뚫고, 집계하고, 분류하는 홀러리스의 장치들.

할 수 없는 사실이었다. 집계가 끝나면 정부가 그 데이터로 '자신'(국민이 누구인지, 어떤 자원이 있는지, 뭐가 필요한지, 뭐가 문제인지 등)을 파악할 수 있었다. 데이터를 집계하는 국가가 점점 늘어났고, 그럴수록 집계를 원하는 국가도 많아졌다. 인구조사는 그 나라에 거울을 제공했다. 홀러리스의 회사는 매각되어 새로운 회사 IBM에 인수 합병되었고, 그러면서 홀러리스의 펀치카드는 전 세계로 퍼져 나갔다. 하지만 이런 성공은 도리어 펀치카드에 독이 되었다. IBM이 펀치카드를 너무 많이 만들었던 것이다.

레이놀드 존슨이 캘리포니아로 가게 된 이유가 바로 이 펀치카드 에베레스트 때문이었다. 풀어야 할 문제가 있었지만 새로운 방법을 시도할 기회도 있었다. IBM사는 좁은 공간에 많은 데이터를 저장할 필요가 있었는데 산더미 같은 펀치카드로는 그럴 수가 없었고, 데이터에 대한 접근은 실시간으로, 자동으로, 그리고 즉시 이루어져야 했는데 펀치카드 리더기로는 그렇게 할 수가 없었다.

노트르담 애비뉴 99번지에 소재한 IBM의 서해안 연구소에서 존슨은 데이터 저장 방법의 방향을 아직 결정하지 못하고 있었지만, 데이터 저장에 무엇이 필요한지에 대해서는 명확한 생각을 가지고 있었다. IBM 고객들은 일일이 모든 펀치카드를 뒤져볼 필요 없이 원하는 정보에 자유롭게 접근할 방법을 원했다. 1953년 1월 16일 존슨은 펀치카드 문제를 해결하기 위해 엔지니어들을 불러 소규모 대책 회의를 했다. 하지만 그 회의는 단순한 대책 이상의 심오한 아이디어를 이끌어냈다. 안경을 쓰고 흰 셔츠의 가슴 주머니에 볼펜 홀더를 끼운 전형적인 엔지니어들은 에디슨의 뒤를 이어 데이터의 형태를 바꾸려 하고 있었다.

그 회의에서 엔지니어들은 정보를 어떻게 저장할 수 있을지에 대해 저마다 강력한 의견을 피력했다. 누군가는 커다란 자기 실린더를 사용하자고 제안했다. 그것은 토머스 에디슨의 축음기에서 차용한 것으로, 축음기에서는 주석박으로 감싼 실린더 위를 바늘이 지나가면서 "메리 해드 어 리틀 램"이라는 에디슨의 말을 재생했지만, 자석 버전에서는 주석박 대신 자기 쇳가루를 코팅하고 바늘 대신 작은 자석을 띄우는 것이었다. 다른 누군가는 자기 테이프를 사용할 것을 제안했다. 그 외에도 판형, 봉, 심지어 철사 모양의 자석을 사용하자는 제안까지 나왔다. 긴 철제 테이블에서 몇 시간에 걸쳐 데이터의 형태에 대해 곰곰이 검토한 끝에, 마침내 누군가가 레코드플레이어로 재생하는 레코드판 같은 디스크 모양은 어떠냐고 제안했다. 그것이 모든 것을 바꾸었다.

이 아이디어가 대단한 것이었던 이유는 디스크는 기하학적으로 단순하면서도 공학적 이점이 있었기 때문이다. 디스크에는 A면과 B면이 있어서 음악을 담을 수 있는 공간이 더 넓고, 따라서 적은 공간에 더 많은 데이터를 저장할 수 있다. 하드디스크도 마찬가지일 터였다.

서해안의 존슨 팀은 첫 번째 디스크의 직경을 라지 사이즈

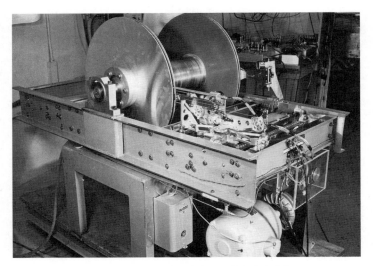

그림 69。 최초의 IBM 하드디스크는 잡동사니를 모아서 만들었다.

피자 크기(약 60센티미터)로 정했고, 그것을 분당 1,200회 회전
시키기로 했다. 이는 미식축구공이 회전하는 속도의 거의 두 배
였다. 또한 주크박스의 메커니즘을 본 따, 책꽂이에 꽂힌 책처
럼 디스크를 수직으로 늘어놓자는 데에도 합의했다. 이제 이것
을 실제로 만들기 위해 그들은 고물처리장으로 향했다.**28**

　에디슨은 발명가에게는 다양한 아이디어와 거대한 고물 더
미가 필요하다고 말했는데, IBM의 이 엔지니어들은 둘 모두를
갖고 있었다. 그들은 고철 더미 속에서, 회전하는 디스크를 지
지할 두 개의 금속 거치대를 찾아냈다. 이것은 제법 묵직해서,
하드디스크가 제대로 고정하지 않은 세탁기처럼 이리저리 움
직이는 것을 막기에 충분했다. 다음으로는 디스크를 회전시키
기 위한 모터를 찾았다. 그리고 알루미늄판도 발견했다. 알루미

그림70. 하드디스크가 탄생한 캘리포니아주 새너제이의 노트르담 애비뉴 99번지.

늄판은 자르면 감자칩처럼 일그러졌기 때문에 그것을 펴기 위해 묘지 근처에서 묘석을 가져와 눌렀다.[29]

주크박스와 레코드플레이어는 하드디스크 메커니즘에 또 다른 아이디어를 제공했다. 레코드플레이어에서는 바늘이 레코드의 홈 모양을 따라가기 때문에 홈이 데이터(음악)의 역할을 했다면, 하드디스크에서는 자기 가루층이 소리나 그 밖의 데이터를 담는 매체 역할을 했다. 그리고 레코드 바늘 대신 자기 헤드가 하드디스크 위에 떠서 자기 구역을 감지했다. 그 자기 구역들은 컴퓨터 언어의 기본 단위인 0 또는 1로 읽힐 수 있었다. 제이크 하고피언의 임무는 디스크 표면에 자기 입자를 코팅하는 방법을 찾는 것이었다.

디스크의 넓은 표면을 균일한 두께로 코팅하는 것은 쉽지 않

그림 71. 하고피언은 디스크를 회전시킴으로써 자기 입자를 코팅했다.

았다. 하고피언은 도료를 넣은 통에 피자 크기의 디스크를 담가 보았지만 표면이 거칠거칠하게 도포되었다. 실크스크린 기법을 시도했더니 표면이 울퉁불퉁했다. 스프레이로 뿌리면 표면이 고르지 않았다. 그러던 어느 날 인쇄소를 찾았다가 잉크로 코팅된 자동 실린더가 빠르게 회전하며 여분의 잉크를 제거하는 것을 보았다. 이것이 하고피언의 머릿속에 아이디어의 씨앗을 뿌렸다.

1953년 11월 10일 하고피언은 연구소로 돌아와 30센티미터짜리 디스크 한 장과 약간의 도료, 그리고 종이컵[30]을 들고 기계 공장으로 걸어갔다. 그곳에서 그는 디스크를 회전시킬 수 있도록 드릴에 장착하고, 종이컵에서 도료를 떨어뜨리며 디스크 중앙을 중심으로 고리를 그렸다. 드릴을 회전시키자 도료는 마치 스핀아트처럼 사방으로 흘러가며 하고피언이 주변에 깔아놓은 신문지로 튀었다. 도료가 다 말랐을 때 보니 그것은 지금까지 시도한 코팅 중 최고였다. 얇고, 균일하고, 결함이 거의 없었다. 하고피언은 도료 덩어리를 제거하기 위해 아내의 낡은 실크 스타킹으로 도료를 걸렀다.[31] 곧 회전 코팅은 수많은 초기 디스크를 코팅하는 공식 방법이 되었다.

다음으로 하고피언은 데이터를 담는 하드디스크 코팅에 어떤 자기 입자를 넣을지 생각해야 했다. 먼저 미네소타 광공업사3M, Minnesota Mining and Manufacturing에서 1갤런(약 3.8킬로그램)에 90달러라는 높은 비용을 지불하고 산화철 자기 가루를 한 양동이 샀다. 그는 이 자기 가루를 투명 바니스에 섞어 그것을 디스크에 회전 코팅했다. 완성된 결과물은 손톱만 스쳐도 벗겨질 정도로 형편없었다. 이것은 탈락이었다.

더 견고한 코팅이 필요했다. 어느 날 하고피언은 〈라이프〉 잡지에서 멜맥Melmac이라는 이름의 깨지지 않는 신형 식기 광고를 보게 되었다. 아메리칸 시안아미드American Cyanamid가 제조한 멜맥은 멜라민 수지라는 단단한 플라스틱으로 만들어졌는데 이것을 분말 형태로 구할 수 있었다. 하고피언은 이 식기용 플라스틱을 구매해 연약한 자기 코팅을 단단하고 강하고 매끈하게 만들려 했다.[32] 이 방법은 효과가 있었지만 곧 연구는 그의 능력을 뛰어넘는 영역으로 들어가게 되었다. 도움을 구할 필요가 있었다.

하고피언은 자기 입자가 필요했기 때문에 자신과는 다른 이유로 그것을 사용하는 회사들과 접촉을 시도했다.[33] 가장 먼저 샌프란시스코의 캘리포니아 잉크 컴퍼니California Ink Company에 전화를 걸었다. 그 회사는 은행 수표를 은행원 없이 자동으로 처리할 수 있도록 수표 하단에 있는 번호를 자기 잉크로 인쇄했다. 다음은 오클랜드의 도자기 회사인 페로 에너멜링 컴퍼니Ferro Enameling Company에 연락했다. 이 회사는 자기 입자를 사용해 도자기 광택제에 갈색과 검은색을 더했다. 다음으로 뉴욕시의 영화사 리브스 사운드크래프트 코퍼레이션Reeves Soundcraft Corporation에 연락했다. 이 회사는 영화 스튜디오에 산화철을 판매하고 있었는데, 그것이 영화 필름 가장자리 즉 사운드트랙(영화 필름에서 소리가 녹음된 가장자리 부분 – 옮긴이)에 도포되었다. 마지막으로 샌프란시스코 남부의 페인트 회사 W. P. 풀러 앤 컴퍼니W. P. Fuller and Company에 편지를 썼다. 이 회사는 산화철로 주황색과 붉은색 안료를 만들었고, 그 안료는 운동장과 샌프란시스코 베이 지역의 다리에 사용되었다. 하고피언은 여기서 금맥을 발견했다.

풀러 페인트 회사는 기꺼이 하고피언을 돕기로 했고 사내 연구소에서 그를 위한 배합을 만들어주기까지 했다. 그들은 멜라민을 첨가해 강도를 높였으며 폴리비닐을 더해 붉은 산화철 도료가 잘 휘어지도록 했다. 그리고 가격으로 1갤런당 16달러를 제시했는데, 이는 3M의 90달러에 비하면 거저나 다름없었다. 하고피언은 이 도료로 코팅에 성공했다.

풀러사는 금문교에 칠한 상징적인 오렌지색 페인트도 만들고 있었다. 호기심 강한 사람이었던 하고피언은 이 사실을 알고 금문교에 칠한 페인트를 소량 주문하여 회전 코팅으로 디스크에 선명한 오렌지색을 입혀보았다. 색깔은 아름다웠지만 거기서 나오는 자기장은 데이터를 저장하기에는 너무 약했다.[34] 금문교 페인트를 테스트하는 것은 지루하고 힘든 연구 속에서 소소한 즐거움을 주었기에 하고피언은 동료들에게 그 실험에 대해 말했지만, 이 일을 두고두고 후회하게 되었다. 곧 하드디스크 데이터층에는 금문교 페인트가 사용되고 있다는 소문이 퍼진 것이다. 하고피언은 "그런 식으로 [내 일을] 하찮게 취급하는 것이 못마땅하다"[35]고 불평했다. 어쨌든 하고피언과 동료들의 노력으로 컴퓨터용 하드디스크가 탄생했고, 곧이어 인터넷을 위한 거대한 데이터 센터가 출현하게 되었다.

오랜 세월에 걸친 엔지니어들의 작업으로 모든 조각이 갖추어져 IBM의 첫 상업용 하드디스크 RAMAC random access method of accounting and control, 회계와 관리를 위한 랜덤 액세스 방법이 만들어졌다. RAMAC은 냉장고 두 대분의 크기에 무게는 1톤이 넘었고, 데이터를 500만 바이트, 즉 5메가바이트(오늘날 사진 한 장 분량)만큼 저장할 수 있었다.

RAMAC은 거대한 데다 데이터도 많이 저장하지 못했지만 곧 IBM의 도움으로 데이터 기억장치 제조업이 출범했다. 이 산업의 기본 이념은 '더 적은 공간에 더 많은 데이터'였다. 실리콘 칩이 무어의 법칙(반도체 칩에 집적할 수 있는 트랜지스터의 숫자가 적어도 18개월마다 두 배씩 증가한다는 법칙 — 옮긴이)을 따르는 동안 데이터 산업은 데이터 밀도를 배로 늘렸다. 하드디스크상의 모든 '부동산'은 거기 '사는' 데이터의 밀도가 높을수록 바람직했다. 그리하여 더 적은 공간에 더 많은 정보가 저장되었고, 그러자 곧 사회는 더 많은 데이터를 갈망하게 되었다. 파일, 앱, 게임, 이미지, 음악을 위한 대규모 기억 용량이 이 허기를 채웠고, 소비자들은 더욱 많은 것을 공유할 수 있는 상태에 익숙해

그림 72。 IBM의 초기 상업용 하드디스크 RAMAC. 5메가바이트의 데이터를 저장할 수 있었다.

그림 73。 IBM의 RAMAC을 운반하기 위해서는 성인 여러 명이 필요했다.

졌다. 하지만 데이터의 소형화는 다른 파장을 불렀다.

음악 기억장치는 주석박을 감은 실린더에서 레코드판으로, 거기서 다시 자기 테이프로 진화했다. 하지만 곧 음악은 물리적 허물을 완전히 벗고, 고치에서 빠져나간 나비처럼 디지털 파일로 사이버 공간을 훨훨 날아다녔다. 디지털 파일은 컴퓨터 하드 디스크나 MP3 플레이어, 또는 '클라우드'라 불리는 데이터 센터에 머물게 되었다. 음악이 껍데기를 벗고 디지털 파일이 되자 청취자들은 언제든 음악을 들을 수 있게 되었다. 하지만 데이터의 의미는 변했다. 데이터는 인쇄된 글에서 주석박의 자국, 레코드판의 홈, 구멍, 자기 가루가 되었다가 결국에는 물리적 형태를 벗어던졌지만, 진화는 거기서 멈추지 않았다. 대용량 하드 디스크를 통해 데이터가 보편화, 소형화되면서 사람들에 관한 막대한 양의 정보 수집이 가능해졌다. 음악은 우리가 수집하는 데이터였지만 이제 우리가 데이터로 수집되고 있다.

음악이 공기 같은 형태가 되면서 우리가 음악을 경험하는 방식도 달라졌다. 냅스터Napster(음악 공유 서비스 – 옮긴이)와 그 후의 유튜브 같은 웹사이트들, 스트리밍 서비스, SNS, 아이튠스는 에디슨의 예측 범위를 넘어서는 다운로드를 통해, 어디에나 누구에게나 음악을 가져다주었다. 게다가 그 과정에서 에디슨이 예상치 못했을 일도 일어났다. 디지털 형식은 음악을 경험하는 방식만 바꾼 게 아니라 무엇을 공유하느냐도 바꾸었다. 미디어 서비스가 음악이라는 데이터를 청취자에게 스트리밍할 때 청취자에 관한 데이터도 수집된다. 스트리밍 서비스는 청취자가 어떤 곡을 선택하고 그 곡을 얼마나 오래 얼마나 자주 듣는지 알 뿐 아니라, 청취자가 어디에 있는지 언제 듣는지 누구와 함께 있는지에 대한 데이터도 모은다. 우리가 그저 자신의 플레이 리스트에 있는 음악을 즐기는 동안, 앞서 언급한 웹사이트와 기업들은 우리에 대해 수집한 데이터를 다른 기업이나 에이전시, 또는 광고회사와 공유한다.

에디슨의 축음기는 음악을 수집할 수 있는 데이터로 만들었지만, 오늘날의 기술은 사람을 데이터로 만들었다. 우리는 데이터 진화의 마지막 단계가 되었다. 처음에 에디슨은 주석박에 바늘로 소리를 기록하려고 했을 뿐이지만, 지금은 그것이 우리의 일거수일투족을 추적하기에 이르렀다. 에디슨이 소리를 잡기 위해 노력했던 것처럼, 우리는 우리에 대한 데이터를 통제하고 보호하기 위해 노력해야 한다.

에디슨은 축음기를 발명했을 때 음악이 공유될 날을 고대했다. 그날은 실제로 왔다. 소리를 적고 데이터를 저장하는 기능에 힘입어 우리는 '무엇'을 '누구'와(심지어 외계인과도) 공유할지를 계속 확장해왔다. 하지만 오늘날 우리는 단순히 플랫폼 기업에서 원하는 음악을 제공받기만 하는 것이 아니다. 우리에 관한 정보가 우리가 사용하는 기기에서 흘러나와 다른 기업에 팔리고 있다. 공유의 정의가 바뀐 것이다. 우리는 뭔가를 손에 넣지만 어딘가에 있는 누군가에게 뭔가를 내주어야 한다. 이 모든 일은 데이터의 형태 변화와 소형화가 부른 것이다. 오늘날 우리의 기술은 에디슨의 예측대로 되어가고 있지만, 우리가 사는 현대는 에디슨이 바라고 꿈꾸었던 모습은 아닐지도 모른다.

7

발견하다

실험용 유리기구 덕분에 우리는 새로운 약을 발견했고,
또한 전자 시대로 가는 비밀의 문을 찾아낼 수 있었다.

과학의 전리품

1928년 가을, 런던 세인트 메리 병원 2층의 작은 실험실에서
알렉산더 플레밍은 현미경을 들여다보며 질병과 싸울 방법을
궁리하고 있었다. 그 실험실에서 그는 유리에 둘러싸여 있었
다. 번화한 프레이드 거리가 내려다보이는 유리창이 있었고, 책
상 위에는 피펫과 플라스크, 페트리 접시 같은 유리기구가 즐비
했다. 이 붉은 벽돌건물 안에 틀어박혀 플레밍은 제1차 세계대
전 중에 보았던 일을 종종 떠올렸다. 10년 전 군의관으로 복무
할 때 그는 참호에서 살아 돌아온 수십 명의 부상병들이 병원
침대에서 감염병이라는 또 다른 적과 싸우는 것을 보았다. 심한
화상이나 감염 창상은 당시 사형 선고나 다름없었기 때문에, 체
내 세균과의 싸움은 전쟁터의 전투만큼이나 치명적이었다. 그

그림 74。 현미경 앞에 앉아 있는 알렉산더 플레밍Alexander Fleming, 1881~1955. 페니실린을 발견할 무렵.

래서 평화가 선언되어 응급 처치를 할 필요가 없어지자마자 그는 미생물과의 싸움에서 우리 몸이 이기도록 돕는 일에 평생을 걸기로 했다. 감염병과의 싸움은 오래 전에 시작된 것으로, 고대 양피지 두루마리에는 훗날 세균細菌, germ이라 불리게 되는 존재와 싸우는 방법이 기록되어 있다. 플레밍은 실험용 유리기구로 무장하고 이 오래된 '군사 작전'에 참전했다. 연구는 잘 되고 있었다. 하지만 딱히 눈에 보이는 성과가 없는 날이 이어지던 어느 날, 한 톨의 먼지가 모든 것을 바꾸었다.[1]

희끗희끗하게 센 머리에 보는 이를 매료시키는 파란 눈과 큰 코를 지녔고, 작고 마른 체격에 부드러운 말투를 가졌던 이 스코틀랜드 세균학자는 실험실에 있을 때 가끔 마술사로 변신했다. 실제로 마술을 하는 건 아니었지만 그에게는 장난스러운 구석이 있었다. 유리 피펫을 여러 개 사용해 어린이를 위한 동물 조각을 만드는가 하면,[2] 유리 페트리 접시에 세균으로 알록달록한 그림을 그리기도 했다.[3] 플레밍은 주위 사람들에게 세균의 피카소로 통했다. 한편 그는 칠칠치 못한 것으로도 유명

그림 75. 페니실린을 발견한 런던 세인트 메리 병원의 가두 풍경. 플레밍의 실험실은 거리에 접해 있었고, 건물 맨 앞부분에 보이는 1층의 동그란 명판 위쪽에 있는 두 번째 창문이었다.

그림 76. 런던 세인트 메리 병원에 있는 알렉산더 플레밍의 실험실 내부.

했다.[4] 동료들은 실험이 끝나자마자 페트리 접시를 씻어서 멸균했지만, 플레밍은 몇 주가 지나도록 그것을 실험대 위에 그대로 쌓아두었다.

　1928년 9월, 플레밍은 시골에서 6주간의 여름휴가를 보내고 돌아와 산더미처럼 쌓인 페트리 접시를 치우기 시작했다. 그런데 그 접시들을 세척하고 멸균해서 수납하던 중, 접시 한 장에 눈길이 멈추었다. 배양하던 포도상구균이 접시 전체에 퍼져 있었고 그 사이에 곰팡이가 섞여 자라는 중이었는데, 곰팡이 주위에만 포도상구균이 없었다. 포도상구균은 이 침입자를 좋아하지 않는다는 뜻이었다. 먼지나 곰팡이 포자가 페트리 접시를 오염시키는 일은 실험실에서 흔한 골칫거리였다. 하지만 이날 플레밍은 귀찮다는 생각이 들지 않았다. 오히려 오랫동안 접시를 바라보고 나서 "재미있네"[5]라고 중얼거렸다.

그는 곰팡이(푸른곰팡이)를 추출해 배양한 후 현미경으로 살펴보고 나서, 그 곰팡이가 생산한 물질을 페니실린이라고 이름 붙였다. 그리고 페니실린을 다양한 나쁜 세균들과 싸우게 해보았다. 그랬더니 페니실린은 연쇄상구균, 포도상구균, 임균, 수막염균을 물리쳤지만 티푸스균이나 이질균에는 효과가 없었다.[6] 페니실린은 강력해 보였지만 실전에 투입하기 위해서는 더 많은 연구가 필요했고, 이것은 플레밍의 성격이나 지식으로는 할 수 없는 일이었다.

플레밍은 1929년에 이 발견을 과학 논문으로 완성하면서, 병 속에 든 메시지처럼 자신의 연구가 적절한 바닷가에 도달하기를 바랐다. 그로부터 10년 가까이 흐른 1938년, 플레밍의 논

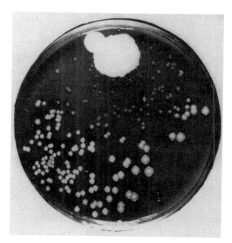

그림 77. 플레밍이 페니실린을 만드는 곰팡이를 처음 발견한 페트리 접시.

문이 옥스퍼드 대학 연구원 언스트 체인Ernst Chain, 1906~1979의 눈에 띄었다. 체인은 선임 연구원인 하워드 플로리Howard Florey, 1898~1968, 그리고 동료인 노먼 히틀리Norman Heatley, 1911~2004와 함께 실험실을 페니실린 공장으로 바꾸고 이 묘약을 대량 생산해 세계 무대에 내놓았다. 페니실린은 셀 수 없이 많은 생명을 구했다. 하지만 유리 접시 안에 들어간 기묘한 먼지 한 톨을 눈여겨본 사람이 없었다면 이 모든 일은 일어나지 않았을 것이다.

◈

유리는 아주 오래된 재료로, 정반대의 성질을 겸비하고 있다. 그것은 자동차 앞유리처럼 강하지만, 크리스마스 트리에 매다는 장식처럼 약하기도 하다. 어쨌든 유리가 문명의 오랜 친구인 것만은 분명하다. 이집트인은 유리를 이용해 높은 수준의 기술이 필요한 아름다운 그릇과 장식물을 만들었다. 오늘날 우리는 유리로 만든 광섬유로 인터넷 정보를 실어 나른다. 유리는 바닷가의 모래에서 기원하며, 생활의 거의 모든 면에서 인간과 관계를 맺고 있다. 우리는 유리로 교회를 장식하고, 전구를 만들고, 초고층 건물의 창을 내고, 심지어 유리에 자신의 모습을 비추어 보기까지 한다.

유리는 과학적 발견에도 중요한 역할을 해왔다. 망원경의 렌즈가 되어 우리가 사는 세계보다 더 큰 다른 세계를 보여주었고, 현미경의 렌즈가 되어 우리 세계보다 작은 세계도 보여주었다. '백문이 불여일견'이 과학의 핵심이라면, 유리는 '보기'라는 과학적 방법의 핵심에 있다.

오늘날, 언제든 사용할 수 있는 시험관, 비커, 메스실린더, 플라스크가 갖추어져 있지 않은 실험실은 없을 것이다. 연구자들은 이 기구들을 이용해 탄저병, 결핵, 말라리아에서부터 몬테수마의 앙화(멕시코 여행자들이 그곳의 물이나 음식을 섭취하고 앓은 설사병 – 옮긴이)에 이르는 질병들의 원인과 치료법을 찾아냈다. 하지만 과학에 유리가 아무리 중요해도 우리는 유리를 통해 다른 것을 볼 뿐 유리 자체를 보는 일은 드물다. 유리 자체가 현미경 아래 놓이는 일도 드물다. 하지만 초점을 유리에 맞추면 우리가 유리를 통해 많은 것을 발견했듯이 유리에 관한 새로운 사실 또한 알게 될 것이다.

유리를 통해 어렴풋이

오토 쇼트는 언젠가는 잘 정돈된 깨끗한 화학 실험실에서 새로운 무언가를 발견하고 싶었다. 하지만 안타깝게도 그는 1851년, 작업장 열기 속에서 땀과 먼지 범벅이 되어 일하는 독일 비텐의 유리제조 가문에서 태어났다.[7] 친가와 외가 모두 대대로 이 노동집약적이고 침체된 사업을 힘들게 꾸려왔던 터라 쇼트에게도 창유리 공장에서 아버지의 뒤를 이을 것이라는 무언의 기대가 있었고, 실제로 가족들로부터 그런 기대를 듣기도 했다. 하지만 젊은 오토 쇼트에게는 다른 계획이 있었다. 그는 고등학교 때부터 자신이 들을 수 있는 모든 화학 수업을 들으며 유기화학 박사학위를 따려고 했다. 양쪽 끝이 위로 굽어

올라간 모양의 콧수염을 기른 키가 작고 홀쭉한 남자였던 쇼트는 근육을 써서 물질의 형태를 빚기보다 뇌를 써서 물질을 이해하는 일로 이름을 남기고 싶었다. 1870년대 독일에서 화학은 특히 의약품과 화학비료, 그리고 폭약 제조 분야에서 흥미진진한 혁신을 많이 이루어냈다. 유기화학자들은 바닐라 향 같은 천연 물질을 실험실에서 인공적으로 모방할 수 있다는 사실에 매료되었다. 자연은 비밀을 쉽게 털어놓지 않았지만, 일단 해독만 하면 그 분자들을 상품화하여 대량 생산할 수 있었다. 화학의 성공 사례 중에서 특별히 쇼트의 흥미를 끈 것은 1856년에 만들어진 '모브'라는 자주색 염료였다. 패션계에 유행을 불러일으킨 이 색은 윌리엄 퍼킨스William Perkins, 1838~1907가 콜타르를 화학적으로 변화시켜 만들었다. 쇼트가 어릴 때만 해도 섬유의 색은 검은색, 붉은색, 푸른색으로 한정되어 있었고,[8] 이 모두가 식물이나 광물, 또는 동물에서 유래했다. 그런데 모브는 실험실에서 만들어졌으며, 다른 색소와 조합하면 더 선명한 색을 만들어낼 수 있었다. 더구나 생물을 죽일 필요도 없었다. 독일은 이 염료의 생산을 독점하여 최대 생산국이 되었다. 찰스 디킨스가 '퍼킨스의 퍼플'이라고 부른 모브는 대량 생산되어 대중을 만족시켰다. 세계는 오토 쇼트를 비롯한 유기화학자들이 해내는 일에 매료되었다.

쇼트는 분자들의 춤을 머릿속에 그리며 유기화학 박사학위를 따기 위해 라이프치히 대학의 대학원 과정에 지원했다. 그러나 그를 위한 자리는 없었다. 쇼트는 낙담했으나 포기하지 않고 우회로로 유기화학 분야에 진입하기 위해 농화학 대학원 수업을 들었지만 이내 흥미를 잃고 그만두었다. 꿈이 좌절된 그는 유리로 돌아왔지만, 1875년에 카를 마르크스가 다녔던 유명하고 활기찬 대학인 예나 대학(지금의 프리드리히 실라 대학)에서 유리 전공으로 박사 과정을 마쳤다. 학위 논문의 제목은 '유리 제조의 이론과 실제에 대한 기여'였다. 이것은 그가 어릴 때부터 잘 알았던 주제였다. 이후 그는 유리공장에서 일하며 유리 용해, 유리 강화, 유리의 화학성분에 대한 논문을 몇 편 발표했다.[9] 그리고 1878년에 비텐의 고향 마을로 돌아와 공장 작업장에서 꾸준히 유리 실험을 했다. 그의 연구는 세상에 불을 지피지는 못했지만, 그는 불과 화학성분을 이용해 이 오래된 재료의 비밀을 풀어 새로운 것을 만들 수 있기를 바랐다.

수심에 잠긴 오토 쇼트로부터 서쪽으로 400미터 떨어진 곳에서는 에른스트 아베 교수가 예나 대학가의 실험실에서 좌절의 나날을 보내고 있었다. 존경받는 물리학 교수이자 천문대 소장이었던 아베 교수는 현미경과 망원경의 유리 렌즈에 염증을 느끼고 있었다. 부스스한 머리에 잿빛 턱수염을 지저분하게 기르고 안경을 코에 걸친 그는 무엇을 봐도 똑똑히 보이지 않는 것이 과학 실험용 렌즈가 결함투성이기 때문임을 눈치챘다. 유리에는 기포나 줄무늬, 또는 배의 좁고 긴 항적을 닮은 주름이 들어가 있었다. 어떤 유리는 흐리고 탁했으며, 또 어떤 유리는 성분이 제대로 섞이지 않아 마블케이크에서와 같은 소용돌이 무늬가 보이기도 했다. 무엇보다 유리 자체의 질이 나빠서, 마치 오늘날 우리가 3D 안경을 쓰고 보는 것처럼 상이 빨강과 파랑 등의 색으로 분리되어 보였다. 유리는 실험도구의 핵심이었으므로, 이런 끔직한 재료로는 획기적인 과학적 발견이 거의 불가능했다. 과학은 낮은 유리 품질로는 아무것도 볼 수 없었다.

유리에 대한 연구 부족에 불만을 토로하기 위해 아베 교수는 훌륭한 과학자라면 누구나 했을 일을 했다. 1876년 그는 한 보고서에, 트위드 옷을 입은 과학자들이 사용하는 현미경과 망원경 같은 광학기기의 미래는 앞치마를 두른 유리제조공의 두툼하고 굳은살 박인 손에 달려 있다고 기술했다. 초기 유리는 원료인 탄산나트륨(소다), 석회석(백악), 실리카(모래)를 가열하고 섞어서 만든 '크라운유리'로, 창유리와 병에 쓰였다. 이후 백악 대신 납 화합물을 사용해, 납유리라고도 불리는 '플린트유리'를 만들 수 있었다. 이 유리는 장식성 있는 제품에 쓰였다. 수 세기 동안 유리는 이 두 종류뿐이었고, 아베는 유리의 광학적 성질을 개선해줄 새로운 첨가물을 찾는 연구가 부족하다고 단언했다.

아베는 그 보고서에서 새로운 연구 방향을 제시했다. "균일하고 믿을 수 있고 예측 가능한 성질을 지닌 새로운 종류의 광학유리를 개발할 필요가 있다."[10] 아베는 유리에 들어온 빛이 유리와 어떻게 상호작용하는지 알고 싶었다. 제빵사가 밀가루, 물, 이스트, 베이킹소다의 양을 바꾸어 빵의 질감이나 식감을 바꾸는 것처럼, 아베는 유리의 화학성분들을 바꿈으로써 유리의 성질(이를테면 흰색 빛을 무지개의 각 색깔로 퍼뜨리는 성질이라든지 음료수 안에서 빨대가 꺾여 보이도록 빛을 구부리는 성질 같은 것)을 어떻게 바꿀 수 있을지 궁금했다. 그리고 유리를 구성하는 화학원소들을 조정함으로써 이런 성질들을 일정하고 재현 가능한 방법으로 강화하거나 약화할 수 있기를 바랐다. 이어서 수십 년 동안 유리 연구가 한 일이 별로 없다고 지적하면서, 많은 사람들이 알고 있지만 차마 말하지 못한 것들을 허심탄회하게 말했다. 그는 무엇보다 기술적인 노하우 없이 전통적인 레시피에 의존하는 유리 제조 관행을 비판했다. 그런 노하우 없이는 과학적 진보를 기대할 수 없었다.

3년 후인 1897년에 이 보고서를 손에 넣은 오토 쇼트는 아베 교수에게 편지를 썼다.[11] 쇼트는 열기로 이글거리는 진흙투성이 공장에서 벗어날 수 있으리라는 희망을 품고, 아베 교수에게 자신이 여러 종류의 유리를 제공하겠다고 제안했다. 쇼트는 다양한 화학성분들을 각기 다른 양으로 섞어서 유리를 체계적으로 만들기 위해 노력했지만, 과학적인 측정 장치가 없어서 자신이 만든 유리의 성능을 테스트할 수가 없었다. 아베는 그런 측정 장치는 있었지만 새로운 유리를 만들 능력이 없었다. 두 사람은 서로의 부족한 부분을 보완하는 관계가 되었다. 아베 교수 입장에서는 과학계에 잘 알려져 있지 않은 사람과 협력하지 않을 이유가 없었다. 잃을 것은 아무것도 없었기 때문이다. 오토의 입장에서도 얻을 것밖에 없었기 때문에 그는 여분의 노동을 마다하지 않았다. 오토 쇼트에게는 절호의 기회였다.

쇼트는 아베에게 유리 샘플을 보냈지만 그것은 아베가 원한 광학적 성질을 지니고 있지 않았다. 그럼에도 두 사람은 1년 반 동안 서신 교환을 이어갔고, 쇼트는 화학물질의 배합과 양을 바꾸어가며 계속 유리를 만들었다. 쇼트는 과거의 과학자들에 비해 화학물질을 잘 선택할 수 있었는데 이는 20년 전 시베리아 과학자 드미트리 멘델레예프Dmitri Mendeleev, 1834~1907가 '주기율

그림 78。 독일 화학자 오토 쇼트 Otto Schott, 1851~1935. 붕규산유리라고 불리는 새로운 유리를 발명했다. 이 유리는 지금도 과학 실험실에서 널리 사용된다.

그림 79。 독일 과학자 에른스트 아베. 쇼트와 협력해 과학 실험에 쓰이는 유리 렌즈와 유리기구의 열악한 품질을 개선했다.

표'라는 획기적 발견으로 화학계를 뒤집어놓았기 때문이다. 세상에 알려진 성분들(원소들)은 이 표에서 모두 체계적으로 연관되어 있었다. 표에서 서로 가까이 놓인 원소들은 사촌처럼 행동했다. 쇼트는 이 새로운 주기율표를 사용해 다양한 배합의 유리가 어떻게 행동하는지 계통적 방식으로 살펴보기 시작했다. 주기율표의 안내에 따름으로써 무엇을 섞으면 어떻게 될지 어느 정도 예측할 수 있었다.

쇼트는 1880년에 새로운 유리 배합을 만들 계획을 세우고, 레스토랑 메뉴판처럼 주기율표를 보면서 때로는 서로 다른 열에 속하는 원소들을 선택하고, 때로는 같은 열에 속하는 성분들을 선택해가며 무엇을 선택했을 때 가장 좋은 결과가 나오는지 알아보았다.[12] 그는 가장 먼저 인燐, phosphorus과 붕소硼素, boron

를 첨가해보았다. 그리고 1881년 가을, 붕사borax(세제 첨가물)로 존재하는 원소인 붕소에 주력하여 매우 유망한 것을 발견했다. 유리에 붕산boric acid을 첨가하자 새로운 종류의 유리인 붕규산유리가 탄생했는데 이 유리는 결함이 없어 보였다. 쇼트는 기대를 품고서 이 새로운 유리를 테스트하기 위해 아베 교수에게 보냈고, 어느 날 아베 교수에게 성공을 축하하는 편지가 왔다. 아베는 1881년 10월 7일자 편지에 광학유리의 결함에 대한 "문제는 해결되었다"[13]고 적고 이후 쇼트를 예나로 초청하여 새로운 유리에 대한 실증 실험을 해 보였다.

이듬해에도 유리 개량은 계속되어 마침내 오토 쇼트가 남몰래 품어온 소원이 이루어졌다. 아베가 쇼트에게 편지를 보내 유리공장 일을 그만두고 예나의 화학실험실에서 연구해보는 게 어떻겠느냐고 제안한 것이다. 쇼트는 당장 떠날 날을 정했다.

1882년 오토 쇼트는 예나로 옮겨와, 아베 교수 그리고 아베와 오랫동안 협력해온 현미경 제조 기술자 칼 자이스와 제휴해 소규모 사업을 시작했다. 쇼트의 실험은 설탕컵보다 큰 샘플은 만들 수 없었던 소형 용광로의 한계에서 벗어났다. 이제 샘플은 직경이 볼링공만 한 거대한 '고드름'처럼 되었다. 쇼트는 1884년에 특수 유리를 만들어 파는 '쇼트 앤드 어소시에이트 유리 기술 연구소'라는 회사를 설립했다. 1886년에 그 회사가 제작한 첫 번째 카탈로그에는 44종의 유리가 실렸고, 1892년에는 그것이 76종으로 늘어났다.[14]

쇼트는 광학 렌즈를 개선하기 위한 새로운 배합을 고안했고, 나중에는 온도계 유리의 배합도 만들었다. 1800년대 후반에 온도계는 연구자가 화학반응을 조사할 때 사용할 수 있는 몇 안 되는 도구 중 하나였다. 당시 화학은 물질이 얼마나 뜨거운지(온도), 얼마나 무거운지(질량), 공간을 얼마나 차지하는지(부피), 그리고 용기 벽을 얼마나 세게 미는지(압력) 따위를 측정하는 데 한계가 있었다. 많은 연구자들은 자신의 온도계가 가리키는 눈금이 실제 온도보다 높은 값을 나타낸다는 사실을 알아챘다. 측정 후 온도계의 눈금이 원위치로 돌아오지 않았던 것이다. 온도계가 뜨거워졌다 식을 때마다 유리에 변형이 일어나 수은이 담긴 구형 부분의 모양이 변하는 탓에 수은이 상승했기 때문이다. 이는 다음번에 읽는 눈금을 믿을 수 없다는 뜻이었다. 쇼트는 붕소의 양을 조정하여 가열에도 변형되지 않는 유리를 개발할 수 있었고, 그 결과 온도계는 정확한 눈금을 표시할 수 있게 되었다.

오토 쇼트는 아베와 협력하여 여러 가지 특색 있는 유리를 찍어냈다. 그중 하나가 앞에서 소개한, 열을 가해도 변형되지 않아서 온도계가 정확한 눈금을 표시할 수 있는 유리였다. 다른 종류는 광학적 성질이 개선된 것으로, 실험용 망원경이나 현미경에 알맞았다. 또 한 종류는 물이나 산, 기타 액체에 녹지 않아서 화학 실험에 적합했다. 이 새로운 발명품들의 열쇠는 붕소였는데, 여러 유리에서 붕소는 각기 다른 역할을 했다.[15] 요리사가 소스를 만들 때 후추의 양을 조절해 맵기를 맞추듯이, 쇼츠는 붕소의 양을 달리해 특성이 각기 다른 유리를 만들었다. 창유리용 유리에 소량의 붕소를 더했더니 빛을 구부리는 성질이 개선되어 광학적 특성이 뛰어난 유리가 탄생했다. 다량의 붕소를

그림 80。 '예나 JENA'라는 상표가 새겨진 현미경. 독일산 고품질 유리 렌즈가 장착되어 있어서 큰 인기를 끌었다.

더했더니 가열해도 팽창하지 않는 유리가 되었다. 붕소는 다른 원자들을 강력한 스프링처럼 꽉 잡아 강한 결합을 만들어냈고, 그래서 그 유리는 다른 유리와 달리 고온에서도 팽창하지 않을 수 있었다. 마지막으로 붕소를 중간 양으로 넣었더니 산 같은 위험한 화학약품이 닿아도 견딜 수 있는 유리가 생겼다. 붕소는 다른 원자와 잘 결합하지만 산이 있으면 결합이 약해진다. 그래서 붕소의 일부가 달아나 다른 물질로 치환되다. 그리고 이렇게 모인 성분들이 함께 어울려 유리를 가혹한 환경에서도 잘 견디도록 안정화시켰다.

　머지않아 쇼트가 설계한 유리는 전 세계 과학자들이 가장 갖고 싶어 하는 도구가 되었고, 독일은 현미경, 망원경, 실험기구 (비커, 플라스크, 시험관)용 유리의 주요 생산지가 되었다. 모든 과학자는 '예나JENA'라는 상표가 새겨진 광학기기를 원했다. 다른 유리제작자가 이 시장을 뚫는 것은 불가능해 보였다. 그런데 뉴욕주 북부의 한 회사가 과학을 이용하면 기회가 있다고 생각했다.

◆

1900년대 초반에 미국 유리제조업체들은 독일의 예나 유리를 대체할 만한 것을 개발하려 했다. 하지만 예나 붕규산유리의 비법을 알아내기는 쉽지 않았다. 붕산이 핵심 성분이라는 것은 알고 있었지만 나머지 배합은 베일에 싸여 있었다. 오토 쇼트는 고온에서, 그리고 큰 온도차에도 유리를 견딜 수 있게 하는 요소들에 대해 매우 전문적인 논문에서 상세히 설명했지만,

공장 작업장의 노동자들이 쇼트의 이론을 해석하여 현장에 적용하기는 역부족이었다. 하지만 뉴욕주 코닝의 코닝 글래스 웍스Corning Glass Works라는 미국 회사는 앞치마를 입은 노동자가 성공하기 위해서는 과학자의 도움이 필요하다는 것을 깨달았다.

코닝 글래스 웍스는 가족 경영 회사로, 1868년에 뉴욕주 브루클린에서 코닝으로 이전했다. 유리용해로를 꺼뜨리지 않고 계속 돌리는 데 필요한 펜실베이니아산 석탄과 완성된 유리 제품을 코닝 운하로 운송하기 위해서였다. 코닝사는 주로 장식용 유리와 식기류를 제조했지만 곧 에디슨 전구를 위해 입으로 불어 만드는 유리도 제조하게 되었다. 그러나 예나 유리와 경쟁하려면 과학을 이용해 신제품을 만들 필요가 있었다. 코닝사는 대대로 이어져 내려온 유리 레시피를 버리고 과학적인 방법을 적용하기 시작했다. 먼저 경영진은 필요할 때마다 같은 배합을 반복 사용할 수 있도록, 직원들에게 유리용융물에 넣은 재료들을 일일이 적으라고 지시했다. 또한 당시 유리 공장의 관례를 깨고 과학자를 고용했다.[16]

코닝사는 1908년부터 화학 전문가를 고용하기 시작해 만족할 만한 성과를 얻었다. 타사와 차별화된 제품을 개발하고 독일산 제품과 경쟁하기 위해서는 전문적인 연구진이 필요했다. 연구원들은 새로운 유리의 핵심 성분이 붕소임을 알고, 시행착오 끝에 마침내 노넥스Nonex, Non-EXpanding glass, 비팽창유리라는 붕규산 유리를 만들어냈다. 하지만 안타깝게도 실험기구 시장을 뚫지는 못했다. 초기 노넥스는 15년 가까이 앞선 예나 유리의 품질에 대적할 수 없었다. 게다가 독일산 유리는 교육용으로 우대를 받았기 때문에 낮은 관세로 수입되었다. 소비자로서는 우수한 독일산 유리를 그리 비싸지 않은 가격에 살 수 있는데 구태여 미국산을 살 이유가 없었다. 코닝사 경영진은 시장에서 살아남기 위해 자사 붕규산유리의 국내 판로를 찾다가, 미국 내에서 가장 이익이 많이 나는 사업에 손을 뻗었다. 그것은 철도라는 거대 산업이었다.

◈

1900년대 초 미국에서 철도 선로는 전국 구석구석 미치지 않는 곳이 없을 정도로 널리 뻗어 나갔다. 철도는 지도의 공백을 없앴을 뿐 아니라 속도로 시간을 압축했다. 하지만 속도에는 대가가 따랐다.[17] 열차가 빨라질수록 충돌과 탈선 사고가 늘어났던 것이다. 안전을 위해서는 신호 체계를 개선할 필요가 있었다. 당시 철도는 뜨거운 아크등에 붉은 유리 덮개를 씌워서 열차에 멈춤 신호를 보냈다. 하지만 비나 눈이 오는 날에는 사고가 빈번하게 발생했다. 악천후뿐만 아니라 깨지기 쉬운 유리의 특성도 사고 증가를 유발하는 원인이었다.

날씨가 나쁜 날 철도 신호의 유리 덮개는 진퇴양난에 빠졌다. 유리 안쪽은 뜨거운 아크등에 열을 받아 팽창했지만 바깥쪽은 비나 눈에 금방 차가워져 수축했다. 안과 밖에서 상반되게 작용하는 힘은 유리에 스트레스를 가했고, 더 이상 스트레스를 견디지 못하게 되면 유리가 깨졌다. 붉은 유리를 통과한 불빛은 멈춤 신호를 보내 열차를 세웠지만, 유리가 깨지면 불빛이 더 이상 붉지 않았으므로 차장에게 '통과하라'는 치명적인 오신호를 보냈다. 이는 대규모 충돌을 야기했다. 게다가 악천후만으로는 부족하다는 듯 짓궂은 소년들이 기차 신호등을 비비탄을 쏘는 과녁으로 이용했다. 한 발이면 붉은 유리가 산산조각 나버렸다. 철도는 나쁜 날씨와 악동을 견딜 수 있는 고품질 유리를 필요로 했고, 코닝사의 강한 노넥스 유리가 여기에 도움이 되었다.

코닝사의 유리는 좀처럼 깨지지 않았지만 도리어 그 성공이 회사의 발목을 잡았다. 철도가 코닝사의 유리를 채택하면서 유리 판매량이 급증했지만, 유리가 깨지지 않으니 한 번 구매하고 나면 교체할 일이 없어서 곧 매출이 급감한 것이다.[18] 계획적 구식화, 즉 추가 구매를 유발하는 제품 수명의 한계가 없었던 탓에 회사는 급히 새로운 유리 시장을 찾아 나설 수밖에 없었다. 구원의 손길은, 하고많은 것들 중 손수 만든 케이크에서 왔다.

◈

1913년 어느 여름날 오후, 코닝 글래스 웍스에 신입 연구원으로 입사한 물리학자 제시 탤벗 리틀턴Jesse Talbot Littleton은 아내 베시가 구운 스펀지케이크를 들고 출근했다. 제시(그는 JT라고 불러주는 것을 좋아했다)와 베시는 남부인이었다. 제시는 앨라배마주 출신이었고 베시는 미시시피주 출신이었다. 제시는 미시간주 애너버에서 일 년간 물리학 교수로 일한 후 아내와 함께 뉴욕주 코닝으로 옮겨와 북부의 새로운 집에 적응하는 중이었다. 리틀턴이 가져간 케이크에는 남부식의 따뜻한 환대의 뜻이 담겨 있었다. 그렇지만 케이크가 단순히 친해지기 위한 선물인 것만은 아니었다. 그것은 일종의 과학 실험이기도 했다. 지난 2주 동안 제시는 유리 용기로 요리하는 것의 이점을 동료들에게 납득시키려 했지만 동료들은 그의 생각을 대수롭지 않게 웃어넘겼다.[19] 할머니의 할머니 때부터 유리를 불 근처에 두지 말라고 배운 사람들에게 유리로 빵을 구우라는 건 터무니없는 소리였다. 주변 사람들은 알 턱이 없었지만, 리틀턴은 그냥 남부 출신의 젊은이가 아니라 유리에 대해서는 둘째가라면 서러운 사람이었다.

리틀턴의 머릿속은 온통 유리 생각뿐이었다. 저녁 식탁에 앉아서도 유리에 대해 이야기했다. 디저트로 프루트젤리가 나오면, 그것을 천천히 작은 조각으로 쪼개며 아이들에게 유리는 이렇게 깨지는 것이라고 보여주었다.[20] 심지어는 죽어서도 유리 관에 묻히기를 소망했다.[21] 유리를 요리용 용기로 쓸 수 있다고 그가 자신한 이유는 위스콘신 대학에 다니고 있었던 1911년에 유리의 열전도성에 대한 논문을 썼기 때문이었다. 동료들은 모두 화학자여서 유리의 열전도성에 대해 알지 못했다. 그들은 두꺼운 유리벽 때문에 음식이 골고루 조리되지 않을 것이고, 유리에서는 얇은 금속 프라이팬에서처럼 열이 잘 퍼지지도 않을 것이라고 생각했다. 그렇지 않다는 것을 물리학자인 리틀턴은 알고 있었다. 아무도 자신의 말에 귀를 기울이지 않자, 남부인의 감수성을 지닌 그는 이대로 바보 취급을 당하고 있을 수만은 없다고 생각했다. 그래서 행동으로 보여주기로 결심하고 아내 베시에게 도움을 청한 것이다.

찾아오는 이가 거의 없는 미시시피의 외딴 농장에서 자란 베시 리틀턴은 손님이 오는 것을 좋아했다. 뉴욕 북부의 새집에 이사를 와서도 남편에게 직장 동료들을 저녁식사에 초대해달라고 부탁했다. 키가 150센티미터 남짓하고 마른 체격에 검은 머리카락을 과하게 부풀린 그녀는 수다스럽고 자기주장이 강했다. 베시는 세상만사에 무엇이 이러해야 한다는 규칙을 가지고 있었고, 제시도 그것을 따라야 했다. 거짓말도 안 되고, 담배도 안 되었고, 시가도 안 되었다. 식사 자리에서는 욕을 하면 안 되었고, 유색인종도 허락되지 않았다.[22] 반면에 제시는 키가 크고 호리호리했으며, 진지해 보이는 눈에 안경을 쓰고 있었고, 늘 언짢아 보였지만 선을 넘는 법이 없는 예의 바른 사람이었다. 그는 아내의 부탁에 따라 동료 연구원 H. 펠프스 게이지를 집에 데려왔다. 저녁 내내 베시는 아직 총각인 게이지에게 결혼하라고 잔소리를 해댔다. 저녁식사 후 남자들이 유리에 대해 이야기하자 베시는 이때다 싶어 그들에게 자신의 고민을 말했다.

며칠 전 새로 산 건지 캐서롤 냄비가 겨우 두 번 사용하고 깨져버렸던 것이다.[23] 그래서 남자 둘이 깨지지 않는 유리에 대해 이야기하던 그날 밤, 베시는 잘난 체하는 헛똑똑이 남자들에게 깨지지 않는 조리 용기를 만들어야 한다고 주장했다. 다음 날 제시는 노넥스 배터리 자(축전지의 전신) 두 개를 손에 넣었다. 그것은 원기둥 모양의 유리 용기로 농구공이 들어갈 정도의 크기였다. 제시는 바닥 부분을 잘라내 원형 그릇을 만들어 베시에게 가져다주었다.

베시는 손수 요리하지 않고 요리를 담당하는 하인을 고용하고 있었다.[24] 남부에서 살던 어릴 시절에는 농장에서 벗어나지 못한 해방된 흑인 노예를 하인으로 두었지만, 어른이 되어 북부에 와서는 일자리를 찾아 뉴욕주에 온 백인 이민자 가족의 소녀들을 고용했다. 베시는 요리를 담당하지 않았음에도 빵이나 과자를 구울 때는 직접 나섰다. 남편 제시가 깨지지 않는 유리 그릇을 주자마자 당장 베시는 자신이 가장 좋아하는 부엌일을 시작했다. 설탕, 계란, 밀가루, 버터, 우유, 바닐라, 베이킹파우더로 하얀 케이크를 반죽했고, 주방에 있는 그릇과 도구를 모조리 꺼내 반죽을 버무린 다음 새 유리그릇에 담아 오븐에 구웠다.[25] 잠시 후 오븐에서 나온 것은 갈색으로 골고루 잘 구워진 케이크였다. 금속제 그릇에 구운 것보다 색이 훨씬 잘 나왔다.

다음날 J. T. 리틀턴은 그 케이크를 직장에 가져가서 베이킹 실험으로 구운 것임을 알리지 않고 동료들에게 나눠주었고, 모두에게 맛있다는 평을 들었다. 그리고 나서 그가 그것을 유리용기로 구웠다고 말하자 동료들은 난처한 듯 머리를 긁적였고, 경영진은 턱을 쓰다듬으며 다시 생각하는 표정을 지었다.

케이크가 유리 용기에서 실제로 윗면이 먹음직한 갈색을 띠게 잘 구워졌음을 동료들도 인정했다. 리틀턴은 동료들에게 반들반들한 유리그릇은 금속제 케이크 팬과 달리 케이크를 꺼내기도 쉽다고 말했다. 동료들은 설령 유리가 열을 견딘다 해도 제시가 가져온 것처럼 먹음직스러운 케이크를 만들어낼 거라고는 생각하지 않았지만, 케이크를 맛있게 먹는 것으로 자신들의 오류를 인정한 셈이었다.

그들은 베시에게 다른 음식으로도 유리그릇을 시험해보고 어떤지 알려달라고 부탁했다. 베시는 그리츠(굵게 빻은 옥수수)

그림 81。 제시와 베시 리틀턴은 파이렉스의 탄생을 도왔다. 베시는 깨지지 않는 요리 용기를 원했고, 베시의 남편 제시는 코닝사의 물리학 연구자로, 유리 시제품을 집으로 가져가 베시에게 시험해보도록 했다.

나 옥수수빵, 콜라드 그린 같은 남부 음식을 더 좋아했지만, 재택 연구원으로서 감자튀김, 스테이크, 핫코코아 등 몇 가지를 유리 용기로 만들어보았다.[26] 유리 용기는 조리가 잘 되었다. 음식이 달라붙지도 않았고 금속 프라이팬에서처럼 음식 냄새가 배지도 않았다.[27]

유리가 조리가 잘 된다는 소식을 들은 코닝사 경연진은 상품화 가능성이 있다고 생각했다. 하지만 몇 가지 수정이 필요했고 더 알아봐야 할 것도 있었다. 먼저 노넥스 유리에는 납이 포함되어 있었기 때문에 배합을 바꾸어야 했다.[28] 연구원들은 이제 빵 용기를 위해 납을 넣지 않은 붕규산유리를 만들었다. 다음으로 유리 강도를 시험하기 위해, 각종 내열용기에 수프 통조림 무게의 추를 떨어뜨려 주방의 혹독한 환경을 어느 정도까지 견딜 수 있는지 알아보았다. 토기는 약 15센티미터 높이에서 추를 떨어뜨리자 깨졌고, 도기류는 25센티미터 높이에서 깨졌지만, 붕규산유리는 허리 높이에서 추를 떨어뜨려도 충격을 거뜬히 견뎠다.[29] 충격 테스트를 마친 연구팀은 이제 내열유리 용기가 어떻게 식품을 조리하는지 알아내야 했다. 베시는 음식이 유리 용기에서 금속 용기보다 빨리 조리된다고 보고했지만 이는 연구원들이 알고 있던 것과는 반대였다. 그들은 실험을 통해 진상을 알아낼 수 있었다.

한 연구원은 은 미립자가 가득 든 액체 약품에 노넥스 팬을 담갔다. 그러자 팬 표면에 은이 얇은 막을 만들어 팬 겉면이 거울처럼 마감되었다. 그다음에 일반 노넥스 팬과 거울처럼 마감된 팬에 각각 하나씩 두 개의 케이크를 구웠다. 다 구운 후 살펴보니 은으로 코팅한 팬에서는 케이크가 잘 구워지지 않았다.[30] 오븐 벽면에서 나오는 열이 투명한 유리를 태양 광선처럼 통과해야 케이크가 구워지는데 거울 같은 표면이 열을 튕겨냈기 때문이다. 이 실험은 유리 팬이 금속 팬과는 다른 방식으로 조리한다는 것을 보여주었다. 금속 용기에서 케이크는 오븐의 뜨거운 공기와 오븐 선반의 열로 구워지는 반면, 유리 용기에서는 열이 제3의 방법으로 케이크에 전달되었다. 태양 광선이 우리 피부를 태우듯이, 보이지 않는 열선이 빵 덩어리의 표면을 노릇노릇하게 굽는 것이다.

새로운 용도를 지닌 유리를 상품화하려면 이 새로운 유리

그림 82. 파이렉스 접시는 재료 성분들 덕분에 강도가 높아졌다. 붕소라는 원소가 핵심이었다.

가 무엇을 하는지 소비자(주로 여성)에게 알릴 수 있는 상품명이 필요했다. 시장에 처음 출시한 상품은 파이를 굽는 접시로, 처음에는 '파이라이트Py-right'[31]라는 이름으로 불렸다. 이를 1915년에 '파이렉스Pyrex'로 바꾸어 기존 제품인 노넥스와 연관 짓는 동시에 라텍스나 큐텍스처럼 좀 더 미래적이고 의료적인 느낌을 주었다.[32] 파이렉스는 처음에는 매출이 부진했지만, 용기의 무게를 줄이는 등 코닝사가 고객의 요구에 귀 기울이면서 곧 집집마다 갖고 있는 기본 아이템이 되었다. 1919년까지 450만 개의 오븐 용기가 팔렸다.[33] 철도 신호용 유리에서 얻은 교훈을 살려 코닝사는 매출을 늘리기 위해 다양한 모양, 크기, 색상을 갖춘 상품을 만들어냈고, 마침내 파이렉스는 크리스마스 선물의 정석이 되기에 이르렀다. 하지만 코닝사는 여전히 실험용 유리기구에 눈독을 들였다. 이 시장에 진출할 기회를 준 것은 전쟁이었다.

◆

1915년 미국이 제1차 세계대전에 참전할 가능성이 높아지자 미국 정부는 군사용 유리를 만들 필요를 절실히 느꼈다. 예나 유리가 세계 최고로 여겨졌지만, 독일에서의 수입 물량은 점점 감소하고 있었다. 코닝 글래스 웍스를 포함한 미국 회사들은 수년 전부터 독일제 유리의 대체품을 만들라는 요구를 받아왔다. 당시 대통령이었던 우드로 윌슨이 코닝사 경영진에게 독일 제품의 대체품을 개발하라고 요청했다는 말도 전해진다.[34] 유리가 필요한 군용 물품으로는 육군의 사격조준기와 쌍안경, 해군의 육분의와 잠망경, 공군의 항공카메라와 거리계,[35] 군의관의 체온계와 약품병이 있었고, 화학자들이 실험실에서 폭발물을 합성할 때에도 유리가 필요했다.

미국의 참전이 초읽기에 들어갔을 때 코닝사는 붕규산유리를 생산하고 있었지만 예나 유리의 이상적인 배합은 아직 독일 특허에 묶여 있었다. 코닝사를 포함한 여러 기업들은 이 배합을 손에 넣을 수 있기를 바랐고 그 소원은 이루어지게 된다.

그 미국 기업들은 몰랐을 테지만 전시에는 평화시 법이 적용되지 않는다. 세계대전에 참전하면서 미국은 거의 2만 건에 이르는 독일 특허를 전리품으로 몰수했다.[36] 모브를 포함한 각종 염료, 아스피린 같은 약품 등 특허로 묶여 독일이 독점하던 상품들이 미국의 비밀병기에 뚫렸다. 이 병기는 화학이 아니라, 적성국교역법 Trading with the Enemy Act이라는 법률이었다. 이 법에 따라 적성국인 독일의 과학은 해금된 사냥감이 되어 미국인과

그림 83. 파이렉스 비커. 새로운 재질의 유리로 만들어져, 뜨거운 액체와 산성 용액도 담을 수 있었다.

미국 기업의 손에 들어왔다. 각종 특수 유리의 배합법도 그런 특허 속에 파묻혀 있었다.

전후 코닝사는 다양한 파이렉스 신제품을 출시하여 물량이 줄어든 독일산 제품의 빈자리를 채웠다. 실험실에는 이제 파이렉스 페트리 접시, 시험관, 플라스크가 갖춰졌다. 가정에서는 파이렉스의 내열용기, 오븐 도어 유리창, 커피추출용 포트 뚜껑 손잡이를 사용했다. 자동차에도 헤드라이트, 축전지 용기, 압력계 덮개에 파이렉스가 쓰였다.[37] 코닝사가 실험용 유리와 특수 유리로 새로운 산업을 창조하면서 미국은 자신도 모르게 유리

시대로 들어섰다. 전후 코닝사는 경쟁이 없는 안락한 상황을 유지하기 위해 법제화를 추진하여 독일산 유리가 미국 시장에 유입되는 것을 막았다. 이로써 독일제 유리에는 무거운 관세가 붙게 되어 예전처럼 독일 제품이 유리 시장을 독점할 수 없었다.[38]

이런 움직임은 대다수 미국인의 시야에는 들어오지 않았다. 대부분의 학자들 역시 그것을 모른 채 파이렉스의 유리 페트리 접시에서 병원균을 찾아 유리 시험관에서 그 병원균과 싸울 약품을 개발했다. 시민들과 과학자들은 몰랐지만, 유리는 미국의 기술혁신과 과학기술력을 강조하는 새로운 내러티브를 구워낸 용기이기도 했다. 미국이 과학 강국임은 분명했지만, 미국이 유리 생산에서 우위를 점할 수 있었던 비결이 전쟁과 수제 케이크라는 흥미로운 조합이었다는 사실은 당시에는 알려지지 않았다.

◆

어떤 과학 연구실도 유리 없이는 돌아갈 수 없었다. 우리는 유리를 통해 우리 몸이 어떻게 작동하는지, 천구가 어떻게 움직이는지, 물 한 방울 속에 어떻게 다른 세계들이 존재하는지 이해했다. 유리는 우리의 관점을 바꾸었다.

유리는 이렇듯 우리 삶의 이치와 질서를 이해할 수 있도록 도왔지만, 아이러니하게도 유리의 투명성은 유리 내부의 혼돈으로 인해 생긴다. 유리 원자들은 병사들처럼 정렬할 시간이 충분히 주어지지 않는 탓에, 쉬는 시간에 유치원생들을 찍은 스냅사진처럼 무질서한 상태로 그 자리에 얼어붙은 것처럼 굳어 있다. 유리는 무질서로 가득하지만 유리의 투명성에 힘입어 우리는 유리 렌즈와 비커, 플라스크를 통해 세계를 이해할 수 있었다. 고대부터 유리는 그 자체로 아름다워서 귀하게 여겨졌지만, 새로운 약물과 의약품을 비롯한 각종 배합을 만들어내는 것 또한 유리가 있었기에 가능했다. 그리고 19세기 말 유리와 전혀 친하지 않았던 한 과학자는 유리의 도움으로 미래를 발견할 수 있었다.

J. J. 톰슨의 광선총

제1차 세계대전이 일어나기 훨씬 전이었던 1895년에는 과학과 마법을 구별하기 어려웠다. 그해 빌헬름 뢴트겐은 뼈를 드러내 보여주는 신비로운 광선을 이용해 아내의 손의 유령 같은 사진을 얻었다. 나중에 엑스선이라고 이름 붙여진 이 보이지 않는 광선은 프랑켄슈타인 박사의 실험실에 있을 법한, 금속과 유리로 된 기묘한 기계장치에서 발사되었다. 신문사는 사람의 내부가 드러나 보이는 사진을 앞다투어 실었고 독자들은 너도나도 그 신문을 집어 들었다. 과학자들도 엑스선에 매료되었다. 엑스선으로 다른 무언가를 할 수는 없을까 고민한 과학자도 있었고, 엑스선이 어디서 오는지 궁금해한 과학자도 있었다. 이 모든 과학자들이 길게 늘인 유리구에 연결된 전지에서 음극선이라는 빛의 흐름이 생긴다는 사실과, 이 음극선이 유리구 안에서 금속 조각과 충돌할 때 엑스선이 발생한다는 사실을 이해했을 때, 이들은 음극선에는 단순한 광선 이상의 무언가가 있음이 틀림없다고 생각했다. 그래서 전 세계 사람들이 엑스선에 열광하는 동안, 몇몇 과학자들은 음극선에 존재하는 '그다음 큰 것'을 발견하고 싶다고 생각했다. 그런데 그들은 몰랐지만 이 빛의 흐름에는 세계가 어떻게 작동하는지에 대한 설명이 들어 있었다.

음극선은 그보다 수십 년 전부터 알려져 있었지만, 음극선의 실체에 대해서는 의견이 분분하다가 결국 그 문제는 방치되었다. 엑스선 사진을 계기로 음극선에 다시 관심이 생긴 과학자들은 음극선의 모든 움직임을 주시하며 음극선의 행동을 보고하는 논문을 썼지만, 그때까지만 해도 음극선이 물질에 대한 과학적 이해의 열쇠를 쥐고 있는 줄은 몰랐다. 이 음극선 안에는 모든 화학 반응의 '화폐'가 갇혀 있었다. 토스터가 어떻게 작동하는지부터 행성이 어떻게 탄생했는지에 이르는 온갖 과학적 의문에 대한 답이 이 음극선 안에 들어 있었다. 이 음극선 안에 갇힌 작은 물방울들이 텔레비전에서부터 컴퓨터와 휴대폰에 이르는 현대 기술의 강물을 움직였다. 초기 과학자들은 눈치채지 못했지만, 음극선 안에 존재했던 것은 원자의 일부분이자 당시 미지의 존재였던 '전자'였다. 하지만 음극선의 수수께끼를 풀기 위해서는 단서를 찾아야 했다. 셜록 홈즈가 미스터리를 풀기 위해 자신의 머리와 확대경을 사용했듯이 과학자들도 유리 너머로 음극선을 관찰해야 했다. 이 수수께끼에 매료된 나머지 그것을 조사하지 않고는 배길 수 없었던 과학자 중 한 명이 조지프 존 톰슨이었다. 작은 체구를 지닌 이 19세기 남자는 20세기와 21세기의 기술을 향해 큰 발걸음을 내딛게 된다.

그림 84。 조지프 존 톰슨Joseph John Thomson, 1856~1940이 케임브리지 대학 연구실에서 유리관을 들여다보고 있다.

◆

1870년 14세의 톰슨은 당대의 가장 큰 의문을 풀 인물이 될 것처럼 보이지는 않았다. 그는 오직 식물학자가 되고 싶었다.[39] 잉글랜드 맨체스터 근교에서 자란 이 작은 소년은 용돈이 생기는 족족 원예주간지를 사는 데 썼다. 하지만 소박한 서점을 운영하던 아버지는 아들이 엔지니어가 되어 안정된 생활을 하기를 바랐다. 당시에는 맨체스터의 방직공장들이 미국산 면화를 상품화하고 있었으므로, 엔지니어는 유망한 직업이었다. JJ라는 애칭으로 불린 조지프 존 톰슨은 1870년에 맨체스터 오언 칼리지(지금의 맨체스터 대학)에 들어가서 아버지를 기쁘게 했지만, 아버지가 세상을 떠나자 장학금을 받지 않고는 학교를 계속 다니기가 어려웠다. 그래서 그는 공학에서 다루는 숫자의 실용성 대신 수의 아름다움을 선택하고, 케임브리지 대학 트리니티 칼리지에 입학해서 수학을 공부했다. 아이작 뉴턴 경이 거닐던 성스러운 땅을 걷는 것은 서점 주인의 아들로서는 대단한 위업이었지만, J. J.는 그곳이 잘 맞지 않았다.

그런데 톰슨 자신은 이 오래된 대학에 잘 맞지 않았을지 몰라도, 그의 재능만큼은 확실히 그곳과 잘 어울렸다. 1895년에 톰슨은 29세의 나이로 케임브리지 대학 캐번디시 연구소 소장으로 임명되었고, 결국 학문 외에는 아무것도 신경 쓰지 않는 훌륭한 수학 교수가 되었다. 그의 안경은 항상 두 군데 중 한 곳에 있었는데, 코 위에 있을 때는 생각하는 중이었고, 머리 위에 있을 때는 더 깊이 생각하고 있는 중이었다. 외모에 신경 쓰느라 뇌를 괴롭히고 싶지 않았던 그는 머리가 길었고, 코밑수염은 늘 텁수룩했으며, 턱은 제대로 면도된 날이 거의 없었다. 그의 뇌는 늘 추상적인 개념으로 분주했으므로, 그가 새롭게 음극선에 대한 연구를 시작했다는 것은 일상에 신경 쓸 시간이 더욱 줄었다는 뜻이었다.

❖

음극선의 실체를 밝히는 연구는 관찰 가능한 사건에 추상적인 아이디어를 접목시켜야 하는 일로 톰슨의 능력을 시험하는 어려운 문제였기 때문에 그에게 안성맞춤이었다. 음극선은 진공 상태의 유리관 안에서 전기 접속의 한쪽에서부터 다른 쪽을 향해 방출되었다. 그 안에서 음극선이 어떻게 움직이는지를 둘러싸고 과학자들 사이에는 두 가지 대립하는 견해가 있었다. 한 집단은 음극선이 공간 속의 잔물결이라고 생각했다. 다른 집단은 음극선이 무리지어 이주하는 철새처럼 함께 행동하는 작은 입자들로 이루어져 있다는 결론을 내렸다. "어느 쪽도 전적으로 옳거나 전적으로 틀리지 않았다"[40]라고 톰슨은 말했다. 양쪽 견해를 뒷받침하는 증거가 존재했지만 음극선이 파동인 동시에 입자일 수는 없었다.

음극선이 파동인지 입자인지 확인하는 확실한 방법은 자석을 갖다 댔을 때 어떤 움직임을 보이는지 관찰하는 것이었다. 한 오래된 이론에 따르면, 음극선이 자석의 영향을 받지 않고 계속 흐르면 파동이고 자석에 의해 굴절되면 입자였다. 톰슨은 이 이론을 시험해보려고 하다가 수년 전인 1883년에 다른 과학자가 그것과 똑같은 실험을 했다는 사실을 알았다. 그 실험에서 음극선은 자석이 바로 근처에 있어도 움직이지 않아서 파동설을 뒷받침했지만 톰슨은 그 실험에 의문을 품었다. 음극선이 입자들의 무리라고 생각했던 톰슨은 같은 실험을 반복하되 음극선을 더 많이 흘려보내면 어떻게 될지 알아보고 싶었다. 진공에 가까울수록 음극선이 많이 흐를 것이고, 1883년 이후로 실험기구가 발전했으니 유리관에서 공기를 더 확실하게 빼냄으로써 유리관 내의 진공도를 높일 수 있을 터였다.

하지만 안타깝게도 톰슨은 자신의 수학적 재능을 현실로 옮길 손재주가 없었다. 그는 왜소한 몸집에 어울리지 않게 도자기 가게에서 날뛰는 황소처럼 조심성이 없었다.[41] 그가 실험실로 학생들을 찾아와 뭔가를 도와주려 하면 학생들은 지레 겁을 먹고 잘 깨지는 도구들을 황급히 치웠다. 톰슨이 실험실 스툴

그림 85. 에버니저 에버렛 Ebeneezer Everett. 솜씨 좋은 기술자로, J. J. 톰슨의 아이디어를 현실화시켰다.

에 걸터앉아 말을 시작하면 그제야 모두가 안도의 한숨을 내쉬었다. 집에서도 크게 다르지 않아서 아내는 톰슨이 집안에서 망치를 사용하는 것을 허락하지 않았다.[42]

따라서 실험을 도와줄 누군가가 필요했다. 도움의 손길을 내민 사람은 전에 화학 연구 조교였던 에버니저 에버렛이었다. 에버니저(《크리스마스 캐럴》의 주인공 이름이 에버니저 스크루지Ebenezer Scrooge이다 – 옮긴이)라는 이름에서 구두쇠 이미지가 떠오르지만, 에버렛은 콧수염을 기르고 카우보이처럼 남성미 넘치는 외모를 지닌 늠름한 남자였다. 다만 자세가 약간 구부정해서 키가 실제보다 작아 보였다. 에버렛에 대해서는 알려진 바가 거의 없지만, 인내심이 강했다는 것과, 평범한 실험용 유리를 무라노 섬의 유리 명인마저 감탄할 만한 예술작품으로 바꾸는 솜씨를 갖고 있었다는 것은 확실하다. 실험대 위에는 에버렛이 만든 많은 유리 구조물들이 목제 까치발로 고정되어 있었고, 모든 표면에는 전선이 깔려 공중으로 삐죽 튀어나와 있었다. 톰슨이 두뇌였다면 에버렛은 과학적 근육이었다.

그림 86。 에버니저 에버렛이 만든 실험용 유리구. J. J. 톰슨은 이 유리구의 도움으로 음극선의 행동을 관찰하고 전자를 발견할 수 있었다.

1896년 말 톰슨은 음극선이 파동인지 입자인지를 둘러싼 논쟁을 매듭짓기 위해 음극선 장애물 코스를 만들기 시작했다. 에버렛은 전구 모양의 정교한 유리구를 만들어 그 안에 부품들을 몇 개 넣었다. 완성품은 마치 병 속에 모형 배를 넣은 것 같은 모습이었다. 유리구의 한쪽 끝에는 두 개의 금속 핀이 튀어나와 있어서 거기에 배터리의 양극을 연결하면 음극선이 발생하는 구조였다. 유리구 내부에서는 호스로 물을 뿌릴 때처럼 음극선이 여러 방향으로 방출되어, 노즐처럼 작용하는 두 개의 슬릿을 통과하며 하나의 가느다란 흐름으로 모였다. 방출된 광선은 곧 둥근 유리구 안쪽 표면에 부딪혀 녹색 빛을 만들어냈다.

음극선을 관찰하려면 유리관 내부를 공기가 거의 없는 상태로 만들어야 했다. "그건 말처럼 쉬운 일이 아니었다"[43]고 톰슨은 말했다. 공기를 빼내기 위해 에버렛은 유리 다리를 통해 유리구에 연결한 탑에 수은을 채웠다. 그 무거운 액체가 떨어지면 유리구에서 다리를 통해 공기가 빠져나가면서 유리구 안이 진공이 되었다. 때로는 공기를 제거하는 데 거의 하루 종일이 걸려서, 에버렛은 오후가 되면 실험실에 나타나는 J. J. 톰슨이라는 허리케인을 피해 아침부터 일을 시작했다.

이 실험은 유리로만 가능했다. 구리를 포함한 모든 금속은 음극선을 흡수해버리기 때문에 사용할 수 없었다. 또 나무나 진흙은 진공 상태를 유지할 수 없어서 쓸 수가 없었다. 투명한 플라스틱은 아직 발명되지 않았을 때였다. 유리는 진공을 유지하는 데에는 최고의 재료였다. 게다가 투명하고, 전기가 통하지 않으며, 발명가가 마음대로 모양을 만들어낼 수 있었다. 하지만 유리가 과학에 필수적인 재료가 된 가장 큰 이유는 과학자들이 그것을 통해 자신들이 가장 잘하는 것을 할 수 있었기 때문이다. 그것은 바로 관찰의 힘을 이용하는 것으로, 톰슨은 이 방면에서 뛰어났다.

톰슨은 이따금 동료들에게 유리기구에 대해 푸념을 늘어놓곤 했다. 그는 "모든 유리가 마법에 걸렸다고 생각했다."[44] 유리를 만드는 표준 배합은 아직 존재하지 않았다. 완성된 유리관은 특정 부분이 다른 부분보다 주성분을 많이 함유했다. 유리로 실험기구를 만들 때는 유리 전체가 동일한 온도에서 녹을 수 있도록 균일하게 조성되어야 했다. 그리고 유리기구의 각 부위가 접합이 얼마나 잘 되어 있는지는 한참을 사용한 후에나 알 수 있었다. 유리에 문제가 있으면 공기 새는 소리가 속삭이듯 희미하게 들리기도 했고, 비명을 지르듯 큰 소리를 내며 터지기도 했다. 이처럼 신경질적인 유리를 신생아 보살피듯 달래는 것이

에버렛의 일이었다.

1897년 여름 에버렛은 음극선 테스트를 위한 톰슨의 장애물 코스를 완성했다.[45] 유리관에 두 장의 금속판을 추가로 넣고 그 것들을 다른 배터리에 연결하여 전기장을 만들었다. 이 방법으로 음극선을 살짝 움직여볼 생각이었다. 에버렛이 스위치를 켜자, 톰슨의 눈앞에서 음극선이 배터리의 양극(+)에 연결된 아래쪽 금속판을 향해 움직였다. 이는 음극선이 음전하를 띤다는 뜻이었다. 그다음에 에버렛이 거대한 U자형 전자석을 유리관 가운데쯤에 놓고 스위치를 켜자, 철새 무리가 강풍에 의해 위로 휩쓸려 올라가는 것처럼 음극선이 위로 치솟는 것이 뚜렷하게 보였다. 이면지에 휘갈겨 적은 수학적 계산으로부터 톰슨은 음극선이 음전하를 띤 작은 입자들로 이루어져 있음을 추론할 수 있었다. 그의 계산에 따르면 이 입자는 원자보다 작고 따라서 지금까지 발견된 입자들 중 가장 작은 것이었다. 그리고 에버렛과 함께 유리관 내의 금속판과 기체를 바꿔가며 실험을 반복한 결과, 톰슨은 음전하를 띤 이 작은 입자가 모든 물질에 존재한다는 것을 알아챘다. 그는 이 작은 입자를 미립자corpuscle라고 불렀지만 이후에 이것이 전자로 알려지게 되었다.

톰슨의 발견은 세계를 바꾸었지만 그렇게 될 줄은 그 자신도 예측하지 못했다. 이 작고 기묘한 남자는 작고 기묘한 전자를 발견함으로써 과학의 문을 열어젖히며 물질에 대한 이해를 확장했다. 전자의 발견은 은하, 항성, 원자가 어떻게 형성되었는 지에 대한 실마리를 제공했고, 어떻게 빅뱅의 고온 가스가 최종적으로 우리가 되었는지를 화학결합에서의 원자 간 전자 교환으로 설명했다. 또한 이 발견은 기술을 만드는 기본 벽돌을 밝혀낸 것이기도 했다. 전자 덕분에 과학자들은 전기회로, 정전기, 배터리, 압전기, 자석, 발전기, 트랜지스터의 작동원리를 이해하게 되었다. 전자에 대한 지식 덕분에 기술과 사회가 발전할 수 있었다.

◆

톰슨이 어렸을 때는 지금은 당연하게 받아들여지는 발명품의 대부분이 아직 존재하지 않았다. 그때는 "자동차도, 비행기도, 전등도, 전화도, 라디오도 없었다."[46] 하지만 그의 유리관 속 전자가 만들어낸 전기가 그 모든 기계들에 동력을 공급하게 되었고, 나중에는 컴퓨터와 휴대폰, 그리고 인터넷을 연결했다. 톰슨은 똑똑했지만 자신의 순수과학 이론이 이토록 현실적인 의미를 갖게 될 줄은 미처 예상하지 못했을 것이다. 하지만 그 이론은 실제로 현실에 영향을 주었을 뿐 아니라 지대한 영향을 주었다. 그의 발견으로 인류는 새로운 '전자 시대'를 맞이했다. 하지만 애초에 움직이는 전자를 볼 수 없었다면 이 기술들 가운데 어느 것도 등장하지 않았을 것이다. 우리가 사는 현대 세계는 유리라는 아주 오래된 재료 덕분에 가능했다.

THINK

8

생각하다

원시적인 전화교환기는
컴퓨터용 실리콘 칩을 발명하는 계기가 되었지만,
그래서 결과적으로 우리 뇌의 배선과 사고방식까지 바꾸었다.

구글 뇌

피니어스 게이지는 그날 죽었어야 할 사람이었다. 1848년 9월 13일 평범한 수요일 오후, 버몬트주 그린산맥에서 그리 멀지 않은 건설 현장에서 끔찍한 사고가 발생했다. 25세인 게이지는 잘생긴 철도공사 현장감독이었다. 그는 다짐봉의 납작한 끝으로 화약을 구멍에 밀어 넣었다. 폭발 중심을 만들기 위해 그동안 수백 번도 더 했던 일이었지만, 이 운명의 순간 게이지는 주의를 기울이지 않았다. 그의 손에 쥐인, 거대한 뜨개바늘처럼 생긴 쇠막대가 바위를 긁어 불꽃을 일으켰다. 그러자 화약에 불이 붙으며 1.9미터의 막대가 그것을 쥐고 있던 그의 얼굴을 향해 날아왔다. 막대는 그의 왼쪽 뺨 아래로 비스듬히 들어가 왼쪽 눈 뒤와 뇌를 관통하고 나서 머리카락이 난 언저리를 뚫고 18미터 떨어진 곳에 탕 소리를 내며 떨어졌다.[1] 뾰족한 한 쪽 끝은 연필 굵기이고 납작한 반대쪽 끝은 지름이 1달러 동전 만 한 무게 6킬로그램의 쇠막대가 날아감과 동시에 게이지는 땅바닥에 쿵 하고 쓰러졌다. 그런데 미동도 없던 그가 얼마 지 나지 않아 나사로처럼 살아나더니, 방금 일어난 일을 스스로 설명하기 시작했다. 심지어는 치료를 받기 위해 스스로 마차에 오르기까지 했다. 그동안에도 머리와 얼굴의 구멍에서는 피가 흘러나왔다.

게이지는 그 후로 11년을 더 살았다. 그를 진찰한 의사에 따르면 그는 "쇠처럼 단단한 몸뿐 아니라 쇠 같은 의지도"[2] 지니고 있었다고 한다. 그의 몸은 대체로 멀쩡했지만 정신은 예전 같지 않았다. 머리카락이 짙고 키가 컸던 게이지는 사고 전에는 붙임성 있고 믿음직하며 똑똑한 젊은이여서 동료들 사이에서 인기가 좋았다.[3] 하지만 사고 후에는 신경질적이고 변덕스럽고 어린애 같아진 데다 걸핏하면 욕설을 퍼부었다. 사고 후 많은 친구들이 게이지는 "이제 게이지가 아니다"[4]라고 말했다고 한다. 지킬과 하이드 같았던 그의 변신은 뇌가 어떻게 변할 수 있는지를 당시 의사들에게 보여주었다. 오늘날 신경과학자들은 뇌에 대해 더 많은 것을 밝혀냈고, 뇌가 크고 작은 방식으로 변할 수 있다는 것도 알게 되었다. 실제로 뇌는 환경에 따라 변한다. 게이지는 쇠막대가 뚫고 지나간 후 성격이 금방 눈에 띄게 바뀌었지만, 우리의 경우에는 컴퓨터와 인터넷에 의해 뇌가 천천히 우리도 모르게 변하고 있다.

뇌는 여전히 수수께끼에 싸여 있지만, 시골 의사들이 게이지

그림 87。 피니어스 게이지. 철도 건설공사 현장 감독이었지만, 장대가 머리를 관통하는 불운한 사고를 당했다. 게이지 덕분에 신경과학자들은 뇌의 기능에 대해 많은 것을 알게 되었다. 이 다게레오타이프 사진은 게이지의 거울상이다.

의 뇌를 진찰한 때보다 우리는 뇌의 기능에 대해 더 많은 것을 안다. 과학자들은 뇌의 특정 부위가 특정한 기능을 한다는 것을 알고 있다. 게이지의 뇌는 머리 정면 부분이 손상되었는데, 그의 행동이 왜 달라졌는지에 대한 실마리를 거기서 찾을 수 있다.

뇌의 생김새를 무언가에 비유하자면, 포도송이를 반으로 쪼개 단면이 아래쪽으로 향하도록 막대 위에 올려놓고 아래쪽 뒷부분에 파슬리를 매달아 놓은 형상이다. 포도가 대뇌이고, 막대는 뇌간, 파슬리가 소뇌다. 뇌간은 자율신경기능(호흡이나 심장

박동 등)을 조절하고 소뇌는 몸의 균형과 협응을 제어하지만, 대뇌는 우리를 우리답게 만든다. 즉 우리가 생각하고 느끼고 기억하고 말하고 창조하고 지각하는 부분이 대뇌이다. 전두엽이라고 불리는 뇌 앞부분은 주의, 집중, 생각의 정리, 충동 억제 같은 집행 기능을 제어한다. 게이지의 뇌에서 쇠막대가 뚫고 지나간 부분이 바로 이곳이었다. 이는 왜 사고 후 그가 몹시 주의 산만해지고 믿을 수 없어졌으며, 변덕스럽게 행동하고 종교가 없는 사람처럼 말했는지를 설명해준다.[5] 당시에 게이지는 뇌의 앞부분이 문제였지만, 오늘날 우리는 정보를 처리하고 저장하는 뇌 부분이 문제인데, 그 부분의 기능들이 우리가 사용하는 각종 기기들로 인해 바뀌고 있기 때문이다.

오랫동안 통념은 인생의 특정 단계를 지나면 죽을 때까지 뇌 배선이 바뀌지 않는다는 것이었다. 당시 과학자들은 뇌가 새로운 연결을 만들거나, 새로운 무언가를 배우거나, 새로운 기술을 습득하는 건 불가능하다고 믿었다. 즉 뇌는 새로운 재주를 배우지 못하는 늙은 개와 같아서, 나이가 들면 스페인어나 기타 연주, 또는 남부 요리를 배울 수 없다고 생각한 것이다. 그러나 이제 과학자들은 그렇지 않다는 것을 알고 있다. 뇌는 새로운 것을 배울 수 있다. 뇌는 변할 수 있고 배선을 바꿀 수 있다. 과학자들은 이것을 뇌 가소성이라고 부른다.

뇌 형성은 진화의 일부였다. 거의 20만 년 전 아프리카에서 기원한 현생인류에서 형성된 것이 지금의 우리 뇌다. 즉 우리는 석기시대의 뇌를 가졌지만 이후 기술에 의해 그 뇌가 확장되었다.[6] 불이라는 단순한 도구가 생겼을 때 고대 호모 에렉투스의 뇌가 커질 수 있었다.[7] 음식을 불에 익혀 먹자 날것을 씹고 소화시키는 데 필요한 에너지가 줄어서, 몸 안의 자원에 여유분이 생겼고 그 여유분으로 큰 뇌를 만들 수 있었던 것이다. 한참 후 인쇄기가 등장했을 때는 재조합 가능한 활자를 종이에 찍어서 생각을 공유할 수 있었다. 그리고 인쇄된 책이 정보를 널리 퍼뜨려 폭넓은 사고의 기회를 제공한 결과, 우리 마음은 더 확장되었다. 기술에 의한 뇌 변화는 거기서 끝나지 않고 20세기에도 계속되었다. 라디오를 들으며 자란 세대는 텔레비전을 보며 시각적 기술을 강화한 세대와는 청각 능력과 상상력이 다르다.[8] 인터넷과 그것을 가능하게 한 컴퓨터는 우리의 가소성 있는 뇌를 확장할 그다음 기술이다.

뇌의 변화에 꼭 오랜 시간이 걸리는 것도 아니다. 변화는 한 사람의 일생에 걸쳐 일어난다. 과학자들은 특수 카메라를 사용해 뇌 가소성을 조사하고 증명했다. 자기공명영상MRI이라는 기술을 이용하면 살아있는 뇌를 들여다보며 뇌가 작동하는 모습을 관찰할 수 있다. 연구에 따르면 숙련된 음악가는 음악가가 아닌 사람보다 뇌의 일부(대뇌피질)가 더 큰 것으로 나타났다.[9] 런던 시내의 길을 모두 기억하고 있는 택시 기사는 뇌의 기억 중추가 커져 있었다.[10] 한 연구에서는 몇 주간 저글링을 연습하며 익힌 사람들조차 두정엽의 일부가 커졌다.[11] 이런 사례들과 그 밖의 많은 연구들은 우리가 우리 뇌를 바꿀 수 있다는 것을 보여준다. 이는 놀라운 이야기지만, 한편으로는 걱정스러운 일이기도 하다. 뇌 가소성, 즉 두개골 안의 14킬로그램짜리 경이로운 물질이 가진 유연성은 분명 선물이다. 하지만 뇌의 이런 능력은 우리의 활동 유무와 관계없이 우리 뇌가 변할 수 있다는 뜻이기도 하다. 현재 인터넷은 광범위하게 퍼져, 항상 지속적으로 이용된다. 이는 웹이 우리가 할 수 있는 일을 확장하고 있을 뿐 아니라 우리 뇌가 생각하는 방식도 바꾸고 있다는 뜻이다.

◆

우리 뇌와 컴퓨터 사이에는 많은 유사점이 있다. 뇌는 복잡한 경로들로 이루어져 있으며, 여러 체계를 통해 다른 부위에 정보를 보내고 처리하고 저장한다. 컴퓨터도 전기 회로를 갖추고 작은 금속 와이어들로 정보를 보낸다. 하지만 컴퓨터가 정보를 처리할 수 있는 능력을 갖추기 위해서는 인간의 뇌를 써서 빠져 있는 핵심 부분을 채워 넣어야 했다. 이렇게 컴퓨터가 단순히 정보를 전송하는 전기 회로에서 지금의 형태로 진화하기까지는 몇백 년이 걸렸다. 그 열쇠는 전기의 흐름을 수도꼭지처럼 흘려보내고 차단할 수 있는 부품인 실리콘 트랜지스터의 발명이었다. 전류를 켜고 끄는 것은 간단한 기능이었지만 '온'과 '오프'라는 이진법에 기초한 컴퓨터 언어를 만들기에는 충분했고, 그 결과 트랜지스터끼리 의사소통을 할 수 있게 되었다. 트랜지스터가 이진법 코드와 함께했을 때 그 결과는 부분들의 합보다 뛰어났다. 컴퓨터 내부에서 트랜지스터가 다른 트랜지스터에 '처리하라', '계산하라', 또는 '논리연산을 실행하라'는 메시지를 보냄으로써 컴퓨터가 생각을 할 수 있게 된 것이다. 하지만 모든 부품들이 하나가 된 것은 겨우 20세기에 들어서였다. 그 여정은 19세기에, 실리콘 트랜지스터의 조상이었던 단순한 스위치에서부터 시작되었다.

정교한 컴퓨터 안에 있는 실리콘 트랜지스터는 전기 스위치에 대한 소망에서 탄생했다. 오늘날 연간 천문학적인 수량이 제조되는 트랜지스터는 컴퓨터를 진화시켰고, 결국에는 우리 뇌의 진화를 일으켰다. 인간의 뇌와 실리콘 뇌가 장단 맞춰 추는 춤은 창조자가 자신의 창조물에 의해 어떻게 재창조되는지를 보여주었다. 하지만 그 전에, 컴퓨터라는 것이 상상으로도 존재하지 않았던 시절 전화선을 통해 다른 사람과 이야기를 나누고 싶다는 소박한 소망을 품었던 한 장의사 출신의 발명가가 인류의 다음 두 세기가 갈 길을 바꾸는 아이디어를 떠올렸다. 트랜지스터로 가는 이 여정은 1877년 어느 금요일 저녁 코네티컷주 뉴헤이븐에서 시작되었다.

찻주전자 손잡이와 속옷 와이어

1877년 4월 27일 코네티컷주 뉴헤이븐의 스키프 오페라하우스 앞에 줄을 서서 입장료 75센트를 지불하는 사람들은 당시 30세였던 알렉산더 그레이엄 벨의 금요일 밤 '전화 콘서트'를 보려는 관객이었다. 벨은 1875년에 전화를 발명하여 1876년 필라델피아 만국박람회에서 선풍을 일으켰다. 켈빈 경은 벨이 발명한 그 '경이로운 물건'에 넋이 나가 사람들이 억지로 끌어내야 했을 정도였다.[12] 뉴잉글랜드의 행댕그렁한 무대 위에서

TELEPHONE.
NEW HAVEN OPERA HOUSE.
Friday Eve'g, April 27.
LECTURE BY
Prof. Alexander Graham Bell,
OF BOSTON,

DESCRIBING and illustrating his wonderful instrument, by transmitting vocal and instrumental music from Middletown to both Hartford and New Haven Opera Houses simultaneously, also by conversation between the two audiences by means of the Telephone.

PRICES—Reserved Seats, Parquette, $1 ; Dress Circle 75c.; Admission, 50 and 75c. Sale commences at Box Office Wednesday morning, April 25, at 9 o'clk.
apr23 5d   COR & HOWEY, Managers.

그림 88。〈뉴헤이븐 이브닝 레지스터〉에 실린 1877년 '전화 콘서트' 광고.

그림 89。뉴헤이븐 오페라하우스 무대에서 벨은 이와 비슷한 초기 전화로 전화를 걸었다.

336

벨은 전화기가 놓인 작은 탁자 옆에 섰다. 전화기는 신발 한 켤레가 들어갈 수 있는 크기의 네모난 나무 상자로, 한쪽 끝에는 송화구가 튀어나와 있었다. 똑같이 생긴 또 하나의 상자가 천장에 매달려 있었고, 세 번째 상자는 홀 뒤쪽에 있었다. 벨이 송화구에 대고 말을 걸자 이름 모를 목소리가 흘러나왔다. 그 목소리를 들은 300명의 관객

그림 90。 전화를 발명한 알렉산더 그레이엄 벨 Alexander Graham Bell, 1847~1922. 뉴헤이븐 관객 앞에서 자신의 발명을 시연했다.

은 우레 같은 박수를 보내며 열광했다.

목소리의 주인은 당시 23세였던, 벨의 조수 토머스 왓슨이었다. 1년 전 보스턴에서 벨이 그를 조수로 고용하기 위해 불렀을 때 그는 벨의 옆방에 있었다. 하지만 지금은 뉴헤이븐에서 50킬로미터 가까이 떨어진 코네티컷주 미들타운에서 전신선을 통해 목소리를 주고받고 있었다. 뉴헤이븐의 관객은 전화에 푹 빠져 두 사람의 전화 대화에 귀를 기울었다. 〈뉴헤이븐 이브닝 레지스터〉는 이 시연에 대해 "이 도시에서 이렇게 흥미로운 무대는 처음"이라고 썼다.[13] 공개 실험 후 이어진 강연에서 벨은 전화가 어떻게 진동을 이용하는지 설명했다. 또한 앞으로 자신이 발명한 장치가 집집마다 놓여 중앙의 전화국과 연결될 것이

그림 91。 조지 윌러드 코이 George Willard Coy, 1836~1915. 벨에게 얻은 전화 프랜차이즈 권리를 이용해 코네티컷주 뉴헤이븐에서 전화교환 회사를 창립했다.

라고 거드름을 피우며 말했다. 그 아이디어는 관객 중 한 명이었던 조지 코이의 마음을 사로잡았다.

강연이 끝나자마자 코이는 코네티컷주에 전화를 도입하고 싶어서 벨 교수에게 말을 걸었다. 팔자 모양의 텁수룩한 콧수염 탓에 동안임에도 나이가 실제보다 많아 보였던 그는 남북전쟁에 나갔다가 왼손을 다쳐 못쓰게 되었지만 장애에도 불구하고 부지런함을 잃지 않았다. 대서양·태평양 전신회사Atlantic and Pacific Telegraph Company에서 현지 관리자로 8년간 일했고 앞으로도 죽 그럴 생각이었던 그는 전화에 대해 알고 나서 전화교환 시스템을 만드는 일에 "곧바로 착수했다."[14] 1877년 11월 3일 벨은 코이에게 전화 가맹점 운영권을 주었고, 몇 달 후 코이는 뉴헤이븐 지역 전화회사를 설립했다. "최근 몇 년을 통틀어 가장 훌륭한 발명"[15]으로 간주된 전화는 그곳에서 코이가 고안한 전화교환기와 연결될 수 있었다.

코이는 정육점, 약국, 가정집, 마차 제작자 등 21명의 가입자를 확보하여 1월 28일 눈 날리는 흐린 겨울 날 정식으로 사업을 시작했다. 본사는 뉴헤이븐의 6층짜리 증권거래소 건물 1층에 있었다. 벽돌로 지은 이 건물은 사람들의 왕래가 많은 상업지구 모퉁이인 채플 스트리트 219번지에 위치하고 있었다. 대로변에 접한, 기차 객차처럼 좁고 긴 사무실 안은 휑하니 비어 책상으로 쓰는 나무상자 하나가 벽에 붙어 있고 의자로 쓰는 비누궤짝 하나가 놓여 있을 뿐이었다. 고객에게는 유일한 진짜 가구인 낡은 팔걸이의자를 내주었다. 테이블 위에는 60×90센티미터 크기의 도어매트만 한 나무판자가 벽면에 비스듬히 세워져 있었다. 그것이 코이를 미래로 데려다줄 티켓이자 그의 사업의 핵심인 전화교환기였다.

코이는 동네와 집안에서 구할 수 있는 재료들을 모아 검은색 호두나무 판자에 캐리지 볼트들을 박았다. 이 볼트들은 고객의 전화선이 끝나는 지점이었다. 볼트들을 레버로 연결하고 레버에 찻주전자 뚜껑에서 떼어낸 손잡이를 달았다. 판자 뒷면에서는 코이 부인의 속옷에서 떼어낸 철사로 볼트들을 서로 연결했다. 판자에서 나온 굵은 전화선은 뒤쪽 창문을 통해 밖으로 나와 지붕과 나무꼭대기 위를 지난 후 고객들의 집으로 들어갔다.

코이의 장치로 두 고객을 연결하려면, 가입자의 전화를 받은 다음 스위치들이 달린 전화교환대 위에서 (체스판의 말을 움직이듯) 전기신호를 이동시켜 최종 목적지로 보내야 했다. 이를 위해서는 여러 단계를 거쳐야 했다. 먼저, 집에서 전화를 걸고 싶은 사람이 버튼을 눌러 중앙사무실의 벨을 울림으로써 전화교환원에게 통화를 의뢰한다. 그러면 전화교환원은 스위치를 움직여 회선을 연결한다. 딸깍. 그다음에 다른 스위치를 움직여 헤드셋으로 목소리를 듣는다. 딸깍. 고객이 누구와 연락하고 싶

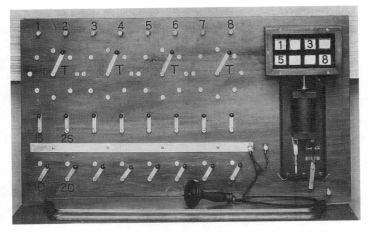

그림 92。 코이의 전화교환기. 전화선의 끝부분에 캐리지 볼트를 사용하고, 그곳을 레버에 연결하여 티포트 손잡이로 레버를 움직였다. 뒷면에서는 코이 부인의 속옷에서 떼어낸 가느다란 와이어로 전기회로를 만들었다.

은지 말하면, 교환원은 고객에게 잠시 기다리라고 한 후 헤드셋 스위치를 내린다. 딸깍. 그리고 또 다른 스위치를 움직여 상대방 고객과 새로운 연결을 한다. 딸깍. 다음으로 상대방 고객의 전화벨을 울리게 하기 위해 스위치를 움직여 그 회선에 부저를 연결한다. 딸깍. 이제 교환원은 헤드셋 스위치를 다시 올리고 기다린다. 딸깍. 상대방이 전화를 받으면 교환원은 헤드셋 스위치를 내린다. 딸깍. 이런 단계들을 차례차례 밟은 후에야 고객들은 대화를 시작할 수 있었다.

코이의 전화교환기는 한 번에 두 건의 통화만 처리할 수 있는 원시적인 장치였지만, "가스와 물이 공급되듯"[16] 전화선이 각 가정으로 들어와 시민들이 전화를 "사치품이 아닌 필수품"으로 여길 것이라던 알렉산더 그레이엄 벨의 예측을 실현시키

그림 93。 뉴헤이븐 길가 모퉁이에 위치한 보드먼 빌딩. 최초의 전화교환기는 이 건물 1층에 설치되었다.

그림94。 초기 전화에서는 '헬로 걸'이라고 불린 여성 교환원이 전화를 연결했다.

LIST OF SUBSCRIBERS.

New Haven District Telephone Company,

OFFICE 219 CHAPEL STREET.

February 21, 1878.

Residences.

Rev. JOHN E. TODD.
J. B. CARRINGTON.
H. B. BIGELOW.
C. W. SCRANTON.
GEORGE W. COY.
G. L. FERRIS.
H. P. FROST.
M. F. TYLER.
I. H. BROMLEY.
GEO. E. THOMPSON.
WALTER LEWIS.

Physicians.

DR. E. L. R. THOMPSON.
DR. A. E. WINCHELL.
DR. C. S. THOMSON, Fair Haven.

Dentists.

DR. E. S. GAYLORD.
DR. R. F. BURWELL.

Miscellaneous.

REGISTER PUBLISHING CO.
POLICE OFFICE.
POST OFFICE.
MERCANTILE CLUB.
QUINNIPIAC CLUB.
F. V. McDONALD, Yale News.
SMEDLEY BROS. & CO.
M. F. TYLER, Law Chambers.

Stores, Factories, &c.

O. A. DORMAN.
STONE & CHIDSEY.
NEW HAVEN FLOUR CO. State St.
" " " " Cong. ave.
" " " " Grand St.
" " " Fair Haven.
ENGLISH & MERSICK.
NEW HAVEN FOLDING CHAIR CO.
H. HOOKER & CO.
W. A. ENSIGN & SON.
H. B. BIGELOW & CO.
C. COWLES & CO.
C. S. MERSICK & CO.
SPENCER & MATTHEWS.
PAUL ROESSLER.
E. S. WHEELER & CO.
ROLLING MILL CO.
APOTHECARIES HALL.
E. A. GESSNER.
AMERICAN TEA CO.

Meat & Fish Markets.

W. H. HITCHINGS, City Market.
GEO. E. LUM, " "
A. FOOTE & CO.
STRONG, HART & CO.

Hack and Boarding Stables.

CRITTENDEN & CARTER.
BARKER & RANSOM.

Office open from 6 A. M. to 2 A. M.
After March 1st, this Office will be open all night.

그림 95。 코이는 전화교환 회사를 설립한 첫 주에 21명의 고객과 계약을 맺고, 이 초기 전화번호부를 만들었다.

는 데 중요한 역할을 했다. 하지만 전화선을 가스나 물처럼 공급하려면 전기 신호를 켜고 끌 방법이 필요했다. 물에는 수도꼭지가 있고 가스에는 밸브가 있듯이, 전화의 전기 신호에는 스위치가 생겼다. 이것이 코이의 발명의 핵심이었다.

곧 전화는 대중의 마음을 사로잡았고, 높아진 수요에 부응하기 위해 전화국과 전화교환대의 규모가 커졌다. 처음에는 스위치 조작을 젊은 남성들이 했다. 하지만 수요가 최고조에 이르렀을 무렵에는 수많은 여성들이 전화교환 일을 하고 있었는데, 이들이 남성들보다 예의 바르고 친절하게 응대했기 때문이다. 전화기 수가 증가함에 따라 스위치와 여성 교환원도 발맞추어 증가했다. 또 그 과정에서 스위치는 점점 단순해진 반면, 다양한 문제를 해결하고 고객의 편의를 고려하기 위해 교환원의 일은 점점 복잡해졌다. '헬로 걸'이라 불리던 여성 교환원은 사실상 스위치가 되었다. 전화는 결국 전화 장치와 젊은 여성을 연결했고, 이 공생관계는 캔자스시티에 살던 신경질적인 장의사가 나설 때까지 계속되었다.

장의사의 비밀

전화수리공이 나가자 앨먼 스트로저는 문을 쾅 닫았다. 욱하는 성질이 있는 미주리주 캔자스시티의 이 장의사에게 이것은 주중 행사 같은 일이었다. 스트로저는 1888년부터 미주리 앤드 캔자스 전화회사에 전화를 걸어 불만을 호소하고 욕을 하는 습관이 생겼다.[17] 그는 자기 집 전화가 고장이 났다고 생각했던 것이다. 그럴 때마다 죄 없는 수리공이 문제의 원인을 찾기 위해 도보 10분 거리인 웨스트 9번가의 장의사업소로 갔다. 수리공은 전화교환기의 벨을 울리는 전화 크랭크를 돌리는 것으로 회선 테스트 의식을 시작했다. 교환원이 신호를 받아 스트로저의 회선으로 들어오는 전화를 문제없이 연결했고, 반대로 스트로저의 회선으로도 전화가 문제없이 걸리는 것을 확인했다. 모든 것이 정상적으로 작동하면 수리공은 문제가 발견되지 않았다는 보고서를 썼다. 하지만 스트로저는 그것으로는 성에 차지 않았다. 전화가 연결되지 않아 고객을 놓치고 있다고 확신하고 전화교환원인 '헬로 걸'이 범인이라고 의심했다. 스트로저는 이대로 당하고만 있지는 않겠다고 다짐했다.

앨먼 브라운 스트로저는 체구가 작은 남자였는데 도량은 훨씬 더 작아서 화를 잘 냈다. 전신 발명 몇 년 후 태어난 그는 조부모 때부터 정착해 살아온 뉴욕주 로체스터 교외 펜필드에서 자랐다. 이 도시에 이렇듯 뿌리 깊은 연고가 있었지만 그는 방랑벽에 시달리다가 스물두 번째 생일에 남북전쟁을 위해 입대하여 뉴욕 제8기갑연대 A중대에 소속되었다. 몸무게는 50킬로그램에 불과했지만 빽빽한 수염과 번득이는 매서운 눈매를 지닌 그는 최전방 나팔수로 돌격 나팔을 불며 저돌적이고 대담하게 군대를 이끄는 것으로 자신의 모든 단점을 만회했다. 이후 원체스터에서 부상을 당해 1864년 12월 8일에 소위로 명예 제대했지만 그의 공격적인 성격은 어디 가지 않았다.[18] 그는 변덕이 심하고 화를 잘 내는, 그야말로 고약한 성미였다.

남북전쟁 후 스트로저는 오하이오, 일리노이, 캔자스 등 여러 주를 돌아다니며 그때그때 교사로도 농부로도 일했다. 그러다 1882년에 두 번째 아내와 두 딸을 데리고 캔자스주 토피카에 와서는, 자신에게 잘 맞는 일을 찾아 개인 사업을 해보기로 했다. 의사나 치과의사가 되려면 시간과 돈이 많이 들었기 때문에 그는 장의사 일을 배우기로 했다.

그림 96。 장의사였던 앨먼 브라운 스트로저Almon Brown Strowger, 1839~1902. 여성 전화교환원을 의심하다가 자동 전화교환기를 개발하게 되었다.

1882년에 스트로저는 노스토피카에서 윌리엄 맥브래트니의 장의업을 인수하고 일거리를 꾸준히 받고 있었다. 하지만 그는 사업을 확장하고 싶어서 인구가 더 많은 동네로 가기로 결정하고 1887년에 미주리주 캔자스시티로 거점을 옮겨 또 다른 장의회사를 인수했다. 그로부터 얼마 지나지 않아 전화회사와의 문제가 터진 것이다.

어느 날 스트로저는 출근하자마자 검은 작업복 외투를 벗고 자리에 앉아 신문을 펼쳤다. 부고란을 꼼꼼히 살펴보던 중 친구가 죽었고 그의 장례를 경쟁업자가 준비하고 있다는 사실을 알게 되었다. 친구를 잃은 것과 고객을 잃은 것 중 뭐가 더 괴로웠는지는 확실치 않지만 순간적으로 스트로저는 짜증이 폭발했다. 확실한 건, 그가 전화교환원이 고객을 빼돌리고 있다는 심증을 굳혔다는 것이다.

그때 스트로저의 창의력이 발작적으로 솟구쳤다. 그는 책상 의자에 뛰어올라 책상 서랍에서 둥그런 상자를 찾아내고, 그 안에 꽉 차 있던 종이 셔츠깃을 쓰레기통에 비웠다.[19] 그런 다음에 길고 곧은 핀을 가져와 상자 측면에 상자 둘레를 따라 열 개씩 열 단으로 꽂았다. 그는 이 100개의 핀이 100개의 전화선과 연결되어 있다고 상상하며 상자 중심에 연필을 놓고 돌렸다. 연필이 시곗바늘처럼 회전하며 핀 머리에 하나씩 닿았다. 연필을 막대기에 꽂고 엘리베이터처럼 위아래로 움직이면 모든 핀에 닿게 할 수 있을 터였다. 동력은 배터리로 공급할 것이다. 만일 누군가가 67번으로 전화를 걸고 싶다면, 연필을 여섯 단계 올리고 일곱 칸 돌리면 된다. 그는 단계적인 스위치를 구상하면서 자석, 모터, 막대, 그리고 기어를 제대로만 조합하기만 하면 연필을 핀과 연결해 교환원 없이도 전화를 걸 수 있을 것이라고 확신했다. '헬로 걸'의 시대가 얼마 남지 않았다고 생각하니 갑자기 기분이 좋아졌다.

어느 날 스트로저는 평소처럼 전화교환국에 불만을 호소하다가 매니저 허먼 리터호프와 연결이 닿았다. 리터호프는 호탕하게 웃기로 유명했던 마음씨 착한 사람이었지만, 스트로저의 집을 방문했다가 전화가 안 되는 원인을 찾고서야 스트로저의 분노를 진정시킬 수 있었다. 외부에서 조사해보니 전화선 접촉 부분에 합선이 일어나 전화가 걸리지 않은 것이었다.[20] 원인이 밝혀져서 기분이 좋아진 스트로저는 새 친구와 뭔가 중요한 것

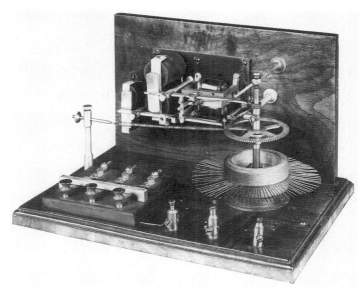

그림 97. 스트로저가 발명한 자동전화교환기. 핀이 원형으로 펼쳐져 있었고, 중심에서 기계 손가락이 핀 끝을 건드려 전화를 연결했다.

을 나누고 싶은 마음에, '헬로 걸'을 대신하기 위한 기계장치의 대략적인 설계도를 보여주었다. 그것을 본 리터호프는 대수롭지 않게 여기고 웃으며 돌아갔다.

리터호프는 몰랐지만, 스트로저는 자동으로 전화를 연결하는 기계(자동전화교환기)를 만드는 대단한 일을 해낸 것이었다. 이 자동 스위치의 발명은 대규모 전화 서비스의 완전한 실현으로 가는 교두보였다.

스트로저는 1891년 캔자스시티를 떠나 시카고에 스트로저 자동전화교환 회사를 세우고, '셔츠깃 상자, 핀, 연필'이라는 기본 설계를 바탕으로 설비를 만들었다. 1892년 11월 3일에는 인디애나주 라포트에서 첫 전화교환 시스템을 개시했다. 전화교환국 안은 천장부터 바닥까지 벽 전체가 선반으로 채워져 수십 개의 스위치가 설치되었고, 시스템이 가동되면 스위치가 전화 접속 부분을 두드리며 딱따구리처럼 딱딱거리는 소리를 냈다.

고객의 집에 놓인 벽걸이식 전화기에는 다이빙보드와 비슷하게 생긴 레버가 다섯 개 달려 있었다. 각 레버 끝에는 '0', '10', '100', '1000', 그리고 'R'이라고 표시되어 있었다. 고객은 이 레버를 눌러 전화를 걸었다. 예를 들어 73번으로 전화를 걸고 싶으면, 10이라고 표시된 레버를 일곱 번 누르고 '0'이라고 표시된 레버를 세 번 눌렀다. 통화가 끝나면 'R' 레버를 눌러 전화를 끊었다.

이때 전화교환국에서는 스트로저의 교환기가 고객이 레버를 누를 때 발생하는 전기 임펄스로 마법을 부렸다. 막대에 달린 와이퍼가 예전에 연필이 한 것처럼 고객의 명령에 따라 수직 방향으로 일곱 번 움직인 다음 수평 방향으로 세 번 움직였다. 스트로저의 발명품에서는 전기로 작동하는 와이퍼가 상하로 딸깍 움직이고 회전하며 전화 회선에 접속했다. 고객의 수가 늘어남에 따라 전화번호가 길어졌고 전화교환기의 규모도 커졌다. 스트로저의 스위치들은 전화를 받아(딸깍) 그 전화를 마을의 한 구획으로 보내고(딸깍), 그다음에는 특정 거리로(딸깍), 그리고 마침내 가정으로(딸깍) 보냈다. 자동스위치는 인간을 전화연결망에서 내보내기 위해 만들어졌지만, 이 발명은 결국 의도하지 않은 다른 방식으로 인간을 내보내게 되었다.

불과 한 세대 만에 코이가 전화교환기에 스위치를 달고 스트로저가 그것을 자동화했다. 하지만 곧 전화회사 경영진은 여성 전화교환원이나 믿을 수 있는 스위치를 늘리는 것만으로는 증가하는 고객에 대처할 수 없다는 것을 깨달았다. 필요한 것은 아주 작은 스위치였다. 해결책은 스트로저의 발명으로부터 수십 년 뒤인 1947년에, 마치 과학전람회에 출품하려다 실패한 작품처럼 생긴 기묘한 장치와 함께 나타났다. 은빛 돌조각, 플라스틱 삼각형, 금색 리본이 페이퍼 클립으로 제자리에 고정된 그 장치는 볼품이 없었지만 물리학자들에게는 아름다운 발명품이었다. 그것은 트랜지스터였다. 트랜지스터는 소형 스위치였지만 그냥 스위치가 아니었다. 그것은 훗날 이진법 언어를 사용하는 현대 컴퓨터의 핵심이 되어 기계가 생각하는 것을 가능하게 했다.

트랜지스터는 전기의 움직임을 제어했다. 트랜지스터가 없으면 전기는 야생마처럼 억제되지 않지만, 트랜지스터가 있으면 조종이 가능할 뿐 아니라 노새처럼 일을 시킬 수도 있었다. 처음에는 스트로저가 개발한 스위치와 진공관(전구를 더 복잡하게 만든 것처럼 생겼다)이 전화회사에서 스위치의 역할을 했다. 하지만 스트로저의 스위치는 마모되었고, 진공관은 잘 부서지고 타버렸으며 전력을 많이 소비했다. 그에 비해 트랜지스터는 쉽게 부서지지 않았고 전기도 덜 썼다. 트랜지스터의 발견은 새로운 시대의 도래를 알리는 것이었다. 바로 전자 시대다. 트랜지스터가 있으면 큰 기계 장치를 소형화할 수 있었고, 좁은 공간에 더 많은 전기회로를 설치할 수 있었다. 과학자라면 누구나 트랜지스터를 만드는 데 한몫을 하고 싶다고 생각했다. 그런 과학자 중 한 명은 텍사스에서 출발해 먼 길을 걸어야 했다.

고든 틸

1930년에 화학박사 학위를 거의 끝마친 고든 틸은 벨 연구소에
도착하면서 그곳의 반짝이는 별이 되겠다는 야심을 품었다. 하
지만 안타깝게도 벨 연구소에서는 누구나 같은 생각을 했다. 틸
은 벨 연구소에는 서열이 있다는 것을 알게 되었다. 물리학자는
성층권 궤도를 돌며 검은 칠판에 이론 공식을 적었고, 금속공학
자는 나무 위를 날며 작업대에서 실용적 지식을 활용했으며, 화
학자는 지표면보다 낮은 곳에 숨어 남들이 머릿속에 떠올린 것
을 유리기구 안에서 만들었다. 화학자는 조연이지 주인공이 아
니었다. 주변의 화학자들은 이 질서에 불만이 전혀 없는 듯했지
만, 더 큰 일을 하고 싶었던 틸은 실험실에서 끓고 있는 액체처
럼 야심으로 들끓고 있었다.

　고든 틸은 어린 시절 텍사스주의 중앙 평원에서 가장 영리한
소년이었다. 틸 자신도 그것을 자각하고 있었다. 1907년에 댈
러스에서 태어난, 깡말랐지만 강인했던 이 소년은 어릴 적부터
과학에 관한 것이라면 무조건 좋아했고, 과학 수수께끼에 대한
책을 손에서 놓지 않았다. 틸은 고요히 흐르는 강이 깊다는 옛
속담을 몸소 보여주는 사람이었다. 그의 무표정 뒤에는 남부인
특유의 조심성과 함께 말수는 적지만 열정적인 성격이 숨어 있
었다. 그는 수줍음 많고 부드러운 말투를 지닌 텍사스 사람으

로, 그의 어머니 아질리아는 아들이 훌륭한 침례교 신자가 되기를 간절히 빌었다.

틸은 집에서 가까운 베일러 대학에 다니다가, 이후 어머니의 바람대로 동부에 있는 침례교 학교인 브라운 대학 대학원에 진학했다. 브라운 대학에서 그는 게르마늄(저마늄) 원소에 푹 빠졌다. 게르마늄은 실용성이 거의 없는 금속이라서, 틸은 단순히 과학적 호기심으로 이런저런 화학실험을 하며 게르마늄을 다양한 용액과 반응시켜보았다. 틸과 게르마늄은 둘 다 자신을 잘 드러내지 않은 탓에 제대로 이해받지 못했다. 틸은 감정을 숨겼고 게르마늄은 화학적 성질을 숨기고 있었다. 게르마늄에 열성적이었던 틸은 이 금속에 대한 관심과 전문지식을 그대로 벨 연구소로 가져갔다. 하지만 그곳에서는 이 원소를 사용할 만한 일을 찾을 수 없었다.

1947년에 벨 연구소에 변화가 찾아오면서 상황이 바뀌었다. 그해 12월 연구원인 존 바딘과 월터 브래튼은 현대 컴퓨터의 기본 요소인 트랜지스터를, 이들을 지휘하는 상사인 윌리엄 쇼클리도 만들려 하고 있다는 것을 알았다. 트랜지스터는 작은 전기 신호를 증폭시킬 수 있었다. 그렇게 하기 위해 브래튼은 게르마늄 덩어리에 두 개의 와이어를 꽂아 구리 지지대 위에 올려놓고, 다른 전기회로로 전압을 가해 그것을 작동시켰다. 이 상태에서 한쪽 와이어에 약한 신호를 입력하면, 다른 쪽 와이어에서 훨씬 강한 신호가 출력되었다. 즉 들어갈 때는 속삭임 같았던 신호가 나올 때는 비명이 되어 있었다. 또한 그들은 게르마늄 안을 흐르는 전기를 차단하거나 연결할 수 있다는 것도 알았다. 게르마늄이 수도꼭지 혹은 스위치처럼 작용한 것이다.

벨 연구소는 전화를 받아 연결하는 새로운 방법을 찾아냄으로써 전화교환대에서 일하는 수많은 여성을 대체할 수 있기를 바랐다. 미국에서 통화량이 증가하는 속도에 놀란 벨 연구소 경영진은 이런 속도로 가다가는 미국 내 '젊은 여성'의 절반이 전화교환대에서 일해야 할 판이라고 우스갯소리를 했다. 게다가 벨 연구소가 원하는 것은 스트로저의 장치와 다르게 마모되지 않는 장치였다. 트랜지스터는 그런 스위치가 될 수 있었다.

새로운 스위치를 개발하는 임무 외에도 벨 연구소는 전화 신호를 증폭할 필요가 있었다. 틸이 어렸을 때는 텍사스에서 뉴욕으로 전화를 거는 것이 불가능했다. 전화 신호가 구리선을 통과하면서 약해졌기 때문이다. 전구 안에 부품을 더해놓은 것처럼 생긴 진공관의 도입으로 약한 신호가 강해지면서 장거리 통화가 가능해졌다. 덕분에 틸도 텍사스의 고향집에 있는 어머니에게 전화를 걸 수 있었다. 하지만 진공관은 비효율적이었다. 그것은 부피가 크고 뜨거웠으며, 전기를 많이 먹는 데다 깨지기 쉬웠다. 그에 비해 트랜지스터는 신호를 증폭했고, 크기가 콩알만 했으며, 과열되지 않았고, 전기를 덜 먹는 데다 잘 부서지지도 않았다. 벨 연구소가 발견한 트랜지스터는 그야말로 전자 시대의 성배였다. 그리고 트랜지스터의 핵심은 틸이 좋아하는 원소인 게르마늄이었다.

과학의 세계에서는 전자 기기를 흐르는 전기를 켜고 끌 수 있는 기능이 필수였다. 틸 같은 과학자들은 누구나 그 사실을 알았다. 벨 연구소 내부 사람들은 물론이고, 연구소의 베이지색

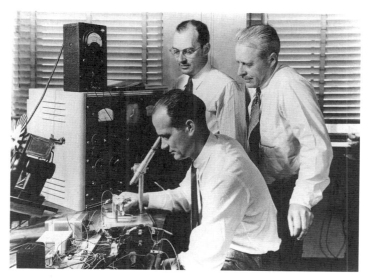

그림 98。 트랜지스터 발명가들. 현미경 앞에 앉아 있는 윌리엄 쇼클리 William Shockley, 1910~1989 뒤에 존 바딘 John Bardeen, 1908~1991(왼쪽)과 월터 브래튼 Walter Brattin, 1902~1987(오른쪽)이 서 있다.

벽돌벽 밖에 있는 모두가 이 프로젝트의 일원이 되고 싶어 했다. 새로운 과학, 새로운 발명, 새로운 사업이 가능했다. 과학자라면 누구나 여기에 참여하게 해달라고 아우성이었지만 이 연구는 물리학자와 금속공학자들의 영역이었다. 벨 연구소의 머리 힐 Murray Hill 캠퍼스에서 트랜지스터를 연구하는 팀은 복도가 미로처럼 얽힌 연구소 여러 층에서 일했지만, 모두 틸의 부서와는 다른 건물, 다른 층에 있었다. 연구소 구조상 트랜지스터 연구는 틸에게는 딴 세상 일이었다.

틸은 트랜지스터 팀과 접촉하기 위해 게르마늄의 장점뿐만 아니라 완벽한 구조인 '단결정單結晶'을 보여주었다. 한 개 이상

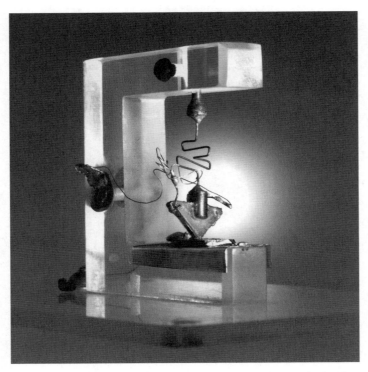

그림 99。 1947년에 벨 연구소의 연구자들이 발명한 트랜지스터. 전화 신호의 스위치 역할뿐 아니라 증폭기 역할을 하여 미국 내 장거리 통화를 가능하게 했다.

의 결정으로 이루어진 다결정多結晶은 단결정과 달리 안쪽에 '입자경계'라고 불리는 결정표면(결정과 결정의 경계)이 존재한다. 자동차의 깨진 앞유리와 비슷한 모습이라고 생각하면 된다. 다결정 게르마늄으로 트랜지스터를 만들면, 이 입자경계가 속도 방지턱처럼 작용해 전기의 흐름이 느려질 뿐 아니라 트랜지스터마다 전기가 흐르는 방식이 달라진다. 반면 단결정 게르마늄으로 만든 트랜지스터에서는 전기가 빠르게 흐르고, 모든 트랜지스터에서 전기가 비슷한 행동을 보인다. 하지만 물리학자들, 특히 트랜지스터 제조팀을 지휘하는 윌리엄 쇼클리는 단결정의 필요성을 느끼지 못했다. 바딘과 브래튼이 소속된 고체물리학 팀의 리더이기도 했던 쇼클리는 프로젝트의 모든 것을 통제하려 했다. 로마제국의 폰티우스 필라투스 총독처럼 모든 새로운 제안의 운명을 좌지우지했던 그는 틸의 아이디어를 십자가에 못 박았다(필라투스 총독은 예수를 십자가형에 처하는 판결을 내렸다 - 옮긴이).

❖

1948년 가을 9월이 끝나가던 어느 날, 틸은 오래간만에 제시간에 일을 마치고 저녁을 먹으러 집으로 향했다. 실험실을 나온 그는 뉴저지주 서밋에 소재한 기차역으로 가는 버스를 타기 위해 벨 연구소의 끝없이 이어지는 복도를 통과해 정문 앞에 도착했다. 마지막 버스가 오후 5시 50분에 도착해 틸을 태우고 6시 7분에 역에 도착했다. 그의 집은 역에서부터 걸어서 15분 거리였다. 마이클 데 코르소가 운영하는 서밋 앤드 뉴프로비던스 버스노선은 벨 연구소 직원들을 지원하는 믿음직한 서비스였다. 머리를 써야 하는 연구소라는 세계에서, 고용주가 후원하는 교통수단처럼 믿을 수 있는 인프라는 똑똑한 두뇌들이 집에 어떻게 갈지 걱정하지 않고 연구에 전념할 수 있게 해주었다. 이 노선은 하루 이용객이 고작 몇백 명으로 수익성은 없었지만, 비취색 천을 댄 좌석에 지구에서 가장 똑똑한 사람들을 태워 집까지 데려다주었다. 빵처럼 생긴 이 대형버스는 화이트모터

사의 1940년형 버스로, 휘발유 1갤런당 3마일의 연비로 달리며 과학자들을 발명의 세계에서 현실 세계로 실어 날랐다. 틸과 같은 많은 연구자들은 몸이 물리적으로 이동해도 두뇌는 항상 머리 힐의 베이지색 벽돌 벽 안에 머물렀다.

어언 40대가 되어 허리둘레가 늘고 머리숱은 적어진 틸은 그날 저녁 버스를 기다리는 동안 기계 엔지니어로 일하는 동료인 존 리틀 옆에 서 있었다. 틸을 포함한 화학자들이 벨 연구소에서 사다리의 맨 밑이라고 한다면 엔지니어의 서열은 이보다 더 낮았지만 존 리틀은 트랜지스터 프로젝트의 내부자였다. 뉴저지주 머리 힐과 뉴욕시에서 각각 파트타임으로 일하고 있던 리틀은 틸과 함께 세 계단을 딛고 청록색 버스에 오르면서, 자신의 트랜지스터 프로젝트에 작은 게르마늄 조각이 절실히 필요하다고 한탄했다. 선반에 가방을 올린 두 사람이 팔걸이가 있는 좌석에 앉았을 때 마침내 틸의 시간이 왔다. 틸은 절제된 어조로 차분하고 침착하게 말했다. "내가 게르마늄 막대기를 만들어 줄 수 있어요."[21] 그러고는 한마디를 덧붙였다. "게다가 단결정으로." 그 게르마늄은 결함이 없을 터였다.

버스가 불과 6킬로미터를 달리는 동안 두 사람의 시간은 멈추었다. 각기 다른 분야에 몸담고 있던 두 사람은 마운틴 애비뉴에서부터 주머니에서 꺼낸 닳은 종잇조각에 계획을 휘갈겨 적었다. 주변 풍경은 어느덧 그들의 시야에서 사라졌다. 그들은 트랜지스터 프로젝트용 게르마늄 단결정을 어떻게 만들면 좋을지 대충 얼개를 짜보았다.

두 사람은 액상 금속에서 끌어올리는 방법으로 결정을 만들

그림 100。 벨 연구소의 화학자 고든 틸Gordon Teal, 1907~2003. 용융 게르마늄에서 게르마늄 단결정을 끌어올리고 있다.

기로 했다. 설탕물에 실을 넣으면 얼음 설탕이 붙는 것과 같은 원리다. 이틀 후인 1948년 10월 1일, 틸은 자신의 업무를 제쳐 놓고 뉴욕에 있었다. 웨스트 스트리트 463번지 1층에 있는 리틀의 실험실에는 틸이 부품들을 모아 열심히 조립한 장치가 탑처럼 우뚝 솟아 있었다. 게르마늄 단결정을 성장시키려면 게르마늄을 매우 높은 온도로 가열해야 했기에, 그들은 리틀의 실험실에 있는 열선 코일을 사용했다. 또한 게르마늄이 산소와 반응하는 것을 막기 위해 진공 장치로 공기를 모두 빼내고, 수소 탱크를 연결해 게르마늄과 반응하지 않는 수소를 계속 흘려보냈다. 그리고 액상 금속에서 실을 천천히 조심해서 끄집어낼 필요가 있었기 때문에 시계를 분해해 모터를 꺼냈다.[22]

그들이 쓴 방법은 손바닥만 한 용기에 담긴 용융 게르마늄에 작은 게르마늄 알갱이를 담가 끌어올리는 것이었다. 차가운 알갱이의 바닥 부분이 뜨거운 액체 표면에 닿으면, 둘은 얼어붙은 금속 장대에 혀를 갖다 댈 때처럼 달라붙는다. 틸이 알갱이를 천천히 끌어올리자, 알갱이 아래쪽에 액체의 얇은 막이 얼어붙어 층을 이루며 긴 결정을 성장시켰다. 이 액체에서 만들어진 긴 은색 막대는 일부는 나무처럼 옹이가 졌고 일부는 실처럼 가늘었다. 틸은 액체와 고체의 줄다리기를 지휘하며 액상 금속에서 게르마늄 단결정을 끌어올렸고, 그의 오랜 동반자인 게르마늄은 그의 요구에 순순히 응했다.

이런 식으로 결정을 끌어올리는 방법은 오래전 제1차 세계대전 때 우연히 발견되었다. 1916년에 폴란드 과학자 얀 초크랄스키Jan Czochralski, 1885~1953가 하루 일과를 마치며 만년필로 실험 노트를 작성하고 있었다. 그 후 그는 정신이 없어서 만년 필을 잉크병 대신 근처에 있던 용융주석 용기에 넣었다.[23] 나중 에 꺼내어 보니, 펜촉에 금속이 가느다란 실 모양으로 달려 있었다. 이렇게 해서 초크랄스키는 완벽한 금속 조각을 빠르고 쉽 고 값싸게 만드는 방법을 발견했고, 결국 마리 퀴리, 니콜라스 코페르니쿠스와 함께 폴란드의 가장 위대한 과학자 반열에 올 랐다. 그의 명성은 대서양 건너까지 알려지지 못했지만 그의 연 구는 대서양 건너편으로 전해졌다.

초크랄스키의 방법을 차용한 틸과 리틀은 경영진의 허락 없 이 연구를 진행하며 손 길이 정도 되는 가늘고 긴 금속 조각을 만들어냈다. 이 게르마늄 결정은 내부는 결함이 없었던 반면 겉 모습은 옹이진 나뭇가지처럼 보기 흉했다. 틸의 게르마늄 결정 은 완벽했지만, 경영진은 반응은 그렇지 못했다. 틸은 이 귀중 한 결정을 물리학자들에게도 가져갔지만 거절당했다. 게르마늄 단결정은 불필요하다는 쇼클리의 말이 벨 연구소의 복도에 울 려 퍼졌다. 틸은 쇼클리가 '고집불통'이라고 생각했다. 그리고 훗날 "그건 어리석은 고집이었다"라고 말했다.[24] 단결정이 없으 면 장치를 "제어하는 것이 불가능하기" 때문이었다.

틸은 쇼클리를 우회해 트랜지스터 프로젝트에 들어갈 방법 을 찾았다. 처음에는 존 리틀과 함께 연구했다. 다음에는 자신 의 관리자를 건너뛰고, 트랜지스터의 개발과 제조를 책임지고 있는 잭 모턴에게 기대를 걸었다. 틸은 모턴에게 트랜지스터를 스위치 겸 신호증폭기로 상품화하려면 결정의 자연적인 불완 전성을 제거할 필요가 있다고 강조했다. 특히 순도가 높고 완벽한 결정을 사용하면 장치를 제어하기 좋고, 나아가 게르마늄과 그 밖의 다른 반도체 원소들의 과학적 성질을 그래프로 나타낼 수 있다고 호소했다. 벨 연구소의 물리학자들은 한 번에 원리를 증명하려고 하거나 노벨상을 노리면서 단기적 안목으로 연구에 임했다. 하지만 틸은 재현 가능하고 믿을 수 있는 스위치와 증폭기를 대량 생산하려는 장기적인 계획을 갖고 있었다. 모턴은 틸의 제안을 받아들여 자금을 지원했지만, 틸은 여전히 낮에는 자기 부서에서 맡은 일을 계속해야 했다.

❖

1949년 한 해 동안 고든 틸의 하루는 두 번 시작되었다.[25] 낮에는 1호 건물의 3층에 있는 자신의 실험실에서 벨 연구소의 새로운 헤드폰에 쓸 탄화규소를 연구했다. 그러다 오후 4시 30분이 되면 1층에 있는 금속공학 실험실로 내려가 게르마늄을 연구했다. 금속공학 부서의 기술자들이 집에 가면 틸은 사물함에 넣어둔 자신의 실험 장치를 꺼냈다. 그는 육중한 전원플러그들을 연결해 결정인장기를 가동시키고, 이 장치에 질소가스, 수소가스, 물, 그리고 진공 라인을 연결했다. 폭이 약 60센티미터이고 높이가 2미터에 이르는 탑처럼 솟은 장치는 키 180센티미터인 틸보다 커서 조작하기가 쉽지 않았다.

그는 밤새 더 긴 결정, 완벽한 결정, 큰 결정을 만드는 조건을 찾기 위해 시행착오를 거듭했다. 그러고는 해가 뜨기 전 노트에 결과를 기록하고, 장치의 연결을 모두 풀어 카트에 싣고 가서 사물함에 넣었다. 몇 시간 후 돌아온 기술자들은 자신들이 잠든 사이 그곳에서 실험이 진행되었다는 사실을 알지 못했다.

틸의 아내 라이다는 남편의 장시간 노동을 대체로 지지했지만, 행복하지 않았다. 꼭두새벽까지 일하는 것도 이십대 시절에는 낭만적이었다. 그 무렵 뉴욕에서 일했던 틸은 티먼 플레이스의 작은 아파트에서 걸어 다녔는데, 저녁에는 라이다가 연구소로 와서 함께 저녁을 먹었다. 그러고는 작업대 위에서 잠이 들었고 그동안 틸은 밤늦게까지 일했다. 당시는 이런 생활도 좋았다. 그런데 이제 틸에게는 어린 아들이 셋이었고 아이들은 아버지를 통 볼 수가 없었다. 수년 후 틸은 그 시절에 대해 "가족은 나를 잃은 것처럼 느꼈던 것 같다"[26]고 말했다. 아이들을 봐도 틸은 야구 이야기를 하는 게 아니라 게르마늄이라든지, 녹은 쇠붙이에서 결정을 끌어올리는 기술에 대해 이야기했다.[27]

고든 틸은 베일러 대학 시절 마라톤을 할 때처럼, 대부분의 과학자들이 기꺼이 하는 수준 이상으로 자신을 밀어붙였다. 그의 머릿속에는 오로지 더 좋은 결정을 만들어 트랜지스터 연구팀에 제공하겠다는 일념뿐이었다. 결국 틸은 조수 어니 뷸러 Ernie Buehler와 함께 물리학자들과 같은 건물에 자신의 연구실을 꾸렸고, 그곳을 결정인장기들로 채워나갔다. 쇼클리조차 그곳에 들러 결정인장기가 유용하다고 인정했다. 마침내 틸은 핵심 그룹에 진입해 그 세계의 왕인 쇼클리를 포함한 다른 과학자들과 일할 수 있게 되었다. 1949년 말에는 벨 연구소의 모든 사람이 고든 틸이 만든 단결정 게르마늄을 사용하고 있었다.

틸은 물리학자들이 과거에 클립, 금박, 플라스틱, 불완전한 결정을 가지고 만든 것을 실용화하기 위해, 화학자인 모건 스파크스Morgan Sparks, 1916~2008와 함께 액체 게르마늄에 새로운 성분을 섞어 새로운 발명품을 만들어냈다. 게르마늄 결정이 성장하고 있을 때 갈륨 원소를 다른 원소들과 함께 첨가하면, 게르마늄에 길이 방향으로 케이크처럼 두 개의 층이 생겼다. 각 층은 전기적으로 다르게 행동하여 이른바 피엔PN 접합을 만들었다. 이렇게 해서 트랜지스터는 과학 프로젝트일 때보다 더 실용적인 형태로 존재하게 되었다. 틸은 영광에 한발 가까이 다가섰다. 하지만 큰 별들이 모인 성좌를 이루는 별이 되기는 여전히 어려웠다. 1952년 12월 말 틸은 과감한 결정을 내리고 벨 연구소의 동료들과 동해안에 작별을 고한 후 고향 텍사스주의 광활한 땅으로 향했다. 그곳에서 그는 나중에 텍사스 인스트러먼츠로 이름이 바뀌는 작은 회사에 들어가 새로운 일을 시작했다. 그동안 그의 어머니는 이날이 빨리 오게 해달라고 얼마나 간절히 기도했을까.

◆

그로부터 몇 년 후인 1954년 5월 10일, 오하이오주 데이턴의 무선기술학회가 주최하는 전자 콘퍼런스에서 고든 틸은 이름 없는 회사의 연구자로 연설할 예정이었다. 미국 라디오 코퍼레이션RCA, 웨스턴 일렉트릭, 제너럴 일렉트릭, 레이시온 같은 대기업에서 온 참석자들은 오전 강연 내내 실리콘으로 트랜지스터를 만드는 것은 불가능하다는 발표자들의 말을 반복해서 들었다. 실리콘은 게르마늄의 사촌뻘로 더 단단한 원소였지만 결정화하기가 어려웠다. 이런 분위기 속에서 엔지니어들이 초조

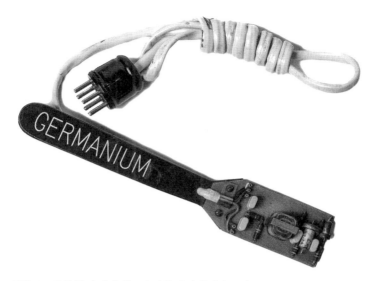

그림 101。 고든 틸이 전기 회로가 장착된 이 주걱을 뜨거운 기름에 담그자, 주걱에 연결되어 있던 축음기의 음악이 지직거렸다. 이는 게르마늄 트랜지스터의 결점을 보여주었다.

하게 두 손을 비비는 동안, 틸은 자신의 손을 주머니에 넣은 채 차례가 오기를 기다렸다.

마침내 틸의 순서가 왔고, 프레젠테이션이 중간쯤 진행되었을 때 그의 동료 윌리스 애덕스Willis Addox가 레코드플레이어를 들고 나왔다. 청중들이 일제히 그쪽으로 고개를 돌리자, 아티 쇼Artie Shaw의 45회전 레코드판 〈서밋 리지 로드Summit Ridge Road〉에서 클라리넷에 하프시코드 반주라는 특이한 조합의 음악이 울려 퍼졌다.[28] 플레이어의 측면에는 주걱처럼 생긴 막대기가 꽂혀 있고 주걱의 평평한 부분에 회로가 장착되어 있었는데, 그 모습이 마치 바이오닉 프라이팬 뒤집개 같았다. 틸은 이

그림 102。 작은 실리콘 트랜지스터. 고든 틸이 프레젠테이션에서 전자 시대의 도래를 알릴 때 주머니에 가지고 있던 것과 같은 것.

회로에는 게르마늄 결정이 들어 있다고 설명한 후 회로가 달린 주걱을 뜨거운 기름에 담갔다. 레코드의 클라리넷과 하프시코드가 지직거렸지만 과학자들은 놀라지 않았다. 그들은 게르마늄의 어두운 비밀을 잘 알고 있었다. 게르마늄은 뜨거워지면 불안정해졌다.

틸은 공개 실험을 재개하면서 이번에는 다른 회로가 설치된 주걱을 꺼냈다. 그리고 음악을 틀고 두 번째 주걱을 뜨거운 기름에 담갔다. 클라리넷과 하프시코드 소리가 잡음 없이 깨끗하게 울리는 가운데 틸은 청중에게 실리콘 트랜지스터는 이 순간에도 음악을 계속 들려주고 있다고 선언했다.

관객석 한가운데 앉아 있던 사람이 자리에서 벌떡 일어나 틸에게 "제조된 실리콘 트랜지스터가 있나요?"[29]라고 묻자, 틸은 "마침 제 코트 주머니에 몇 개 있어요"[30]라고 대답하면서 주머니에 손을 넣어 SF 영화에 나오는 다리 셋 달린 로봇처럼 생긴 작은 금속 장치를 꺼냈다. 미래는 이미 도래해 있었다.

관객 한 명이 공중전화로 달려가서 전화기에 대고 "텍사스에 실리콘 트랜지스터가 있어!"[31]라고 외쳤다. 금속공학의 기적을 실현한 틸은 때늦은 난리법석에 휩싸였다. 하지만 더 중요한 것은 이로써 컴퓨터가 〈오즈의 마법사〉의 양철인간처럼 뇌를 획득했다는 것이다. 컴퓨터는 기본 요소인 실리콘 트랜지스터라는 부품을 갖추면서 스스로 계산하고 사고할 수 있게 되었다. 이 기본 요소가 여러 개 합쳐지면 코이의 전화교환대에 달린 스위치들처럼 더 많은 일을 할 수 있을 뿐 아니라 그것을 대규모로 할 수 있었다. 그리고 트랜지스터라는 기본 요소(실리콘 기반 스위치)가 다른 것들과 결합되었을 때, 컴퓨터는 더 똑똑해져서 인간을 능가할 정도가 되었을 뿐 아니라 인간의 사고방식까지 변화시켰다.

뇌를 바꾸다

코이, 스트로저, 틸, 그리고 그 밖의 수많은 과학자가 이전 기술을 사용해 전보다 나은 스위치를 만들면서 그 스위치들은 전화 시스템이 되고 나중에는 컴퓨터의 핵심이 되었다. 하지만 이 스위치들의 창조는 우리 뇌의 재창조를 불러오기도 했다. 컴퓨터가 인간이 생각하는 방식에 영향을 주게 된 것이다. 초기 컴퓨터는 간단한 작업을 수행하여 인간의 인지력을 증강시켰다. 이후 과학적 공학적 진보에 힘입어 컴퓨터가 월드와이드웹을 창조해낼 수 있을 만큼 발전했다. 하지만 컴퓨터가 어디에나 존재하여 모든 곳과 모든 것을 인터넷으로 연결할 수 있게 만든 주역은 트랜지스터였다. 컴퓨터 이전의 세계와 컴퓨터 이후의 세계는 같지 않고, 현재 학자들은 트랜지스터, 컴퓨터, 인터넷과 함께하는 우리의 삶을 관찰하며 의문을 제기하기고 있다. 이 학자들이 확신하는 것은 이런 기술들이 지금 이 순간 우리 뇌를 바꾸고 있다는 점이다.

인터넷이 우리 뇌까지 세력을 뻗치고 있다는 데는 모든 연구자들이 동의한다. 하지만 인터넷이 우리를 더 똑똑하게 만드는지 바보로 만드는지에 대해서는 논란이 있다. 이 질문에 대해서는 '알기 어렵다'와 '누구에게 묻느냐에 달려 있다'로 답할 수 있다. 과학자들은 실험을 할 때 한 집단은 변화를 겪게 하고 다른 한 집단은 비교를 위해 그대로 둔다. 두 번째 집단을 대조군이라고 하는데, 실험이 실제로 무엇을 하고 있는지 보기 위한 일종의 페이스카(자동차 레이스의 선도차) 역할을 한다. 그런데 인터넷을 사용한 적이 없는 사람을 찾아내기가 굉장히 어렵다 보니, 인터넷의 영향을 조사하는 연구에서는 대조군을 찾는 것이 쉽지 않다. 게다가 대조군이 될 수 있는 사람들도 대조군으로서 부적절한 요소를 가지고 있을 가능성이 있다. 그런 요소들의 예로는 다른 언어를 쓰고 있거나, 극심한 빈곤에 시달리고 있거나, 아미시파 사람들처럼 다른 문화 속에서 살고 있는 경우를 들 수 있다. 하지만 이런 딜레마에도 불구하고 과학자, 연구자, 시민들은 인터넷의 영향에 대해 자신의 주장을 피력하거나 자신이 직관적으로 느낀 생각을 밝히는 것을 멈추지 않을 것이다.

한 진영에는 낙관주의자들이 있는데 이들은 인터넷이 우리를 더 영리하게 만들고 있다고 주장한다. 마우스를 몇 번만 클릭하면 원하는 데이터가 광선에 실려 광섬유를 가로질러 컴퓨터 화면에 나타난다. 벌새가 날개를 한 번 퍼덕이는 시간에 우리는 팀북투가 어디에 있고, 유타주의 주도는 어디이며, 1마일은 몇 피트인지 알아낼 수 있다. 불과 몇십 년 전만 해도 이런 질문에 답하려면 피자가 배달되는 시간보다 긴 시간이 필요했다. 예전 같으면 지도를 펼치거나 도서관에서 백과사전을 찾아보거나 환산표와 계산기를 꺼내야 했을 것이다. 신경과학자 데이비드 이글먼은 "인터넷 덕분에 우리는 갑자기 지구상의 모든 아이디어를 접하게 되었다"라고 하면서 "나는 인터넷이 우리를 바보로 만들고 있다고 생각하지 않는다. 인터넷은 우리를 훨씬 더 똑똑하게 만들 것이다"[32]라고 말한다.

하지만 인터넷의 영향을 그리 낙관적으로 보지 않은 사람들도 있다. 2008년 이후로, 〈애틀랜틱 먼슬리〉에 실린 니컬러스 카Nicholas Carr의 칼럼 '구글은 우리를 바보로 만들고 있는가?'와 같은 논설들이 인터넷의 위험성을 강조했다. 이런 논조가 눈에 띄기 시작한 것은 구글 창립 10년 후, 그리고 인터넷 탄생 17년 후부터였다. 카는 인터넷이 우리 뇌를 어떻게 바꾸고 있는지를 다룬 후속 저서 《생각하지 않는 사람들The Shallows》에서, 웹은 토막난 사실들의 짜깁기, 각종 미디어(텍스트, 사진, 영상, 음성) 의 뷔페, 그리고 링크들을 통해 날 것 그대로의 미가공된 정보 를 제공하기 때문에 우리 뇌는 그것을 소화해서 섭취해야 한다 고 말한다. 이것은 우리 뇌에 부담을 준다.[33] 수백 년 동안 지식 을 책에서 얻어온 우리 회백질은 하나의 사고에서 다음 사고로 흘러가는 선형적 사고에 익숙하다. 하지만 웹에서는 사고가 흐 르지 않고, 홱 당겨지거나 잡아끌리거나 덜커덩거린다.[34] 게다 가 범람하는 정보에 대응하기 위해 우리는 새로운 읽기 습관을 길렀다. 웹페이지를 읽을 때 우리는 흘려 읽기, 키워드 찾기, 표 면적으로 읽기 등으로 필요한 것을 얻는다.[35] 이 새로운 습관에 따라 우리 뇌도 그런 기술에 더 능숙해진다고 신경과학자들은 말한다. 인터넷을 사용하며 생긴 학습 습관이 깊이 생각하는 능 력을 떨어뜨린다고 생각하는 연구자들도 있다.[36]

❖

그동안의 연구에 따르면 우리의 기억은 단기기억과 장기기억 으로 이루어져 있다. 단기기억은 정보를 몇 초간 유지하는 반 면, 장기기억은 수년간 유지한다. 한편 이 둘을 연결하는 작업기억도 있는데 이는 장기기억에서 *끄*집어낸 생각을 정리하는 메모지 같은 역할을 한다.[37] 어떤 요리의 비법을 생각해내거나, 레시피의 다음 단계를 떠올리거나, 머릿속에서 물체를 회전시킬 때 모든 일은 작업기억 속에서 일어난다.[38]

작업기억은 보유할 수 있는 정보의 양에 한계가 있다. 20세기 초에 전화회사가 더 나은 스위치를 만들려고 시도하다가 이 한계를 알게 되었다. 1920년대에 전화가 널리 보급되면서 대도시의 각 가정에 고유 번호를 부여하기 위해 일곱 자리 숫자를 조합한 전화번호를 만들었다.[39] 전화번호가 일곱 자리가 된 것은 행운이었다.

전화번호는 처음에는 숫자만이 아니라 문자와 숫자를 조합해 만들었다. 예를 들어 뉴욕의 전화번호는 'PEN 5000'(펜실베이니아주 교환국의 5000번)과 같은 식이었다. 그러다 1960년대부터 1970년대까지 전화번호가 일곱 자리 숫자가 되었다. 그런데 문제가 생겼다. 사람들이 전화번호를 제대로 기억하지 못해서 잘못 걸린 전화가 발생하기 시작한 것이다. 벨 연구소는 작업기억이 15553141593처럼 긴 숫자를 처리할 수 있는지 알아보기 위한 연구를 지원했고, 그 연구에서 두 가지 중요한 사실을 발견했다. 먼저, 숫자를 1-555-314-1593처럼 끊어서 표시하면 전화번호를 기억하기 쉬웠다(이런 연유로 미국의 전화번호가 지금과 같은 형태가 되었다). 또한 작업기억은 처리할 수 있는 상품 수가 제한된 빠른 계산대와 비슷했는데, 작업기억에서 마법의 숫자는 일곱 개 안팎이었다.[40]

정보 소비는 작업기억의 제약을 받는다.《생각하지 않는 사람들》에서 카가 설명하듯이, 작업기억은 장기기억 안팎으로 정보를 한 컵씩 퍼 넣고 한 컵씩 퍼낸다.[41] 하지만 인터넷은 나이아가라 폭포다. 동영상, 단편적인 정보, 페이스북 게시물, 트위터 글이 첨벙거리며 튕겨내는 정보가 작업기억에 무작위로 섞여 장기기억으로 옮겨지면서 우리는 주의가 산만해진다.[42]

주의를 끄는 제목과 낚시성 링크 등에 지나치게 노출되는 시대에 접어든 우리는 깊이 생각할 겨를 없이 한 이야기에서 다음 이야기로 옮겨간다. 우리의 지식은 표면에 머물러 있다. 책을 읽을 때 우리는 디테일과 뉘앙스를 음미하며 다른 세계에 푹 빠져 깊은 곳까지 헤엄쳐간다. 하지만 인터넷은 세계적으로 퍼져 있는 얕은 풀이다.

우리가 얕은 곳에서 철벅거리는 것은 뇌가 더 이상 정보를 보유할 수 없는 임계점에 도달한 탓이므로, 사회는 정보와 새로운 관계를 맺을 수밖에 없다. 이런 막다른 골목에 이른 우리의 상황을 예술적으로 그려낸 2001년 영화 〈메멘토〉[43]는 인터넷이 우리에게 어떤 것이 되었는지 보여준다. 이 영화에서 레너드 셸비라는 이름의 남자는 아내를 죽인 범인을 쫓는다. 그런데 함정이 있다. 레너드는 새로운 기억을 저장할 수 없는 질환(전향성 기억상실)에 걸린다. 그래서 그는 기억에 이런저런 물건들을 이용하는 원시적인 방법을 급히 마련한다. 주머니에는 (자신의 호텔과 '아는' 사람들을 찍은) 폴라로이드 사진을 넣어둔다. 가슴과 팔에는 사건과 관련된 사실들을 상기시키는 문신("살인범은 존 또는 짐 G")을 새긴다. 벽에는 두꺼운 방습지를 붙여 거기에 폴라로이드 사진들을 모아놓고 메모를 단다. 그의 생물학적 기억(뇌)이 손상된 후로 이런 장치들이 몸 밖에서 뇌의 기억 기능을 대신한다. 레너드의 기억 보조 장치를 철학자들은 확장된 마음이라고 정의할 것이다.[44] 1998년에 "확장된 마음The Extended Mind"이라는 제목의 논문을 공동 저술한 뉴욕대 철학 교수 데이비드 차머스David Chalmers는 그럴 때 "뇌가 하던 역할이 도구로 넘어갈 수 있다"[45]고 말한다. 레너드의 마음은 두개골 안에 있는 것이 아니라 밖에 있다. '확장된 마음'이라는 개념은 그저 수십 년 전 철학 논문에 나온 골치 아픈 학술 개념이 아니다. 그것은 예언이 되었다. 인터넷은 실제로 우리 모두에게 확장된 마음이 되고 있다.

확장된 마음을 가지기 위해 꼭 문신이나 메모지를 갖출 필요는 없다. 돌이켜 보면 우리는 ('확장된 마음'의 정의에 따르면) 오랫동안 소소하게 마음을 확장해왔다는 것을 알 수 있다. 고대 동굴벽에 새긴 조각, 점토판, 양피지 두루마리, 책은 모두 확장된 마음을 이루는 요소들이고, 장바구니 목록, 포스트잇 메모, 달력, 체크리스트도 마찬가지다. 확장된 마음으로 간주되기 위해서는 몇 가지 기준을 충족해야 한다. 차머스에 따르면 "우리는 그것을 획득하고, 신뢰하고, 사용한다." 즉 확장된 마음은 구할 수 있고, 신뢰할 수 있고, 사용할 수 있어야 한다. 우리가 항상 들고 다니는 휴대폰으로 언제 어디서나 인터넷에 접속할 수 있는 지금, 웹은 그 정의에 딱 맞는다.

디지털 시대 이전에는 어머니의 전화번호 같은 정보가 우리에게 소중한 기억이었지만, 인터넷이 우리의 행동을 바꾸면서 그런 정보는 더 이상 소중하지 않게 되었다고 연구자들은 말한다. 과학자들이 입증했듯이 이제 우리는 사물 그 자체를 기억하지 않고 사물이 어디에 있는지를 기억한다.[46] 우리는 전화번호를 기억하는 대신 스마트폰을 꺼내 전화번호를 불러오라고 명령한다. 정보에 관한 한 우리 뇌는 '무엇'보다 '어디'를 우선시한다.[47] 앱이 우리 대신 기억해주기 때문에 우리는 기억할 필요가 없다. 우리의 뇌 배선이 인터넷에 의해 바뀐 것이다. 우리는 구글 뇌로 변했다.

옛날에는 어느 문화에서나 머릿속에 기억한 것을 말로 전하는 방식으로 고유한 역사를 후대에 전했다. 옛날 학생들은 시, 링컨의 게티즈버그 연설, 또는 각 주의 주도들을 외우고 암송했다. 얼마 전까지만 해도 우리는 전화번호를 외웠으며 그것은 우연히도 우리의 작업기억에 잘 맞는 자릿수였다. 이제 그런 관습은 사라졌다. 전화번호를 기억하지 못하는 것을 그저 시대가 변한 증거로 보는 사람들도 있다. 신경과학자 이글먼은 "그것은 중대한 상실이 아니"[48]라고 말한다.

인간과 컴퓨터의 이런 공생관계가 주는 이점이 몇 가지 있다. 주판, 찰스 배비지Charles Babbage의 기계식 컴퓨터, 에이다 러브레이스Ada Lovelace의 소프트웨어, 최초의 전자식 컴퓨터 에니악ENIAC, 그리고 집적회로 덕분에 계산이 간편해졌다. 뇌는 그다지 훌륭한 계산기가 아니기 때문에 무언가에 계산을 맡기는 것까지는 좋았다. 하지만 웹은 인류가 지금껏 경험해보지 못한 규모로 마음을 확장시켰고 우리는 웹이 있는 한 알 필요가 없다는 태도를 갖게 되었다. 뭔가를 찾아보기 쉬울 때 이해하고 경험하는 능력은 저해된다. 경험으로 아는 것과 유튜브로 아는 것에는 차이가 있다. 앎은 구글 검색으로 얻을 수 없다. 지혜는 알고리즘에서 발견할 수 없다. 이해는 다운로드할 수 없다.

◈

인간이 인터넷의 영향을 받는 측면은 앎, 지혜, 이해에 그치지 않는다. 창조성도 마찬가지다. 뇌 자체, 그리고 뇌가 어떻게 창조하는지는 아직 신경과학의 수수께끼이지만, 현재 다양한 창조 활동을 할 때 성장하는 뇌 부위들이 확인되어 있다. 음악가는 뇌의 한 부분이 커져 있다.[49] 시각예술가들은 다른 부분이, 작가들은 또 다른 부분이 커져 있다. 뇌가 어떻게 창조하는지는 확실치 않지만, 뇌가 인터넷의 영향을 받고 있는 것은 확실하다. 하지만 인터넷이 창조성에 어떤 영향을 미치는지에 대해서는 두 가지 상반된 견해가 있다. 창조성이 아이디어를 융합하고 깨고 구부리는 것이라면 인터넷이 우리를 더 창조적으로 만들 수 있을 것이다. 그렇게 생각하는 사람이 신경과학자 데이비드 이글먼이다. 그는 "세계를 많이 흡수할수록 더 창조적이 될 수 있는데, 이는 깨고 섞을 원재료를 더 많이 얻기 때문이다"[50]라고 말한다. 또한 창조성은 준비, 혁신, 그리고 생산까지 여러 단계를 밟을 수 있는데 웹은 첫 번째 단계에 좋은 도구다.[51] 플로리다 대학 신경학과 명예교수인 케네스 힐먼Kenneth Heilman은 "인터넷은 조사와 연구를 하는 사람들에게 정보를 더욱 신속하게 제공할 수 있다"[52]고 말하기도 했다.

하지만 부정적인 면도 있다. 창조성이란 단순히 아이디어를 창고에 보관하는 것이 아니라, 뇌에 아이디어를 서서히 끓일 시간을 주는 과정이기도 하다. 창조성에는 재료가 필요하지만 그 것은 배양도 필요하다. 힐먼은 "우리는 대개 혼자 쉬고 있을 때 굉장히 창조적인 생각을 떠올린다"고 썼다. 대표적인 예가 사과나무 아래 앉아 있던 아이작 뉴턴 경이다. "뉴턴이 이때 이메일을 읽고 있었다면 창조적인 생각을 떠올리지 못했을 것"이라고 힐먼은 말한다. 스마트폰에 푹 빠져 있었다면 사과가 떨어지는 것을 보지도 못했을 것이다.

이글먼에 따르면, 창조성에는 두 부분이 있다. "세계 전체를 흡수하는 것"과 "흡수한 것을 소화하여 새로운 방식으로 통합하는 시간을 갖는 것"이다. 우리의 기술 시대에 후자를 하기란 쉽지 않다. 기술이 넘쳐나는 이 시대는 창조성과 반대 방향으로 간다. 이글먼 같은 사이버 낙관론자들조차 거기에는 동의한다. 그는 "인터넷에서 시간을 낭비하는 방법에는 수천 가지가 있다"라고 말한다. 웹에서 보내는 시간과 멀티태스킹을 선호하는 성향이 우리 뇌에 정보가 넘쳐흐르게 만든다. 게다가 작업기억이 최대 용량에 도달하면 산만해지기가 더 쉽다.[53] 산만하게 하는 것들 때문에 우리는 더 산만해지는데 여기에 웹의 중독성까지 가세하여 우리가 웹의 잠재력을 최대로 활용하는 것을 가로막는다. 더구나 우리는 옛날 뇌를 가지고 현대 세계에 살고 있다. 수렵 채집할 것이 사실상 없는 시대에 수렵 채집하는 마음을 가지고 있기 때문에 우리 뇌는 소셜미디어에서 '팔로우'와 '좋아요'를 수렵 채집하는 일을 무한 반복하게 된다.[54] 인터넷은 깊은 사고를 돕는 도구가 될 수 있지만, 우리가 인터넷을 사용하는 방식에는 주의를 산만하게 하는 요인이 너무 많아서 우리가 깊게 사고하는 것을 막는다.

◆

우리가 기로에 서 있다는 사실을 우리는 자각하고 있고, 이런 기술의 창시자들조차 우리가 뭔가를 얻는 동안 다른 뭔가를 잃고 있다는 것을 안다. 누군가가 돈은 문제가 되지 않는 실리콘밸리의 사립학교에 가본다면, 그곳에 있어야 할 것이 없다는 것을 알고 당황할 것이다. 그곳에는 바로 컴퓨터가 없다![55] 실리콘밸리의 일부 부모들은 자신들이 세상에 내놓은 기술을 자기 자녀에게는 사용하지 못하게 한다. 애플의 아버지 스티브 잡스조차 '로테크low-tech 아버지'였다.[56] 일부 사이버 낙관론자들은 이런 저항이 왜 생기는지 자신이 답을 알고 있다고 생각한다. 이글먼은 "단지 새로운 것이 두려울 뿐"이라고 말한다. 새로운 것에 대한 반발은 오래전부터 항상 존재해왔다. 고대 그리스에서 학자들은 문자가 생기면서 학생들이 구전 전통을 잘 기억하지 못하게 되었고 그 때문에 이해력이 떨어졌다고 푸념했다. 컴퓨터에 대한 우려는 그것의 하이테크 버전일지도 모른다. 뉴욕대학 철학 교수 차머스는 "타협점을 찾는 게 중요하다"라고 말한다.

기술에서 우리가 뭔가를 얻고 있다는 것은 틀림없는 사실이다. 연구 조사들은 20세기 동안 아이큐 검사 점수가 매년 올랐음을 보여준다.[57] 우리는 조부모와 부모 세대보다 똑똑하다. 우리는 더 많은 것을 알고 있고, 더 많은 것을 할 수 있다. 하지만 이것은 새로운 현상이 아니다. 19세기에 토머스 에디슨은 "우리 할머니가 며칠이 걸려도 할 수 없던 일을 우리는 몇 분이면 한다"[58]라고 말했다. 그렇다 해도 오늘날 우리는 어떤 분야의 최신 정보든 테드 강연을 듣고 18분 안에 따라잡을 수 있다. 인터넷 덕분에 우리는 새뮤얼 모스가 예언한 '이웃'이 되었다.

하지만 이 기술로 잃은 것도 있다. "내가 걱정하는 것은 경우에 따라 사람들이 이해력을 잃기 시작할지도 모른다는 점"이라고 철학자 차머스는 말한다. 그는 이어 "내 아이가 모든 것을 컴퓨터를 통해 하고 컴퓨터가 세상의 중심인 상황에 놓이기를 바라지 않는다"라고 말했다.

◆

피니어스 게이지에게서 볼 수 있었던 것처럼, 우리 뇌가 경험하는 것이 곧 우리다. 피상적인 이해만 요구하는 뇌 부위를 지속적으로 사용하면 우리 또한 얕아진다. 깊은 사고를 통해 뇌를 단련하지 않으면 우리는 결국 이해하지 못하고, 창조하지 못하고, 생각하지 못하게 될 것이다.

◆

인터넷, 우리가 사용하는 각종 기기, 그리고 컴퓨터는 우리에게 인간다움의 가치에 대해 묻는다. 알고리즘에 중요한 것과 우리에게 중요한 것이 일치하지 않기 때문이다. 웹이 아는 것은 얼마나 빠르게 검색할 수 있는지, 검색으로 얼마나 많은 항목을 불러올 수 있는지, 그리고 검색의 상위 항목이 무엇인지 따위다. 인류에게 없어서는 안 되는 것이 무엇인지는 웹의 소관이 아니다. 알고리즘은 우리의 수면의 질, 휴가, 언어, 공감, 편향, 획기적인 과학 발견, 반딧불이, 밤하늘, 사생활, 심지어는 인간의 사고방식조차도 상관하지 않는다. 기술은 이런 무형의 가치를 알지 못하기 때문에, 우리는 기술에 이런 것들을 해결해달라고 요청할 수 없다. 인생을 가치 있게 만드는 요소들인 음악, 영화, 맛있는 식사, 우정, 웃음, 정의, 평화, 이야기, 축제, 우연한 만남, 꽃, 여행, 손 편지, 사랑, 진실, 스포츠, 패션, 포옹, 해돋이, 해넘이, 휴가, 소설, 카페인, 책 같은 것들이 컴퓨터에는 아무런 의미가 없다. 이런 것들은 모두 인간의 일이며, 그것을 유지하고 지키기 위해서는 인간의 행동이 필요하다.

컴퓨터 프로세서는 애초에 인간의 뇌를 모델로 만들어졌지만, 이제는 우리가 점점 컴퓨터를 닮아가고 있다. 하지만 인간의 여러 측면들이 기계에 고스란히 옮겨지지는 않을 것이다. 우리 회백질은, 정교한 소프트웨어를 사용해 예/아니오를 신속하게 결정하는 일군의 스위치들보다 훨씬 복잡하다. 우리 뇌는 재능, 창의성, 상상력이라는 수수께끼를 보유하고 있다. 우리는 결함이 있고 비효율적이지만, 유연하고 두려움이 없다. 우리는 불합리해 보이는 것들을 하지만 혁신도 한다. 우리는 혼돈을 창조할 수 있지만 아름다움을 창조할 수도 있다.

컴퓨터의 진보로 우리는 '우리를 진정으로 인간답게 만드는 것이 무엇인가'에 대해 진지하고 깊게 생각해보지 않을 수 없게 되었다. 인류는 갈림길에 놓여 있고, 어느 쪽으로 갈지 방침을 정해야 한다. 더 나은 기계를 만드는 것을 목표로 할 것인가, 아니면 더 나은 종이 되는 것을 목표로 할 것인가. 지금 이 순간 우리는 우리가 가야 할 길을 생각해봐야 한다. 그리고 이 순간 우리에게는 용기도 필요하다. 지금 가고 있는 방향이 마음에 들지 않는다면 용감하게 방향을 바꿔야 한다.

우리는 과감하게 스위치를 돌려야 한다.

— 후기

내가 이 책을 집필할 때 노벨상 수상자 토니 모리슨Tony Morrison, 1931~2019이 남긴 두 마디 말이 북엔드처럼 시작과 끝을 지탱해 주었다. 그중 하나는 이 책의 촉매가 된 말로, 집필을 시작할 때부터 알고 있었다. 그것은 "읽고 싶은 책이 있는데 아직 쓰이지 않았다면 당신이 그것을 써야 한다"이다. 흑인 여성 과학자로서 나는 내 생각이 교과서에 반영되어 있지 않다고 느꼈다. 내 생각은 숨겨지거나, 빠지거나, 그림자에 가리거나, 빛이 거의 닿지 않았다. 과학과 기술에 대한 책을 쓸 기회가 왔을 때 나는 모리슨의 말을 되새겼다.

솔직히 이 책을 쓰기 시작할 때는 과학과 기술에 대한 기존 사고방식을 답습하여 백인 남성들과 그들의 발명에 대해 그동안 익히 들어온 이야기를 되풀이하기만 했다. 하지만 이 책을 쓰는 동안 내게 연금술이 작용했다. 내 안에 잠자코 있던 놀라운 불꽃이 일어나 나 자신의 생각이 담겨 있지 않은 이야기는 쓰지 말라고 한 것이다. 나는 모든 독자는 이야기 안에서 자신의 모습을 볼 필요가 있다는 것을 이해하게 되었다. 그래서 이 책에서 거울을 만들어내려고 시도했다. 내가 소개한 발명가들은 재능이 있었지만 결점도 있었다. 이는 우리 모두가 가지고 있는 요소들이다. 따라서 독자들이, 즉 과학자도 과학자가 아닌 사람도, 발명가 집단에 속하는 사람도 그렇지 않은 사람도 등장인물들과 어딘지 모를 동질감을 느끼며 친숙한 뭔가를 발견할 수 있도록 나는 이 책에서 그들의 복잡한 내면과 인간다움을 보여주려고 시도했다. 오래전에 내가 공학 강의를 들을 때 이런 책이 있었다면 얼마나 좋았을까. 내 배낭에 든 일련의 책들은 내 머리를 채워주었을 테지만, 이런 책은 내 영혼의 허기를 채워주었을 것이다.

기술에 관한 책들은 발명가를 인간답게 묘사하는 경우가 드물다. 많은 저자는 발명가의 천재성을 예찬하고 싶어 하지만, 그렇게 함으로써 의도치 않게 혁신이 아무나 할 수 없는 일인 것처럼 보이게 만든다. 스펙트럼의 반대편에 선 학자들은 가능한 한 많은 것을 알려주고 싶어 한다. 그런 학문적 접근방식은 높은 평가를 받는 일부 연구에는 최선일 것이다. 예를 들어 루이스 멈퍼드Lewis Mumford, 1895~1990, 자크 엘륄Jaques Ellul, 1912~1994, 토머스 쿤Thomas Kuhn, 1922~1996의 연구 등이 그런 경우다. 하지만 나는 소수의 사람들만 이해할 수 있는 기술과 학문에 페이지를 할애하지 않기로 결정했고, 그 대신 많은 사람들이 쉽게 이해할 수 있는 인간적인 이야기를 들려주기로 했다. 처음에는 이런 접근방식이 과연 옳은지 의문이 들었지만, 모리슨 교수의 두 번째 말을 접했을 때 이 전략이 틀리지 않았음을 확신했다.

의문이 확신으로 바뀐 것은 초고를 완성해놓고 뜸을 들이는 동안 1991년 제2회 시카고 인문학 축제에서 모리슨이 했던 기조연설을 우연히 발견했을 때였다. 그 연설을 하고 몇 년 후 퓰리처상을 받게 된 모리슨은 학계에 다양한 입장, 경험, 문화가 공존하는 것이 왜 중요한지에 대해 말했다. 그러면서 "전문 분야의 전통적인 교과서를 새로운 관점으로 다시 읽으라"[1]고 교수들에게 요구했다. 그녀는 그런 노력이 "더 큰 힘, 아름다움, 지적 활력, 그리고 미묘함을 끄집어낼 수 있다"고 설명하고, 그렇게 하지 않으면 우리는 "그야말로 암흑시대"로 가게 될 것이라고 경고했다. 이 말을 듣고 나는 잘 알려진 이야기들을 다룰 때는 내가 서 있는 위치와 접근방식이 대수롭지 않기는커녕 필수불가결한 것이라는 생각이 들었다.

모리슨의 말은 여러모로 내 마음에 와닿았다. 이 책을 쓰면서 나는 좋은 의도에서 문화를 요약하려던 시도가 심각하게 잘못된 방향으로 나아갔던, 경종을 울리는 사례를 알게 되었기 때문이다. 수십 년 전인 1977년에 칼 세이건과 그의 친구들은 나사의 우주탐사선 보이저호에 레코드를 실어 우주로 보낼 수 있는 흔치 않은 기회를 얻었다. 이들이 꾸린 임시 위원회는 90분이라는 짧은 녹음 시간에 지구를 대표하는 곡들을 담기 위해 열심히 노력했다. 당시 43세였던 세이건은 백인이자 고전음악 애호가로서 처음에는 유럽 음악들 위주로 선곡했다. 위원회의 젊은 멤버들이 애쓴 끝에 다른 문화의 음악을 추가할 수 있었지만, 그래도 지구 전체를 대표한다고 보기는 어려웠다. 지구의 진정한 표본이라고 할 만한 플레이리스트가 탄생한 것은 오랜 세월 민속음악 수집가로 활동한 앨런 로맥스Alan Lomax, 1915~2002에게 자문을 구한 덕분이었다. 나는 로맥스에게 깊이 공감했다. 그가 참여하지 않았다면 골든 레코드(우주공간으로 보내는 지구의 타임캡슐)는 지구의 단편만을 드러내게 되었을 것이기 때문이다.

과학과 기술에 대한 책은 부족하지 않지만, 사람들의 사랑을 받았던 세이건처럼 많은 작가가 자신의 렌즈로 작품을 쓴다. 하지만 나는 이 책에서 모리슨 교수가 옳다고 보증한 로맥스의 방식으로 기술이라는 주제에 접근하려고 시도했다. 기술에 대한 논의는 배타적이어서는 안 된다. 왜냐하면 기술은 많이 배운 소수의 사람들만을 위한 것도, 유럽 혈통의 남자들만을 위한 것도 아니기 때문이다. 샌드위치부터 태양전지까지 모든 사람이 뭔가를 만든다. 따라서 과학과 기술에 대해 검토할 때는 이 점을 반영해야 한다. 디제이는 두 개의 턴테이블과 한 개의 마이크를 사용해 음악을 연결하고, 과학자들은 두 개의 시험관을 사용해 크리스퍼 기술로 유전자를 연결한다. 모든 사람은 새로운 것을 창조할 수 있다. 따라서 과학과 기술에 대한 이야기는 혁신이 누구나 할 수 있는 것이라는 생각을 반영해야 한다.

기술에 대한 책이 독자를 고려할 때 독자는 이야기를 즐길 뿐 아니라 자신도 무언가를 만들어낼 수 있다고 느낀다. 책이 발명가의 결점과 실패를 보여주면, 독자는 자신도 도전할 수 있다고 느낀다. 이렇게 격려를 받을 때 독자는 용기를 내어 뭔가를 하게 된다. 이것이 이 책의 핵심이다. 본문에서 보여주었듯이 누구나 발명의 세계로 들어가는 입장권을 가지고 있을 뿐 아니라, 누구나 자신의 발명품을 비판적으로 평가해야 한다. 이런 식으로 발명의 영향을 사려 깊게 분석하는 것은 사회에 도움이 된다. 왜냐하면 그것은 즐거운 두뇌 트레이닝이기도 하지만, 행동과 사회적 변화가 동반될 경우 우리 사회가 상황의 한계를 넘어 기술이라는 '우리를 빚는 연금술'을 바람직한 방향으로 촉진하는 데 도움이 되기 때문이다.

━ 감사의 말

이 책을 쓴 과정을 돌아보니, 책을 쓸 기회를 얻을 수 있었던 것과 책을 쓰는 동안 나를 격려해준 사람들께 감사하는 마음으로 충만해진다. 누구보다 어머니 안젤라 피타로Angela Pitaro에게 감사드린다. 어머니는 나에 대해, 그리고 이 책의 집필에 대해 나 자신이 흔들릴 때조차도 믿어주었다. 형제들인 데이비드와 마르크, 조카 레나와 알렉스, 시누이 카산드라의 지지와 사랑에도 감사를 전한다. 가족뿐만 아니라 친구들도 큰 힘이 되어주었다. 특히 이 책의 산파이자 치어리더가 되어 준 절친한 친구 로빈 샘버그Robin Shamburg에게 감사한다. 우정으로 내 영혼을 채워준 새라 막서Sarah Marxer, 단짝 친구인 캐시 옙Kathy Yep에게도 고마움을 전한다. 또한 지나 버넷Gina Barnett, 웬디 실리Wendy Sealey, 이네스 곤잘레스Ines Gonzales, 캐서린 보볼라코스Katherine Vorvolakos, 레슬리 케나Leslie Kenna, 에밀리 로디치Emilie Lorditch, 지나 라 서버Gina La Cerva, 에린 라빅Erin Lavik 덕분에 이 기나긴 여정의 부담을 덜 수 있었다. 또한 밀드레드 뮤본Mildred Mewborn, 라몬트 화이트Lamont White, 론 녹스Ron Knox, 필립 피온델라Philip Fiondella, 낸시 산토어Nancy Santore, 빅토리오 스웨트Victorio Sweat 덕분에 하루하루를 더 즐겁게 보낼 수 있었다. 그리고 내 제자들, 특히 케이티 맥킨스트리Katie McKinstry, 가이 마커스Guy Marcus, 제레미 포인덱스터Jeremy Poindexter, 주 후앙Xu Huang은 내가 새로운 장을 열 수 있도록 자극을 주었다.

내가 과학을 좋아하게 된 것은 오래전 공영 텔레비전 프로 그램뿐만 아니라 다음과 같은 훌륭한 과학 선생님들 덕분이기 도 했다. 캐슬린 도노휴Kathleen Donohue, 장 마리 하워드Jean-Marie Howard, 에델가드 모스 박사Dr. Edelgard Morse가 그런 분들이다. 모 스 박사가 브라운 대학에서 화학 21T 과목을 개설하지 않았 다면 과학자가 되겠다는 내 꿈은 좌절되었을 것이다. 모스 박 사님, 정말 감사합니다! 또한 아스파이어 버핏 선생님Ms. Aspaia Verpuit 덕분에 역사를 좋아하게 되었다.

셜리 맬컴Shirley Malcom, 앤 포스토 스털링Anne Fausto-Sterling, 새 뮤얼 앨런Samuel Allen, 클레이튼 베이츠Clayton Bates, 제임스 미 첼James Mitchell, 리사 마커스Lisa Marcus, 우샤 캐너시Usha Kanithi, 데 이비드 존슨 주니어David Johnson, Jr., 폴 플뢰리Paul Fleury의 조언과 도움에 감사드린다. 과학은 재미있으며 누구나 할 수 있는 것 이라는 내 메시지를 널리 전달하도록 도와준 조디 솔로몬 연설 가 사무국Jodi Solomon Speakers Bureau에도 감사드린다. 마지막으로, MIT 출판부와 함께 일할 수 있어서 즐겁고 영광이었다. 특히, 지원을 (그리고 인내심을) 아끼지 않은 편집자 밥 프라이어Bob Prior와, 처음부터 내게 용기를 준 편집장 에이미 브랜드Amy Brand 께 감사드린다.

아프리카에는 "한 아이를 키우려면 온 마을이 필요하다"는 속 담이 있다. 나는 책을 만드는 데도 그 말이 해당된다는 것을 알 게 되었다. 많은 조직과 친절한 분들께 지지, 도움, 격려를 받았 다. 어머니 안델라 피타로는 대서양 건너편에서 이 책의 자료를 구하기 위해 영국 휴가를 변경해 조사 여행을 다녀왔다. 어머니가 구해준 사진과 자료뿐 아니라 우리 사이의 새로운 유대에도 감사드린다. 미국에서 얻은 자료에 관해서는, 캘리포니아 문서보관소에서 자료를 확보해준 조 캐프먼Jo Chapman과, 구하기 힘든 학술지 논문을 찾아준 카스자 스파누Kasja Spanou와 알바 모리스Alba Morriss에게 감사의 말씀을 드린다. 필사를 해준 덜지 레베타 포터도Dulsie Rebecca Feurtado, 도판 작업을 해준 마크 사바Mark Saba, 원고 정리를 해준 베브 S. 웨일러Bev S. Weiler, 최종 원고를 편집해준 마이클 심스Michael Sims에게도 감사드린다.

작가에게 줄 수 있는 최고의 선물 중 하나는 귀를 기울여주는 것이다. 힐러리 브루웍Hilary Brueck, 캐리 리드Carey Reed, 닉 스미스Nick Smith는 내게 큰 아량을 베풀어주었다. 이 분들의 흔들림 없는 지지와 격려에 감사한다. 샘 프리드먼Sam Freedman 교수님께는 2014년 수업을 청강할 수 있도록 허락해주신 것에 대해 특별한 감사를 드린다. 켈리 맥매스터스Kelly McMasters는 이 책의 구상뿐 아니라 나중에 최종 원고를 다듬는 데도 도움을 주셨다. 과학적 내용에 대해 사려 깊은 의견을 주신 예일 대학의 로버트 고든 교수님과, 이 책이 첫 협상을 통과할 수 있도록 도와준 마리 브라운께도 감사드린다.

수많은 문서보관소 덕분에 이 책이 나올 수 있었다. 모두 이 책의 어딘가에 소개되어 있으며, 그 모든 기관에 감사를 드리고 싶다. 그중에서도 의무 이상으로 애써준 다음 분들에게 깊이 감사드린다. 셸든 호크하이저Sheldon Hochheiser(AT&T 아카이브), 멜리사 와슨Melissa Wasson(AT&T 아카이브), 윌리엄 코플린 William Caughlin(AT&T 아카이브), 에드 에커트Ed Eckert(노키아 아카이브), 레베카 날드니Rebecca Naldony(노키아 아카이브), 제임스 아머메이저James Amemasor(뉴저지주 히스토리컬 소사이어티The New Jersey Historical Society), 고든 본드Gordon Bond(가든 스테이트 레거시Garden State Legacy), 트리나 브라운Trina Brown(스미스소니언 라이브러리Smithsonian Libraries), 샬럿 채플Charlotte Chapel(프렌즈 오브 플룸하우스Friends of Plume House), 제이미 마틴Jamie Martin(IBM 아카이브), 케네스 맥넬리스Kenneth McNelis(뮤지엄 오브 버스 트랜스포테이션The Museum of Bus Transportation), 폴라 노튼Paula Norton(더비 히스토리컬 소사이어티The Derby Historical Society), 사라 파라미져니Sara Paramigiani(플리트우드 뮤지엄The Fleetwood Museum), 케이 피터슨Kay Peterson(스미스소니언 협회The Smithsonian Institute), 데이비드 로즈David Rose(마치 오브 다임스 재단The March of Dimes Foundation), 에드워드 색스Edward Sax(빈티지 라디오 뮤지엄The Vintage Radio Museum), 고 찰스 세콤the late Charles Seccombe(코네티컷주 앤소니아), 다릴 스미스Daryl Smith(예일 글래스블로잉 랩Yale Glassblowing Lab), 프랜시스 스켈튼Frances Skelton(뉴헤이븐 뮤지엄The New Haven Museum), 에드 수라토Ed Surato(뉴헤이븐 뮤지엄The New Haven Museum), 그리고 할 월리스Hal Wallace(스미스소니언 협회). 이 책을 위해 많은 분이 인터뷰를 해주었지만, 특히 존 카사니John Casani, 프랭크 드레이크Frank Drake, 티머시 페리스Timothy Ferris, 캐럴라인 헌터Caroline Hunter, 낸시 매리슨Nancy Marrison, 데이비드 루니David Rooney, 도널드 틸 박사Dr. Donald Teal께 감사드린다.

지역 도서관 뉴헤이븐 공공 도서관에 특별한 감사를 드리고, 무엇보다 큰 도움을 준 직원 미첼 브랜치께 감사드린다. 샤론

로벳 그래프Sharon Lovett-Graff께는, 구하기 힘든 책과 참고문헌을 입수해준 데 대해 특별히 감사드린다. 도서관의 폐쇄 서고에 들어갈 수 있도록 허락해준 세스 갓프리Seth Godfrey께도 감사드린다. 집필 장소를 제공해준 불리 도서관에도 감사드린다.

이 책을 위한 자료를 얻을 수 있었던 것은 하느님의 은총이라고 생각하지만, 내가 받은 금전적 지원 덕분이기도 했다. 다음 기관의 후원에 깊이 감사드린다. 고든 틸 페이퍼스Gordon Teal Papers를 방문하기 위한 트래블 펠로십을 주신 베일러 대학 텍사스 콜렉션과 존 윌슨John Wilson관장님께 감사드린다. 2017년 7월 한 달 동안 특히 생산적이고 알찬 집필의 시간을 가질 수 있었던 것에 대해 제러시 레지던스 아티스트 프로그램Djerrasi Resident Artists Program에 감사드린다. 마지막으로, 도서 지원금을 주신 알프레드 P. 슬론 재단의 박식하고 든든한 도론 웨버와 그 직원에게 감사드린다. 덕분에 나는 내가 쓸 수 있는 최선의 문장을 쓸 수 있었고, 도판과 사진을 확보할 수 있었다. "한 장의 사진은 천 마디 말의 가치가 있다"고 한다. 각각의 사진에 대해 천 마디 감사를 전한다.

솔직히 이 책을 집필하는 동안 신세진 분들은 일일이 거명할 수 없을 정도로 많다. 폭넓고 진심 어린 감사로 대신하려 한다. "고맙습니다!"

이 책의 저자 아이니사 라미레즈는 '작가의 말'에서 "흑인 여성 과학자로서 …… 내 생각은 숨겨지거나, 빠지거나, 그림자에 가리거나, 빛이 거의 닿지 않았다"라고 밝히고 있다. 이러한 경험은 라미레즈의 인생 여정에 영향을 미쳤을 뿐 아니라, 이 책을 탄생시키는 계기가 되었다. 과학과 기술은 많이 배운 소수의 사람만을 위한 것도, 유럽인 남성만을 위한 것도 아니라는 생각은 라미레즈를 과학자와 '과학 전도사'의 길로 이끌었으며, 이 책을 통해 "누구나 발명의 세계로 들어가는 입장권을 가지고 있"음을 보여주기에 이르렀다.

아프리카계 미국인 여성인 라미레즈는 서문에서 직접 밝히고 있듯이, 어릴 때 한 방송 프로그램에 아프리카계 미국인 소녀가 출연하여 문제를 해결하는 것을 보며 과학자가 되겠다는 결심을 굳혔다. 그 소녀에게서 마치 거울을 들여다보는 듯한 느낌을 받았던 것이다. 하지만 과학자가 된 후 그런 거울을 찾기란 쉽지 않았다. 2015년 〈사이언스〉에 기고한 글에서 그녀는 스탠퍼드 대학에서 박사학위를 밟던 시절 재료과학부의 유일한 흑인 학생으로서 외롭고 길 잃은 느낌이 들었다고 고백했다. 라미레즈는 박사학위를 딴 후 벨 연구소에서 연구원으로 일하다가 예일 대학 교수가 되었지만, 학계가 자신에게 맞지 않음을 깨닫고 과감하게 그곳을 박차고 나와 '과학 커뮤니케이터'의 길을 걷게 되었다. 스스로가 과학을 가르치는 일을 좋아한다는 사실을 깨달은 그녀는 아이작 아시모프와 칼 세이건의 뒤를 이어 과학에 대해 강의하고 쓰는 일을 "하나뿐인 이 야생의 소중한 삶을 걸"(메리 올리버의 시 〈여름날The Summer Day〉의 한 구절) 천직으로 삼았다.

이 책의 원제 'Alchemy of Us: How Humans and Matter Transformed One Another'를 직역하면 '우리의 연금술: 어떻게 인간과 물질은 서로를 변화시켰는가'이다. '연금술'은 신비주의적 요소를 가지고 있어서 언뜻 과학책 제목에 어울리지 않는다는 생각이 든다. 하지만 납과 같은 비금속卑金屬을 금이나 은과 같은 귀금속貴金屬으로 바꾸는 과정에서 이루어진 여러 가지 물질의 발견과 실험기구의 개발은 화학의 발전에 지대한 공헌을 했다. 다른 한편으로, 라미레즈가 전공한 재료과학은 재료의 물리·화학적 성질을 연구하고 새로운 재료를 개발하는 분야로서 현대판 연금술이라고도 할 수 있을 것이다.

연금술은 '변화시키는 기술'이라는 점에서 이 책의 주제를 응축하고 있다. 발명가가 여러 가지 물질 재료(이 책에서는 여덟 개 장에서 쿼츠, 강철, 구리, 은, 자기, 탄소, 유리, 실리콘을 다룬다)를 빚어 발명품을 탄생시키면 그다음에는 그 발명품이 우리의 삶, 사회, 문화, 그리고 뇌까지도 변화시킨다는 사실을 이 책에서 라미레즈는 보여준다. 시계는 현대인의 시간 강박과 수면 부족을 초래했다. 철도는 한 지점에서 다른 지점으로 이동하는 데 걸리는 시간을 줄임으로써 '시공간을 압축'했다. 조명의 발명은 과도한 빛으로 체내 시계를 교란함으로써 건강 문제를 초래했다. 통신 기술의 제약은 언어의 형태에 영향을 미쳤다. 축음기는 음악의 형태를 바꾸었고, 인터넷은 현재 우리 뇌에 영향을 미치고 있다.

이 책은 기술을 다룬 책이지만 어렵지 않다. 과학의 재미와 경이를 더 많은 사람에게 전하기 위해 저자가 스토리텔링 기법을 사용한 덕분에 기술에 대한 지식이 별로 없는 사람들도 부담 없이 이야기 속으로 걸어 들어갈 수 있다. 런던에서 시간을 파는 사업을 했던 여성, 링컨의 시신을 싣고 달렸던 장의열차, 산업혁명 전까지는 당연한 수면방식이었던 분할 수면, 크리스마스가 선물하는 날이 된 이유, 총상을 입은 대통령의 상태를 전했던 전신 메시지, 사진필름을 발명한 무명 발명가와 그 발명을 가로채려는 기업과의 싸움, 19세기 은판사진에 가장 많이 찍힌 흑인 남성이 품었던 의도, 에디슨이 전구를 발명하는 데 촉매가 된 이름 없는 발명가, 소리의 저장과 편집, 유리가 과학적 발견에서 수행한 역할, 새로 발명된 전화기로 통화를 시연하는 전화 콘서트, 전화교환원 때문에 고객을 잃고 있다고 생각한 장의사가 자동 전화교환기를 발명하는 과정 등은 그 자체로 흥미롭다.

과학과 기술에 대한 기존 사고방식을 답습하지 않고 저자가 자신의 시각을 담아 풀어내는 이야기 속에서 자연스럽게 기술의 '불편한 진실'도 드러난다. 예를 들어 필름의 화학성분이 백인의 피부색에 최적화된 탓에 흑인이 사진에 잘 찍히지 않았던 일, 폴라로이드 카메라가 남아프리카공화국에서 흑인 통행증 발급에 사용됨으로써 인종차별 정책을 지원했던 역사, 보이저호에 실어 우주로 보낼 골든 레코드의 선곡에 끼어 들어간 편향 등이 그렇다. "우리가 개발하는 기술은 무해하지 않으며, 항상 공공의 이익을 위해 쓰이는 것도 아니다. 기술은 사진필름이 그러했듯이 그 시대의 쟁점, 신념, 가치를 담아낸다"라는 라미레즈의 말은 생각할 거리를 남긴다.

주

출처, 소장품, 인터뷰
이 책의 내용은 다음의 도서관, 문서보관소, 소장품의 도움을 받았다.
Alexander Fleming Laboratory Museum, AT&T Archives and History
Center, Baker Library of Harvard Business School, The Bancroft Library,
The British Library, Cambridge University Library, Chicago History
Museum Archives, Columbia University Archives, Computer Museum
Archives, Connecticut State Library, Corning Inc. Archives, DeGoyler
Library of Southern Methodist University, Derby Historical Society, The
Fleetwood Museum of Art and Photographic, Friends of Plume House,
George Eastman Museum, George Washington University Archives, The
Henry Ford, History Center in Tompkins Country, IBM Archives, IEEE
Historical, Ironwood Area Historical Society, Ironwood Carnegie Library,
Kansas City Public Library, Kansas Historical Society, Kingston Museum
and Heritage Service, LaPorte Historical Society, Library of Congress,
Michigan State University, Morristown & Morris Township Library,
The Museum of Bus Transportation, Museum of Science and Innovation
Archives, Napa County Historical Society, National Archives at Kansas
City, New Haven Free Public Library, New Haven Museum, New Jersey
Historical Society, New York Historical Society, New York Public Library
Archives and Rare Books Division, Newberry Library, Niels Bohr Library
& Archives, NOAA, Nokia Archives, Penfield Historical Society, Rakow
Research Library at the Corning Museum of Glass, Royal Society Library,
San Francisco Public Library, San Jose Public Library, Schomburg Center
for Research in Black Culture-Manuscripts, Schott Archives, Science
History Institute, Smithsonian Institute, Southern Connecticut State
University Library, St. Petersburg Florida Library, Stanford University
Archives, The Texas Collections at Baylor University, Trinity College
Library, Ulysses Historical Society, Ulysses Historian Office, Union College
Archives, Vintage Radio and Communication Museum, Waco-McLennan
County Library, The Historic New Orleans Collection's William Research

Center, Worcester Polytechnic Institute Archives, Xavier University of Louisiana Archives, and Yale University Archives.

이 책의 내용은 다음 분들의 인터뷰에서 도움을 받았다.

Gretchen Bakke, John Ballato, Naomi Baron, Roger Beatty Fernando Benadon, Paul Bogard, Marvin Bolt, Gordon Bond, Kevin Brown, John Casani, Robert Casetti, David Chalmers, Oliver Chanarin, Charlotte Cole, Jane Cook, Leo Depuydt, Frank Drake, Nancy Jo Drum, David Eagleman, Joanna Eckles, A. Roger Ekirch, Fabio Falchi, Isobel Falconer, Timothy Ferris, Mariana Figueiro, Ariel Firebaugh, Robert Friedel, Peter Galison, Jon Gertner, Robert Gordon, Kenneth Heilman, George Helmke, Albert Hoagland, David Hochfelder, Sheldon Hochheiser, Caroline Hunter, William Jensen, James Jones, Kathy Kanauer, Art Kaplan, Daniel Kelm, William LaCourse, Ed Lax, Robert Levine, Sarah Lewis, John Littleton, James Lloyd, Travis Longcore, Bertram Lyons, Nancy Marrison, Avalon Owens, Mark Rea, Susie Richter, David Rooney, Wolfgang Schivelbush, Daryll Smith, David Smith, Joel Snyder, Carlene Stevens, Richard Stevens, Donald Teal, Leslie Tomory, Susan Troilier-Mckinstry, Geoff Tweedale, Hal Wallace, Thomas Wehr, Wayne Wesolowski, Matthew Wolf-Meyer, Randall Youngman, and Evitar Zerubavel.

주에 사용된 약어

ATT AT&T Archives and History Center

AS-PEN Almon Strowger Vertical File, Penfield Historical Society

AV-SI Vail Telegraph Collection (Record Unit 7055), Smithsonian Institute Archives

BAY Gordon Kidd Teal Papers, Accession #3820, The Texas Collection, Baylor University

CMOG Rakow Research Library, Corning Museum of Glass

COR Corning Inc. Archives

CSL Connecticut State Libraries

DHS William Wallace Vertical File, Derby Historical Society

HH-LC Herman Hollerith Papers (MSS49510), Manuscript Division, Library of Congress

HG-NJHS-VF Hannibal Goodwin Vertical File, The New Jersey Historical

Society

HG-NJHS-PELL Papers of Charles H. Pell (MG1041), The New Jersey Historical Society

JJH-WPI Jacob Hagopian Papers (MS13), Worcester Polytechnic Institute Archives

JJT-TRI Papers of J. J. Thomson, Trinity College Library, Cambridge

MUY-SUL Walter R. Miles Research concerning Eadweard Muybridge (M0736), Department of Special Collections, Stanford University Libraries

NHFPL NOHC New Haven Free Public Library, Connecticut War of 1812 Newspaper Collection (Mss 499), Williams Research Center, The Historic New Orleans Collection

POL-HBS Polaroid Corporation Administrative Records, Baker Library Historical Collections, Harvard Business School

PRWM-SCH Southern Africa Collective Collection (Papers of the Polaroid Revolutionary Workers Movement, PRWM), Schomberg Center for Research in Black Culture, The New York Public Library

RJ-CHM Rey Johnson Papers (Lot X3312.2006), Computer History Museum

SAG-LC The Seth MacFarlane Collection of the Carl Sagan and Ann Druyan Archive, Library of Congress

SFBM-ONE Edward Lind Morse, ed. *Samuel F. B. Morse: His Letters and Journals*, Vol. 1: Houghton Mifflin Co., 1914

SFBM-TWO Edward Lind Morse, ed. *Samuel F. B. Morse: His Letters and Journals*, Vol. 2: Houghton Mifflin Co., 1914

SFBM-YUL Morse Family Papers (MS 359), Manuscripts and Archives, Yale University Library

TAE *The Papers of Thomas A. Edison*, Volume 3 published by The Johns Hopkins University Press, 1989

TAE-RU The Thomas Edison Papers, Rutgers, The State University of New Jersey (edison.rutgers.edu)

WUTC-SI Western Union Telegraph Company Records, Archives Center, Smithsonian Institution

1. 교류하다

1. David Rooney, *Ruth Belville: The Greenwich Time Lady* (London:

National Maritime Museum, 2008), 91.

2. Donald De Carle, *British Time* (London: C. Lockwood, 1947), 108.

3. Rooney, *Ruth Belville*, 64.

4. Rooney, 저자와의 전화 인터뷰, March 4, 2016.

5. Robert James Forbes, *The Conquest of Nature: Technology and Its Consequences* (New American Library, 1969), 118.

6. Robert Levine, 저자와의 전화 인터뷰, May 2, 2016.

7. A. Roger Ekirch, "The Modernization of Western Sleep: Or, Does Insomnia Have a History?" *Past & Present* 226, no. 1 (2015): 156.

8. Ekirch, 저자와의 전화 인터뷰, April 22, 2016.

9. Ekirch, "Modernization of Western Sleep," 152.

10. Ekirch.

11. Ekirch, 158.

12. Ekirch, 전화 인터뷰.

13. Ekirch.

14. Edward P. Thompson, "Time, Work-Discipline, and Industrial Capitalism," *Past & Present*, no. 38 (1967): 82.

15. Etymologies: 웹사이트 www.etymonline.com에서.

16. Rooney, 전화 인터뷰.

17. Rooney, *Ruth Belville*, 35.

18. John L. Hunt, "The Handlers of Time: The Belville Family and the Royal Observatory, 1811-1939," *Astronomy & Geophysics* 40, no. 1: 126.

19. "Taking the Time Round," *Yorkshire Post and Leeds Mercury* (Leeds, UK), December 13, 1943, 2.

20. Hunt, "Handlers of Time," 127.

21. Kenneth Charles Barraclough, *Benjamin Huntsman, 1704-1776* (Sheffield, UK: Sheffield City Libraries, 1976), 2.

22. Samuel Smiles, *Industrial Biography: Iron Workers and Tool Makers* (Boston: Ticknor and Fields, 1864), 136.

23. Kenneth Charles Barraclough, "Swedish Iron and Sheffield Steel," *Transactions of the Newcomen Society* 61, no. 1 (1989): 79-80.

24. Smiles, *Industrial Biography*, 137.

25. Alan Birch, *The Economic History of the British Iron and Steel Industry, 1784-1879: Essays in Industrial and Economic History with Special Reference to the Development of Technology* (London: Cass, 1967),

301.

26. John Percy, *Metallurgy: The Art of Extracting Metals from Their Ores, and Adapting Them to Various Purposes of Manufacture* (London: John Murray, 1864), 835.

27. Rooney, *Ruth Belville*, 99.

28. Stephen Battersby, "The Lady Who Sold Time," *New Scientist* 25(2006): 52–53.

29. Rooney, *Ruth Belville*, 100.

30. Ed Wallace, "They're Men Who Know What Time It Is," *New York World-Telegram*, December 23, 1947, 17. *ATT*.

31. W. R. Topham, "Warren A. Marrison–Pioneer of the Quartz Revolution," *Bulletin of the National Association of Watch and Clock Collectors, Inc.*, no. 31 (1989): 126–134.

32. Nancy Marrison, 저자와의 전화 인터뷰, March 24, 2016.

33. Warren A. Marrison, "Some Facts About Frequency Measurements," *Bell Labs Record* 6, no. 6, 386.

34. *The World's Most Accurate Public Clock* (pamphlet) (New York: American Telephone and Telegraph, 1941), 1. *ATT*.

35. Matthew Wolf-Meyer, 저자와 스카이프로 인터뷰, May 2, 2016.

36. Thomas A. Wehr, "In Short Photoperiods, Human Sleep Is Biphasic," *Journal of sleep research* 1, no. 2 (1992), 103–107.

37. Ekirch, 전화 인터뷰.

38. Bruce M. Altevogt and Harvey R. Colten, ed. *Sleep Disorders and Sleep Deprivation: An Unmet Public Health Problem* (Washington, DC: National Academies Press, 2006), 1.

39. Yinong Chong, Cheryl D Fryer, and Qiuping Gu, "Prescription Sleep Aid Use among Adults: United States, 2005–2010," *NCHS Data Brief*, no. 127 (2013): 1–8.

40. Ekirch, 전화 인터뷰.

41. Allan Rechtschaffen et al., "Physiological Correlates of Prolonged Sleep Deprivation in Rats," *Science* 221, no. 4606 (1983): 182–184.

42. Michael A. Grandner et al., "Problems Associated with Short Sleep: Bridging the Gap between Laboratory and Epidemiological Studies," *Sleep Medicine Reviews* 14, no. 4 (2010): 239–247.

43. Peter Galison, *Einstein's Clocks and Poincare's Maps: Empires of Time*

(W. W. Norton, 2004), 248.

44. Galison, 저자와 스카이프로 인터뷰, May 2, 2016.

45. "Time's Backward Flight," *New York Times*, November 18, 1883, 3.

46. Carlton Jonathan Corliss, *The Day of Two Noons* (Washington, DC: Association of American Railroads, 1942), 3.

47. "Standard Time," *Harper's Weekly* 27, no. 1410 (1883): 843.

48. Galison, *Einstein's Clocks*, 271.

49. Robert Goffin, *Horn of Plenty: The Story of Louis Armstrong* (Boston: Da Capo Press, 1947), 17.

50. Fernando Benadon, "Time Warps in Early Jazz," *Music Theory Spectrum* 31, no. 1 (2009): 3; email to author, April 3, 2016.

51. Louis Armstrong, interviewed by Ralph Gleason, *Jazz Casual*, January 23, 1963, video, 12:52, https://youtu.be/ Dc3Vs3q6tiU

52. Stanley Crouch, *Considering Genius: Writings on Jazz* (New York: Basic Books, 2009), 211.

53. James Jones, 저자와의 전화 인터뷰, May 6, 2016.

54. John S. Mbiti, *African Religions & Philosophy* (Portsmouth, NH: Heinemann, 1990), 21.

55. Ralph Ellison, *Invisible Man* (New York: Vintage, 1980), 8.

56. Benadon, 6.

57. David Eagleman, 저자와의 전화 인터뷰, April 25, 2016.

58. Rooney, 저자와의 전화 인터뷰.

59. Rooney, *Ruth Belville*, 62.

60. David Rooney, "Maria and Ruth Belville: Competition for Greenwich Time Supply," *Antiquarian Horology* 29, no. 5 (2006): 624.

61. "Gas Lamp Danger: Inquest Warning," *Nottingham Evening Post* (Nottingham, UK), December 13, 1943, 1.

2. 연결하다

1. Victor Searcher, *The Farewell to Lincoln* (Nashville, TN: Abingdon Press, 1965), 97.

2. John Carroll Power, *Abraham Lincoln: His Life, Public Services, Death and Great Funeral Cortege, with a History and Description of the National Lincoln Monument, with an Appendix* (Springfield, IL: E. A. Wilson & Co., 1873), 120.

3. Power, 26.

4. Power, 132.

5. Henry Bessemer, *Sir Henry Bessemer, F.R.S.: An Autobiography* (London: Offices of "Engineering," 1905), 136.

6. Bessemer, 54.

7. R.H. Thurston, "Sir Henry Bessemer: A Biographical Sketch," *Cassier's Magazine*, September 1896, 325.

8. S. T. Wellman, "The Story of a Visit to Sir Henry Bessemer: Recollection of the Early History of the Basic Open-Hearth Process," *Scientific American: Supplement*, 402.

9. T. J. Lodge, "A Bessemer Miscellany," in *Sir Henry Bessemer: Father of the Steel Industry*, ed. Colin Bodsworth (London: IOM Communications, 1998): 142.

10. Bessemer, *Sir Henry Bessemer, F.R.S.*, 139.

11. Bessemer, 304.

12. Thurston, "Sir Henry Bessemer," 329.

13. Bessemer, *Sir Henry Bessemer, F.R.S*, 142.

14. Thomas J. Misa, *A Nation of Steel* (Baltimore: Johns Hopkins University Press, 1998), 8.

15. Bessemer, 143.

16. Bessemer, 144.

17. Robert B. Gordon, "The "Kelly" Converter," *Technology and Culture* (1992), 769.

18. Gordon, 770.

19. J. E. Kleber and Kentucky Bicentennial Commission, *The Kentucky Encyclopedia* (Lexington: University Press of Kentucky, 1992), 485.

20. Gordon, "Kelly Converter," 777.

21. Gordon, 778.

22. William Kelly. Improvements in the Manufacture of Iron. US Patent 17,628, issued June 23, 1857.

23. Gordon, "Kelly Converter," 777.

24. Douglas A. Fisher, *The Epic of Steel* (New York: Harper & Row, 1963), 123; Elting E. Morison, *Men, Machines, and Modern Times* (Cambridge, MA: MIT Press, 1968), 123.

25. Stewart H. Holbrook, *Iron Brew* (New York: Macmillan Co., 1939), 2.

26. Edmund Quincy, *Life of Josiah Quincy* (Boston: Little, Brown, 1874), 47.

27. Charles O. Paullin, *Atlas of the Historical Geography of the United States* (Washington, DC: Carnegie Institution of Washington, 1932), 138A-B.

28. Thomas C. Cochran, "The Social Impact of the Railroad," in *The Railroad and the Space Program*, ed. Bruce Mazlish (Cambridge, MA: MIT Press, 1965), 169.

29. Frank W. Blackmar, *Kansas; A Cyclopedia of State History, Embracing Events, Institutions, Industries, Counties, Cities, Towns, Prominent Persons, Etc. ... With a Supplementary Volume Devoted to Selected Personal History and Reminiscence*, vol. 2 (Chicago: Standard Publishing Company, 1912), 536.

30. Ruth S. Cowan, *A Social History of American Technology* (Oxford: Oxford University Press, 1997), 117.

31. Fisher, *The Epic of Steel*, 125.

32. Bruce David Forbes, *Christmas: A Candid History* (Berkeley: Univ. of California Press, 2008), 17.

33. "Society Out Shopping," *New York Times*, December 25, 1894, 19.

34. Susan G. Davis, "'Making Night Hideous': Christmas Revelry and Public Order in Nineteenth-Century Philadelphia," *American Quarterly* 34, no. 2 (1982): 187.

35. Davis.

36. Steven Dutch, "Making the Modern World" (lecture, University of Wisconsin-Green Bay, 2014).

37. Penne L. Restad, "Christmas in 19th-Century America," *History Today* 45, no. 12 (1995): 17.

38. "Forest of Christmas Trees," *New York Times*, December 17, 1893, 17.

39. Restad, "Christmas in 19th-Century America," 16.

40. "Heavy Christmas Mails," *New York Times*, December 21, 1890, 20.

41. "Home-Made Christmas Presents," *New York Times*, December 24, 1880, 4; Forbes, *Christmas*, 116.

42. Forbes, *Christmas,* 127.

43. R. H. Thurston, "The Age of Steel," *Science* 3, no. 73 (1884): 792.

3. 전하다

1. Daniel Walker Howe, *What Hath God Wrought: The Transformation of*

America, 1815-1848 (Oxford: Oxford University Press, 2007), 8.

2. Robert V. Remini, *The Life of Andrew Jackson* (New York: Penguin, 1988), 92.

3. Donald R. Hickey, *The War of 1812: A Forgotten Conflict, Bicentennial Edition* (Champaign: University of Illinois Press, 2012), 208.

4. Robin Reilly, *The British at the Gates: The New Orleans Campaign in the War of 1812* (New York: Putnam, 1974), 296.

5. Andrew Jackson, "Proclamation: To the Free Colored Inhabitants of Louisiana," *Niles' Weekly Register*, December 3, 1814, 205. *NOHC*

6. 새뮤얼 모스(SFBM)가 형제 시드니 모스에게 보낸 편지 January 6, 1839, *SFBM-TWO*, 115.

7. 새뮤얼 모스(SFBM)가 부모님께 보낸 편지, May 2, 1814, *SFBM-ONE*, 132.

8. 새뮤얼 모스(SFBM)가 아내 사망 한 달 후 친구에게 보낸 편지, *SFBM-ONE*, 268.

9. 새뮤얼 모스(SFBM)가 아내 루크리셔 모스에게 보낸 편지, February 10, 1825, *SFBM-ONE*, 264.

10. 제디디아 모스가 새뮤얼 모스(SFBM)에게 보낸 편지, February 8, 1825, *SFBM-ONE*, 265.

11. 새뮤얼 모스(SFBM)가 볼티모어에서 제디디아 모스에게 보낸 편지, February 13, 1825; Samuel Irenæus Prime, *The Life of Samuel F. B. Morse* (New York: Arno Press, 1974), 144.

12. 새뮤얼 모스(SFBM)가 부모님께 보낸 편지, August 17, 1811, *SFBM-ONE*, 41.

13. Prime, *The Life of Samuel F. B. Morse*, 252.

14. Charles T. Jackson의 진술 Box 1, Folder 1 *SFBM-YUL*.

15. 새뮤얼 모스(SFBM)가 부모님께 보낸 편지, February 1801, *SFBM-ONE*, 19.

16. Charles T. Jackson의 진술.

17. Letter from 새뮤얼 모스(SFBM)가 James Fenimore Cooper에게 보낸 편지, November 20, 1849, *SFBM-TWO*, 31.

18. 모스의 계수로부터 인용, 날짜 불명 *SFBM-TWO*, 21.

19. 새뮤얼 모스(SFBM)가 부모님께 보낸 편지 April 1825, *SFBM- TWO*, 41.

20. 새뮤얼 모스(SFBM)가 Native American Democratic Association 회원들에게 보낸 편지, April 6, 1836; Carleton Mabee, *The American*

Leonardo: A Life of Samuel F. B. Morse (New York: Alfred A. Knopf, 1943), 170.

21. Kenneth Silverman, *Lightning Man: The Accursed Life of Samuel F. B. Morse* (New York: Knopf Doubleday Publishing Group, 2010), 399.

22. 제디디아 모스가 새뮤얼 모스(SFBM)에게 보낸 편지, February 21, 1801, *SFBM-ONE*, 4.

23. Silverman, *Lightning Man*, 156.

24. Prime, *The Life of Samuel F. B. Morse*, 303.

25. Silverman, *Lightning Man*, 165.

26. Stephen Vail, "The Electro-Magnetic Telegraph," *Self Culture*, May 1899, 281.

27. 새뮤얼 모스(SFBM)가 시드니 모스에게 보낸 편지, January 25, 1843, *SFBM-TWO*, 191.

28. 새뮤얼 모스(SFBM)가 시드니 모스에게 보낸 편지, January 30, 1843, *SFBM-TWO*, 192.

29. 새뮤얼 모스(SFBM)가 시드니 모스에게 보낸 편지, January 30, 1843, *SFBM-TWO*, 193.

30. 새뮤얼 모스(SFBM)가 알프레드 베일에게 보낸 편지, February 23, 1843, *SFBM-TWO*, 197.

31. Silverman, *Lightning Man*, 226; 새뮤얼 모스(SFBM)가 시드니 모스에게 보낸 편지, January 20, 1844, *SFBM-TWO*, 216.

32. Kenneth Silverman, Brian Lamb과의 인터뷰, *Booknotes*, C-Span, December 20, 2003, https://www.c-span.org/video/?179914-1/lightning-man-samuel-fb-morse.

33. Candice Millard, *Destiny of the Republic* (New York: Knopf Doubleday Publishing Group, 2011), 182.

34. Ira Rutkow and Arthur M. Schlesinger, *James A. Garfield: The American Presidents Series: The 20th President, 1881* (New York: Henry Holt, 2006), 2.

35. "A Great Nation in Grief," *New York Times*, July 3, 1881, 1.

36. "A Great Nation in Grief."

37. Theodore Clarke Smith, *The Life and Letters of James Abram Garfield: 1877-1882*, Vol. 2 (Hamden: Archon Books, 1968), 1184.

38. J.C. Clark, *The Murder of James A. Garfield: The President's Last Days and the Trial and Execution of His Assassin* (Jefferson, NC: McFarland &

Co., 1993), 132.

39. Millard, *Destiny of the Republic*, 182.

40. Millard.

41. Millard.

42. *Complete medical record of President Garfield's case, containing all of the official bulletins, from the date of the shooting to the day of his death, together with the official autopsy, made September 20, 1881, and a diagram showing the course taken by the ball* (Washington, DC: Charles A. Wimer, 1881), 6.

43. *Complete medical record of President Garfield's case,* 11, 32, 34.

44. Millard, *Destiny of the Republic*, 213.

45. *Complete medical record of President Garfield's case*, 35.

46. *Complete medical record of President Garfield's case,* 37.

47. Smith, *The Life and Letters of James Abram Garfield*, 1191.

48. *New York Times*, July 3, 1881, 1.

49. *Complete medical record of President Garfield's case*, 65.

50. Millard, *Destiny of the Republic*, 215.

51. Smith, *The Life and Letters of James Abram Garfield*, 1193.

52. Millard, *Destiny of the Republic*, 217.

53. *Complete medical record of President Garfield's case*, 86.

54. *Complete medical record of President Garfield's case,* 92.

55. *Complete medical record of President Garfield's case,* 93.

56. Smith, *The Life and Letters of James Abram Garfield*, 1198.

57. Millard, *Destiny of the Republic*, 228.

58. Millard.

59. "Trial of Guiteau," *Watchman and Southron,* November 22, 1881, 2.

60. U.S. Congress, House, *Electro-Magnetic Telegraphs*, HR 713, 25th Cong., 2nd sess., introduced in House April 6, 1838, House Report 753, 9. (본문의 이탤릭체는 모스에 의한 것.)

61. David Hochfelder, *The Telegraph in America, 1832-1920* (Baltimore: Johns Hopkins University Press, 2012), 83.

62. Mary V. Dearborn, *Ernest Hemingway: A Biography* (New York: Knopf, 2017), 22.

63. Dearborn, 35.

64. Dearborn, 46.

65. Dearborn, 47.

66. Dearborn, 49.

67. Dearborn, 47.

68. Dearborn, 48.

69. "The Star Copy Style," Kansas City Star, https://www.kansascity.com/entertainment/books/article10632716.html.

70. 새뮤얼 모스(SMFB)가 베일에게 보낸 편지, May 29, 1844, Box 1A *AV-SI*.

71. Menahem Blondheim, *News over the Wires: The Tele- graph and the Flow of Public Information in America, 1844-1897* (Cambridge, MA: Harvard University Press, 1994), 63.

72. Alfred Vail, *The Telegraph Register of the Electro-Magnetic Companies* (Washington, DC: John T. Towers, 1849), 10, Box 9, Folder 9 *AV-SI*.

73. Statistical Notebook of the Western Union Telegraph Company, Box 267, Folder 4 *WUTC-SI*.

74. 웨스턴 유니언사 총재 Norvin Green이 미국 우정 장관 William F. Vilas에게 보낸 편지, November 17, 1887, Box 204, Folder 1 *WUTC-SI*.

75. 위와 같음.

76. Hochfelder, *The Telegraph in America*, 75-76.

77. 새뮤얼 모스(SFBM)가 베일에게 보낸 편지, May 25, 1844, Box 1A *AV-SI*.

78. Hochfelder, *The Telegraph in America*, 75.

79. Francis Ormond Jonathan Smith, *The Secret Corresponding Vocabulary: Adapted for Use to Morse's Electro-Magnetic Telegraph.* (Portland, ME: Thurston, Ilsley & Co., 1845), W1000, Box 9, Folder 7 *AV-SI*.

80. "Influence of the Telegraph upon Literature," *United States Magazine and Democratic Review* 22, no. 119 (1848): 409-413.

81. 새뮤얼 모스(SFBM)가 베일에게 보낸 편지, August 8, 1844, Box 1A *AV-SI*.

82. Naomi Baron, 저자와 스카이프로 인터뷰, December 13, 2017.

83. Julia Carrie Wong, "Former Facebook Executive: Social Media Is Ripping Society Apart," *Guardian*, December 12, 2017, https://www.theguardian.com/technology/2017/dec/11/facebook-former-executive-ripping-society-apart.

4. 포착하다

1. *Eadweard Muybridge: The Stanford Years, 1872- 1882* (Stanford, CA: Department of Art, Stanford University, 1972), 8.

2. "The Stride of a Trotting Horse." *Pacific Rural Press* (San Francisco, CA), June 22, 1878, 393.

3. "Quick Work," Daily Alta California, April 7, 1873, 1, *MUY-SUL*.

4. *Eadweard Muybridge,*131.

5. E. J. Muybridge. Method and Apparatus for Photographing Objects in Motion. US Patent 212,865, 신청 June 27, 1878, 등록 March 4, 1879.

6. *Eadweard Muybridge*, 22.

7. Eadweard Muybridge, *Animals in Motion* (New York: Dover Publications, 1957), 21.

8. Sherman Blake가 Walter Miles에게 보낸 편지, May 6, 1929, Box 1, Folder 5, *MUY-SUL*.

9. 기사 스크랩 "Newark Clergyman Invented Camera Film", March 30, 1932, *HG-NJHS-VF*.

10. David Smith, 저자에게 보낸 이메일, November 7, 2016.

11. "Kodak Film Invented Here," *Newark Sunday Call,* September 11, 1898, 1, Box 1, Folder 13, *HG-NJHS-PELL*.

12. F. C. Beach, "A New Transparent Film," *Anthony's Photographic Bulletin* 19, no. 5, 144.

13. "Goodwin's Statement," 30, Box 3, Folder 13, *HG-NJHS-PELL*.

14. James Terry White, *The National Cyclopedia of American Biography* (New York: J. T. White & Co., 1893), 378; 샘플이 이스트먼에게 송부되었다는 주장은 Drake & Co.가 타이핑한 메모 October 26,1898, in Box 4, Folder 12 *HG-NJHS-PELL*에 나와 있다.

15. "Kodak Film Invented Here."

16. "Goodwin's Statement," 4.

17. "Goodwin's Statement," 22.

18. "Goodwin's Statement," 32.

19. George E. Helmke, *Hannibal Goodwin and the Invention of a Base for Rollfilm* (North Plainfield: Fleetwood Museum of Art and Photographica, 1990), 5.

20. Elizabeth Brayer, *George Eastman: A Biography* (Baltimore: Johns Hopkins University Press, 1996), 192.

21. "Kodak Film Invented Here."

22. Russell Everett의 자필 메모, November 11, 1898, Box 1, Folder 13, *HG-NJHS-PELL*.

23. Rebecca Goodwin이 Charles Pell에게 보낸 편지, January 13, 1901, Box 1, Folder 15, *HG-NJHS-PELL*.

24. Lorna Roth, "Looking at Shirley, the Ultimate Norm: Colour Balance, Image Technologies, and Cognitive Equity," *Canadian Journal of Communication* 34, no. 1 (2009):117.

25. Roth, 119.

26. Oliver Chanarin, 저자와 스카이프로 인터뷰, January 13, 2017.

27. 위와 같음, Chanarin.

28. John Stauffer, Zoe Trodd, and Celeste-Marie Bernier, *Picturing Frederick Douglass: An Illustrated Biography of the Nineteenth Century's Most Photographed American* (New York: Liveright Publishing, 2015), 127.

29. Stauffer, Trodd, and Bernier, viii.

30. Marcy J. Dinius, *The Camera and the Press: American Visual and Print Culture in the Age of the Daguerreotype* (Philadelphia: University of Pennsylvania Press, 2012), 227.

31. W. E. B. Du Bois, "Photography," *Crisis*, October 1923, 247; Henry Louis Gates, Jr., Epilogue, *Picturing Frederick Douglass*, 198.

32. Roth, "Looking at Shirley," 120.

33. Roth, 119.

34. Roth, 120.

35. Roth, 122.

36. 이 절은 캐럴라인 헌터의 인터뷰를 토대로 했다. 저자와의 전화 인터뷰. February 21, 2017과 October 30, 2014; 저자와의 인터뷰, Cambridge, MA, April 13, 2017.

37. 인터뷰, October 30, 2014.

38. G. R. Dicker가 T. J. Brown에게 보낸 편지, November 9, 1970, Box i77, Folder 1-3, *POL-HBS*.

39. Brian Lapping, *Apartheid: A History* (New York: G. Braziller, 1987), 12, 26, 77.

40. Hans J. Jensen에게서 T. H. Wyman에게 전달된 극비 보고서, November 4, 1970, Box i77, Folder 1/3, *POL-HBS*.

41. Edwin Land, Polaroid Shareholder Meetings 1971, 녹음테이프 기록, *POL-HBS*.

42. "Chronology"라는 제목의 자필 기록, 날짜는 적혀 있지 않음, 1977, Box 79, Folder 2/3, *POL-HBS*.

43. Polaroid Memo from G. R. Dicker to All Polaroid Employees, dated October 6, 1970, Box 77, Folder 1/2, *POL-HBS*.

44. Christopher Nteta, 연설, October 8, 1970, Box 80, *POL-HBS*.

45. Polaroid Memo dated October 7, 1970, Polaroid Revolutionary Workers Movement에서 Edwin Land에게로, Box i78, Folder 1/2, *POL-HBS*.

46. Polaroid Statement dated October 7, 1970, Box i77, Folder 1/2, *POL-HBS*.

47. Hans J. Jensen에서 T. H. Wyman에게로 Confidential Call Report, November 4, 1970, Box i77, Folder 1/3, *POL-HBS*.

48. "Polaroid Announces 'Experiment' to Help Blacks in South Africa." *Harvard Crimson*, January 14, 1971.

49. Polaroid Confidential Memo, James Shea에서 Polaroid Management에게, July 25, 1972, Box 78, Folder 2/4, *POL-HBS*.

50. Polaroid Revolutionary Workers Movement Press Release dated February 11, 1971, Box 2, Folder 1, *PRWM-SCH*.

51. Edwin Land, Polaroid Shareholder Meetings 1971.

52. Robert Lenzner, "Polaroid's S. Africa Ban Defied?," *Boston Globe*, November 21, 1971, 1977, Box 79, Folder 2/3, *POL-HBS*.

53. David Smith, "'Racism' of Early Colour Photography Explored in Art Exhibition," *Guardian*, January 25, 2013, https://www .theguardian. com/artanddesign/2013/jan/25/racism-colour-photography-exhibition.

5. 보다

1. Sara Lewis, 저자와 스카이프로 인터뷰, February 21, 2017; James Lloyd, 저자와 전화 인터뷰, March 10, 2017.

2. Robert Friedel, "New Lights on Edison's Light," *Invention & Technology* 1, no. 1: 24.

3. Robert Friedel, Paul Israel, and Bernard S. Finn, *Edison's Electric Light* (New Brunswick, New Jersey: Rutgers University Press, 1986), 5.

4. William Hammer, "William Wallace and His Contributions to the

Electrical Industries (Part II)," *Electrical Engineer* XV, no. 249: 130; William Hammer, "William Wallace and His Contribu- tions to the Electrical Industries (Part I)," *Electrical Engineer* 15, no. 248: 105.

5. Hammer, "William Wallace," no. 249: 129.

6. Hammer, "William Wallace," no. 248: 104.

7. William Hammer, "William Wallace and His Con- tributions to the Electrical Industries (Part III)" *Electrical Engineer* XV, no. 250: 159.

8. "Invention's Big Triumph," *New York Sun*, September 10, 1878, 1, *TAE-RU*.

9. "Invention's Big Triumph."

10. Brian Bowers, *A History of Electric Light & Power* (Stevenage, UK: Peter Peregrinus Press, 1982), 8.

11. "Invention's Big Triumph."

12. "He Showed Edison the Light," *Sunday Republican*, November 8, 1931, Features Section, 1, *DHS*.

13. Hammer, "William Wallace," no. 248: 105.

14. Paul Israel, *Edison: A Life of Invention* (New York: Wiley, 2000), 166.

15. Friedel, Israel, and Finn, *Edison's Electric Light*, 115.

16. "Edison's Newest Marvel," *New York Sun*, September 16, 1878, 3, *TAE-RU*.

17. Matthew Josephson, *Edison: A Biography* (London: Eyre & Spottiswoode, 1961), 178.

18. Friedel, Israel, and Finn, *Edison's Electric Light*, 16.

19. Friedel, Israel, and Finn, 93.

20. Mariana Figueiro, 저자와 전화 인터뷰, September 8, 2016.

21. David M. Berson, Felice A. Dunn, and Motoharu Takao, "Phototransduction by Retinal Ganglion Cells That Set the Circadian Clock," *Science* 295, no. 5557 (2002): 1070-1073.

22. Thomas Wehr, 저자와 전화 인터뷰, July 14, 2016.

23. Richard Stevens, 저자와 전화 인터뷰, July 21, 2016, and October 18, 2016.

24. International Dark-Sky Association, *Fighting Light Pollution: Smart Lighting Solutions for Individuals and Communities* (Mechanicsburg, PA: Stackpole Books, 2012), viii.

25. Christopher C. M. Kyba et al., "Cloud Coverage Acts as an Amplifier

for Ecological Light Pollution in Urban Ecosystems," *PLoS ONE* 6, no. 3 (2011): e17307.

26. Fabio Falchi, 저자와 스카이프로 인터뷰, October 18, 2016.

27. Ron Chepesiuk, "Missing the Dark: Health Effects of Light Pollution," *Environmental Health Perspectives* 117, no. 1 (2009): A22.

28. Pierantonio Cinzano, Fabio Falchi, and Christopher D Elvidge, "The First World Atlas of the Artificial Night Sky Brightness," *Monthly Notices of the Royal Astronomical Society* 328, no. 3 (2001): 689–707.

29. Paul Bogard, 저자와 전화 인터뷰, August 31, 2016.

30. Lewis, 저자와 스카이프 인터뷰, February 21, 2017.

31. Lloyd, 저자와 전화 인터뷰, March 10, 2017.

32. Bogard, 저자와 스카이프 인터뷰, August 31, 2016.

33. Travis Longcore, 저자와 스카이프 인터뷰, September 12, 2016.

34. Michael Salmon, "Protecting Sea Turtles from Artificial Night Lighting at Florida's Oceanic Beaches," in *Ecological Consequences of Artificial Night Lighting*, ed. Catherine Rich and Travis Longcore (Washington, DC: Island Press, 2006), 148.

35. *The City Dark*, Directed by Ian Cheney, 83minutes, 2011.

36. George C. Brainard, Mark D. Rollag, and John P. Hanifin, "Photic Regulation of Melatonin in Humans: Ocular and Neural Signal Transduction," *Journal of Biological Rhythms* 12, no. 6 (1997): 542.

37. Paul Bogard, *The End of Night: Searching for Natural Darkness in an Age of Artificial Light* (Boston: Little, Brown, 2013), 79.

38. *Human and Environmental Effects of Light Emitting Diode (LED) Community Lighting.* American Medi- cal Association Council on Science and Public Health (2016), https://www.ama-assn.org/sites/ama-assn.org/files/corp/media-browser/public/about–ama/councils/Council%20Reports/council-on-science-public-health/a16-csaph2.pdf

39. *Human and Environmental Effects of Light Emitting Diode (LED) Community Lighting.*

40. Cinzano, Falchi, and Elvidge, "First World Atlas," 689.

6. 공유하다

1. 칼 세이건 외,《지구의 속삭임Murmurs of Earth》용 커버의 인쇄된 도안,

Box 1247, Folder 5, *SAG-LC.*

2. John Casani, 저자와 전화 인터뷰, August 23, 2018.

3. Timothy Ferris, 저자와 전화 인터뷰, August 23, 2018.

4. Ann Druyan, "Earth's Greatest Hits," *New York Times Magazine*, September 4, 1977, 13.

5. Lewis Thomas, *Lives of a Cell* (London: Bantam, 1974), 45.

6. Bertram Lyons, 저자와의 전화 인터뷰, July 13, 2018; "Alan Lomax and the Voyager Golden Records," https://blogs.loc.gov/folklife/2014/01/alan-lomax-and-the-voyager-golden -records/

7. Robert A. Rosenberg et al., *The Papers of Thomas A. Edison: Menlo Park: The Early Years, April 1876- December 1877*, vol. 3 (Baltimore, MD: Johns Hopkins University Press, 1989), 444. (이후 이 책은 *TAE.*)

8. Rosenberg et al., 472.

9. Rosenberg et al., 699.

10. Rosenberg et al.,

11. George Parsons Lathrop, "Talks with Edison," *Harper's New Monthly Magazine*, February 1890, 430.

12. *TAE*, 649.

13. Frank Lewis Dyer and Thomas Commerford Martin, *Edison: His Life and Inventions*, vol. 1 (New York: Harper & Broth- ers, 1910), 208.

14. *TAE*, 699.

15. Matthew Josephson, *Edison: A Biography* (London: Eyre & Spottiswoode, 1961), 173.

16. "The Phonograph," *Scientific American* 75, no. 4: 65; "The Talking Phonograph," *Scientific American* 37, no. 25: 384.

17. Edward H. Johnson, "A Wonderful Invention- Speech Capable of Indefinite Repetition from Automatic Records," *Scientific American* 37, no. 20: 304.

18. Thomas A. Edison, "The Phonograph and Its Future," *North American Review* 126, no. 262 (1878): 533-535.

19. Andre Millard, *America on Record: A History of Recorded Sound* (Cambridge, UK: Cambridge University Press, 2005), 108.

20. Steven D. Lubar, *Infoculture: The Smithsonian Book of Information Age Inventions* (New York: Houghton Mifflin Harcourt Publishing Co., 1993), 173.

21. Lubar, 174.

22. Lubar, 177.

23. Millard, *America on Record*, 80-83.

24. Millard, 5.

25. Rey Johnson, "The First Disk File" (Dinner Talk, DataStorage '89 Conference, San Jose, California, September 19, 1989), http://www.mdhc. scu.edu/100th/reyjohnson.htm.

26. Herman Hollerith가 Mr. Wilson에게 보낸 타이핑된 편지, August 7, 1919, Box 9, Folder 7, *HH-LC*.

27. Charles W. Wootton and Barbara E. Kemmerer, "The Emergence of Mechanical Accounting in the US, 1880-1930," *Accounting Historians Journal* 34, no. 1 (2007): 105.

28. "RAMAC: An Everlasting Impact on the Com- puter Industry" by Thomas J. Watson Jr., undated, Folder 24, *RJ-CHM*.

29. "RAMAC."

30. Lab notebook No. 22-83872, 139, dated November 10, 1953, Box 7, *JJH-WPI*.

31. 타이핑된 문서 "Biographic Sketch," 2, Box 2, *JJH-WPI*.

32. "The Invention and Development Process"로 명명된 메모, Jacob Hagopian이 Albert Hoaglan에게 보낸 것, June 18, 1975, Box 2, *JJH-WPI*.

33. "Magnetic Ink and Powders," Jacob Hagopian(JH)이 E. Quade에게 보낸 메모, April 22, 1959, Box 8; Ferro Enameling Company의 편지, February 2, 1954, Box 2; Reeves Soundcraft의 편지, Dec 15, 1953, Box 2; W. P. Fuller Company의 편지, December 22, 1953, Box 2 *JJH-WPI*.

34. Jacob Hagopian이 Reynold Johnson에게 보낸 편지, May 20, 1992, Box 2, *JJH-WPI*.

35. Jacob Hagopian이 Newstack의 편집자에게 보낸, 날짜 미상 자필 편지 초안 Box 2, *JJH-WPI*.

7. 발견하다

1. John Drury Ratcliff, *Yellow Magic: The Story of Penicillin* (New York: Random House, 1945), 13.

2. Kevin Brown, 저자와의 인터뷰, London, England, September 27, 2017.

3. Eric Lax, *The Mold in Dr. Florey's Coat: The Story of the Penicillin Miracle* (New York: Henry Holt and Co., 2005), 12.

4. Brown 인터뷰.

5. Lax, *Dr. Florey's Coat*, 17.

6. *Yellow Magic*, 22.

7. William Ernest Stephen Turner, "Otto Schott and His Work. A Memorial Lecture," *Journal of the Society of Glass Technology* 20(1936): 83.

8. Simon Garfield, *Mauve* (London: Faber & Faber, 2013), 8.

9. Turner, 85.

10. Jurgen Steiner, "Otto Schott and the Invention of Borosilicate Glass," *Glastechnische Berichte* 66, no. 6-7 (1993): 166.

11. Steiner.

12. Turner, "Otto Schott and His Work," 86.

13. Steiner, "Otto Schott," 166.

14. Turner, "Otto Schott and His Work," 90.

15. Jane Cook, 저자와의 전화 인터뷰, June 9, 2017 and November 1, 2017.

16. Margaret B.W. Graham and Alec T. Shuldiner, *Corning and the Craft of Innovation* (Oxford, UK: Oxford University Press, 2001), 38.

17. Graham and Shuldiner, 46.

18. Graham and Shuldiner, 55.

19. "The Battery Jar That Built a Business: The Story of Pyrex Ovenware and Flameware," *Gaffer*, July 1946, 3, *COR*.

20. John Littleton, 저자와의 전화 인터뷰, September 7, 2017.

21. Harvey K. Littleton, Joan Falconer Byrd와의 인터뷰, Spruce Pine, N.C., March 15, 2001, 받아쓰기, Archives of American Art, Smithsonian Institution, Washington, DC, https://www.aaa.si.edu/ collections/ interviews/oral-history-interview-harvey-k-littleton-11795.

22. Joseph C. Littleton, "Recollections of Mom: By Her Third Child, Joe," (미출간본, 1995), 73과 77, *CMOG*.

23. A Report of the History of the First Pyrex Baking Dish, dated November 1917, *COR*.

24. Nancy Jo Drum, 저자와의 전화 인터뷰, September 11, 2017.

25. J.C. Littleton, 16.

26. History of the First Pyrex Baking Dish.

27. "The Battery Jar That Built a Business," 3, *COR*.

28. "Informal Notes as taken from Dr. Sullivan: History of Pyrex bakeware," dated March 5, 1954, *COR*.

29. E. C. Sullivan, "The Development of Low Expansion Glasses," *Journal of the Society of Chemical Industry* 15, no. 9 (1916): 514.

30. Sullivan.

31. Graham and Shuldiner, *Corning and the Craft of Innovation*, 56.

32. "The Battery Jar That Built a Business," 5, *COR*.

33. "The Battery Jar That Built a Business," 6.

34. Daniel Kelm, 저자와의 전화 인터뷰, September 18, 2017.

35. Edward J. Duveen, "Key Industries and Imperial Resources," *Journal of the Royal Society of Arts* 67, no. 3459 (1919): 242.

36. "The 'Trading with the Enemy Act'" *Scientific American* 117, no. 20 (1917): 363.

37. W. H. Curtiss, "Pyrex: A Triumph for Chemical Research in Industry," *Industrial & Engineering Chemistry* 14, no. 4 (1922): 336–337.

38. Graham and Shuldiner, *Corning and the Craft of Innovation*, 59.

39. J.J. Thomson, *Recollections and Reflections* (New York: The Macmillan Co., 1937), 6.

40. Thomson, 376.

41. D. J. Price, "Sir J.J. Thomson, OM, FRS. A Centenary Biography." *Discovery 17*: 496, *JJT-TRI*.

42. George Paget Thomson, "J.J. Thomson and the Discovery of the Electron," *Physics Today* 9, no. 8 (1956): 23.

43. J.J. Thomson, *Recollections and Reflections*, 334.

44. Baron Robert John Strutt Rayleigh, *The Life of Sir JJ Thomson, Sometime Master of Trinity College, Cambridge* (London: Dawsons, 1969), 25.

45. Isobel Falconer, "JJ Thomson and the Discovery of the Electron," *Physics Education* 32, no. 4 (1997): 227.

46. J.J. Thomson, *Recollections and Reflections*, 1.

8. 생각하다

1. Hanna Damasio et al., "The Return of Phineas Gage: Clues About the Brain from the Skull of a Famous Patient," *Science* 264, no. 5162 (1994): 1104.

2. John M. Harlow, "Recovery from the Passage of an Iron Bar through the Head," *History of Psychiatry* 4, no. 14 (1993): 275.

3. Damasio et al., "Return of Phineas Gage," 1102.
4. Harlow, "Recovery from the Passage," 274.
5. Damasio et al., "Return of Phineas Gage," 1104.
6. Torkel Klingberg, *The Overflowing Brain: Information Overload and the Limits of Working Memory* (Oxford, UK: Oxford University Press, 2009), 3.
7. Richard Wrangham, *Catching Fire: How Cooking Made Us Human* (New York: Basic Books, 2009), 120.
8. N.C. Andreasen, *The Creative Brain: The Science of Genius* (New York: Plume, 2006), 146.
9. Kenneth M. Heilman, "Possible Brain Mechanisms of Creativity," *Archives of Clinical Neuropsychology* 31, no. 4 (21 March 2016): 287.
10. Eleanor A. Maguire et al., "Navigation-Related Structural Change in the Hippocampi of Taxi Drivers," *Proc. Natl. Acad. Sci.* 97, no. 8 (2000): 4398–4403.
11. Klingberg, *The Overflowing Brain*, 12.
12. R.V. Bruce, *Bell: Alexander Graham Bell and the Conquest of Solitude* (Ithaca, NY: Cornell University Press, 1990), 198.
13. "The Telephone Concert," *New Haven Evening Register*, April 28, 1877, 4, *NHFPL*.
14. Joseph Leigh Walsh, *Connecticut Pioneers in Telephony: The Origin and Growth of the Telephone Industry in Connecticut* (New Haven, CT: Morris F. Tyler Chapter, Telephone Pioneers of America, 1950), 327.
15. "The Telephone Concert," 4.
16. The Telephone." *New Haven Daily Morning Journal and Courier* (New Haven, CT), April 28, 1877, 2. *CSL*.
17. Herman Ritterhoff, "How a Laugh Lost a Millon," *Telephony*, March 22, 1913, 59.
18. Kathy Kanauer, "Almon Strowger" (lecture, Penfield Historical Association, Penfield, NY, February 27, 2000), 2, *AS-PEN*.
19. J. Hartwell Jones, "Industry Honors First Automatic Inventor," *Telephony*, October 15, 1949, 12, *AS-PEN*.
20. Herman Ritterhoff, "How a Laugh Lost a Millon," *Telephony*, March 22, 1913, 59.
21. Gordon K. Teal, "Single Crystals of Germanium and Silicon-Basic to

the Transistor and Integrated Circuit," *IEEE Transactions on electron devices* 23, no. 7 (1976): 623.

22. Michael F. Wolff, "Innovation: The R&D 'Bootleggers': Inventing against Odds," *IEEE Spectrum* 12, no. 7 (1975): 41.

23. Pawel E. Tomaszewski and Robert W. Cahn, "Jan Czochralski and His Method of Pulling Crystals," *MRS Bulletin* 29, no. 5 (2004): 348-349.

24. Gordon Teal, Lillian Hoddeson과 Michael Riordan과의 인터뷰, June 19, 1993, 녹취록, The Niels Bohr Library & Archives Oral History, American Institute of Physics, College Park, MD, 11(허가를 받아 사용).

25. Teal, "Single Crystals of Germanium," 625.

26. G. Teal 인터뷰, 13.

27. Donald Teal, 저자와의 전화 인터뷰, January 26, 2017.

28. Michael Riordan, "The Lost History of the Transistor," *IEEE Spectrum* 41, no. 5 (2004): 45.

29. Riordan.

30. John McDonald, "The Men Who Made T.I.," *Fortune*, November 1961, 226, Box 11, Folder 17, *BAY.*

31. McDonald.

32. David Eagleman, 저자와의 전화 인터뷰, May 7, 2018.

33. Nicholas Carr, *The Shallows: What the Internet Is Doing to Our Brains* (New York: W. W. Norton, 2011), 126.

34. Carr, 91.

35. Carr, 138.

36. Carr, 120.

37. Carr, 123.

38. Klingberg, *The Overflowing Brain*, 130.

39. Sheldon Hochheiser, email to the author, May 7, 2018.

40. George A. Miller, "The Magical Number Seven, Plus or Minus Two: Some Limits on Our Capacity for Processing Information," *Psychological Review* 101, no. 2 (1994): 343.

41. Carr, *The Shallows*, 124.

42. Carr, 118.

43. 메멘토 *Memento,* 크리스토퍼 놀런 감독, 1h 53min, 2000.

44. Andy Clark and David Chalmers, "The Extended Mind," *Analysis* 58, no. 1 (1998): 7-19.

45. David Chalmers, 저자와의 전화 인터뷰, May 7, 2018.

46. Betsy Sparrow, Jenny Liu, and Daniel M. Wegner, "Google Effects on Memory: Cognitive Consequences of Having Information at Our Fingertips," *Science* 333, no. 6043: 778.

47. Sparrow, Liu, and Wegner.

48. Eagleman 인터뷰.

49. Heilman, "Possible Brain Mechanisms," 287–288.

50. Eagleman 인터뷰.

51. Heilman, "Possible Brain Mechanisms," 285.

52. Heilman, 저자 앞으로 온 이메일, May 2, 2018.

53. Klingberg, *The Overflowing Brain*, 73.

54. Carr, *The Shallows*, 138.

55. Nick Bilton, "Steve Jobs Was a Low-Tech Dad," *New York Times*, September 10, 2014, E2. https//www.nytimes .com/2014/09/11/fashion/steve-jobs-apple-was-a-low-tech-parent.html.

56. Bilton.

57. Klingberg, *The Overflowing Brain*, 13.

58. Thomas Alva Edison and Dagobert D. Runes, *The Diary and Sundry Observations of Thomas Alva Edison* (Philosophical Library, 1948), 107.

후기

1. Toni Morrison, "Address to the Second Chicago Humanities Festival, Culture Contact" (lecture, Word of Mouth Series, Chicago, IL, 1991), https://www.youtube.com/watch?v=KxqQhkMKlC0.

— 참고문헌

* 일러두기: 단행본 제목과 잡지명의 경우 이탤릭으로, 논문이나 기사 제목 등의 경우 큰따옴표 안에 표기하였다.

다음은 이 책에 나오는 이야기들에 대한 주와 해설, 정보원을 자세히 밝힌 것이다. 독자가 시간을 많이 들이지 않고 원하는 정보를 얻을 수 있도록 표제를 달았다. 대부분의 주제는 정보원이 거의 없고, 일부 주제는 반대로 정보원이 너무 많다. 자료가 풍부하게 있는 경우에는 핵심이 되는 중요한 자료를 제시하고, 선정된 자료의 정보원을 밝힌다. 진지한 독자나 연구자가 특정 주제에 대해 좀 더 자세히 알고 싶을 때, 아무것도 모르는 상태에서도 짧은 시간 내에 충분히 알 수 있기를 바란다. 건투를 빈다!

1. 교류하다

루스 벨빌

루스 벨빌의 이야기는 *Ruth Belville: The Greenwich Time Lady*(David Rooney)라는 간결한 책에 가장 잘 기록되어 있다. Roony는 시간을 팔던 이 여성의 삶에 대한 단편적인 정보를 꼼꼼하게 모아 정리했다. 루스 벨빌은 이보다 오래된 책인 *British Time*(Donald de Carle, 1947)과 *Greenwich Time and the Discovery of the Longitude*(Derek Howse, 1980) 등의 책에도 간략히 언급되어 있다. 시간 관리에 관심이 있는 독자라면 둘 다 읽을 가치가 있고, 둘 다 다른 많은 책(최근 출간된 책 포함)보다 뛰어나다. 또 다른 정보원으로, 영국 신문에 그녀에 대해 몇 가지 참고가 될 만한 자료가 있다. 벨빌은 꽤나 유명한 인사였기 때문에 그녀를 언급하는 기사들이, 특히 사망한 시점인 1943년경에 몇 개 존재한다. 루스 벨빌를 다룬 동시대 서술로는, 언급할 만한 몇 가지 학술 연구 논문이 있다. 그중에는 Hannah Gay의 "Clock Synchrony, Time Distribution and Electrical Timekeeping in Britain 1880-1925"와 David Rooney의 "Maria and Ruth Belville: Competition for Greenwich Time Supply"가 있다. 둘 다 벨빌의 서비스 비용에 이르는 상세한 내용으로 가득하고, Roony의 논문에는 루스 벨빌의 편지가 인용되어 있어서 이 여성 기업인에 대해 알고 싶은 독자라면 이 논문 자체가 보물창고이다. 루스 벨빌을 간결하게 소개한 문헌으로는 John Hunt의 "The Handlers of Time"과 Stephen Battersby의 "Lady Who Sold Time"이라는 훌륭한 잡지 기사가 있다.

수면패턴

수면은 국민적 관심사가 된 주제이다. 우리는 〈뉴욕타임즈〉가 '수면 산업 공동체'로 부른 것 속에 살고 있다. 그 속에서 제약회사와 매트리스 제조업체는 우리의 수면 불안으로부터 엄청난 돈을 벌고 있다. 신문기사와 잡지기사, 웹사이트에서는 이 주제에 대한 논의가 이미 시작되었는데, 수면패턴 변화에 대한 학술 연구 *At Day's Close: Night in Times Past*(A. Roger Ekirch)와 *The Slumbering Masses: Sleep, Medicine, and Modern American Life*(Matthew Wolf-Meyer)가 어떻게 우리가 이 현상에 이르렀는지 이해를 돕는다. 미국인의 수면패턴에 대한 믿을 수 있는 의료 정보를 원한다면, 미국 국립보건원NIH 웹사이트의 보고서와 통계가 모든 궁금증에 응답해 줄 것이다. 또한 미국 질병예방관리센터CDC 웹사이트에는 미국의 수면제 소비에 대한 데이터와 그래프가 수록되어 있다. 마지막으로 "Extent and Health Consequences of Chronic Sleep Loss and Sleep Disorders"라는 제목의 보고서에 미국 최고의 과학자들이 제시한 권고를 모아놓았다. 이것은 내셔널 아카데미 프레스의 웹사이트에서 다운로드 할 수 있다.

벤저민 헌츠먼

벤저민 헌츠먼의 생애에 흥미가 있는 독자에게는 다행히도, 그를 소개하는 간결하고 이해하기 쉬운 텍스트가 존재한다. Sheffield City Libraries가 펴낸 Benjamin Huntsman 1704-1775라는 10쪽짜리 소책자로(Sheffield Library를 통해 구입 가능), 학자인 Kenneth C. Barraclough가 펴낸 것이다. 이 팸플릿은 그의 탄생부터 사망까지의 모든 것과 그 사이의 흥미로운(그리고 도발적인) 삶(금지된 결혼과 이혼 등)을 담고 있다. 이 책에서 이러한 상세한 내용을 생략한 것은 중심 줄거리에서 벗어나 독자를 혼란스럽게 할 수 있기 때문이었으니, 관심 있는 독자는 이 귀중한 소책자를 꼭 보기를 바란다. 그 외에 두껍고 오래된 책들도 존재한다. 예를 들어 *Industrial Biography: Iron Workers and Tool Makers*(Samuel Smiles, 1863)에는 헌츠먼과 그 외에 철과 강철의 제조에 기여한 사람들에 대한 인물 소묘가 담겨 있다. 헌츠먼의 삶과 가계도에 대한 추가적인 정보로는, W. Wyndham Hulme의 "The Pedigree and Career of Benjamin Huntsman"과 R. A. Hadfield의 "Benjamin Huntsman, of Sheffield, the Inventor of Crucible Steel"이라는 논문이 가장 중요하다.

헌츠먼의 발명에 대한 전문적이고 과학적인 설명으로는, 다작한 저술가 Kenneth C. Barraclough의 *Steelmaking Before Bessemer: Volume 1 – Blister Steel*이 있다. 이것은 신뢰할 수 있는 책이지만 구하기 어렵다. 금속의 역사와 과학에 대해 더 알고 싶은 연구자들에게는 Cyril Smith의 *A search for Structure* 또는 R. F. Tylecoteo의 *A History of Metallurgy*를 권한다.

갈릴레오

갈릴레오의 이야기는 오랫동안 유명했지만, 모든 세대에서 새롭게 관심이 이어지고 있다. *Galileo's Daughter: A Historical Memoir of Science, Faith and Love*(Dava Sobel)나, 그 이전에 출판된 *Galileo: Pioneer Scientist*(Stillman Drake) 등, 그를 다룬 인기 있는 책들이 여러 권 출판되었다. 갈릴레오는 목성의 위성을 발견한 것으로 유명한 천문학자이자 물리학자인데, 피사의 사탑에서의 실험과 진자의 흔들림에 대한 연구는 둘 다 우리의 일상생활에까지 영향을 미치고 있다. 많은 학생들이 무게가 서로 다른 물체들을 떨어뜨린 실험에 대해서는 자세히 알고 있지만, 대부분 갈릴레오의 추시계에 대해서는 모른다. 갈릴레오가 시계를 만들기 위해 했던 시도에 대해서는 Silvio Bedini의 *The Pulse of Time*을 참고하라. 이것은 잘 연구된 드문 학술서로, 흥미가 있는 사람 또는 갈릴레오를 본격적으로 조사하고 싶은 연구자라면 꼭 읽어야 할 책이다. 흥미롭게도, 갈릴레오가 교회에서 흔들리는 램프를 본 이야기가 사실인지에 대해서는 학자들 사이에 아직도 논란이 있다. 어느 쪽이든, 갈릴레오와 시간을 새기는 일에 대한 논의는 시대를 초월한 흥미로운 주제라는 것은 확실하다.

워런 매리슨

사회에 큰 영향을 미친 과학자임에도 워런 매리슨에 대해 쓰인 글은 매우 적다. 이 책은 그러한 간과된 부분을 바로잡으려 했는데, 이 발명가를 연구하기 위해서는 초기에 쓰인 문헌들이 꼭 필요하다. W. R. Topham이 쓴 1892년 문헌 "Warren A. Marrison—Pioneer of the Quartz Revolution"이라는 짧은 전기를, National Association of Watch and Clock Collectors에서 입수할 수 있다. 매리슨의 전 고용주인 벨 연구소에서 쓴 *A History of Engineering and Science in the Bell System: The Early Years(1875-1925)*라는 매우 두꺼운 2권짜리 책 중 제1권 319쪽과 991쪽에 매리슨의 연구에 대한 짧은 설명이 있다. 그것이 전부다! 다행히 매리슨은 자신의 유산을 보존하는 일을 스스로 추진하여 자신이 시간 맞추기에 기여했다는 것을 "The Evolution of the Quartz Crystal Clock"이라는 긴 논문에 정리해놓았다.

압전 효과

압전 효과는 대단히 매혹적인 재료과학적 현상이므로 이와 관련한 자료가 있을 법하다고 예상할 것이다. 하지만 그렇지 않다. 중요한 자료는 Walter Cady가 저술한 *Piezoelectricity*이고, 흥미 있는 독자에게는 제1장이 도움이 되겠지만, Cady의 텍스트는 몇 페이지만 넘기면 갑자기 매우 전문적인 내용으로 돌입한다. 그렇게 갑자기 전문적인 내용으로 넘어가지 않는 재료과학 입문서가 몇 권 있다. 특히 스마트 재료나 도자기에 대한 책들이 유용할 것이다. 압전 효과의 발견에 대해서는, 그 유명한 마리 퀴리가 쓴, 남편 피에르 퀴리에 대한 전기가 있다. 압전 효과의 초기 역사와 용도에 관심 있는 독자들은 Shaul Katzir의 몇몇 연구 논문에서 흥미로운 내용을 많이 발견할 수 있을 것이다.

시간 관리의 영향

영어에서 'time'(시간)이라는 말이 매우 자주 사용되는 것과 마찬가지로, 시간과 시간 관리 개념에 대한 책은 양적으로는 부족하지 않다. 하지만 뛰어난 책은 드물다. Carlene Stephens는 시간 관리의 진화와 그것이 사회에 미친 영향에 대해 그림이 있는 재미있고 읽기 쉬운 책 *On Time: How America Has Learned to Live Life by the Clock*을 썼다. 또한 David Landes가 쓴 *Revolution in Time: Clocks and the Making of the Modern World*는 독창성이 풍부한 학술연구서로, 시간 관리라는 주제에 대해서는 표준이 되는 교과서이다. *The Geography of Time: The Temporal Misadventures of a Social Psychologist*(Robert Levine)과 *Hidden Rhythms*(Eviatar Zerubavel) 같은 책은 삶이 시계에 의해 어떻게 바뀌었는지를 철저하게 논하지만, 이 주제에 대해서는 도움이 되는 책들이 많이 있다. 시간 지각의 문화적 차이를 흥미롭게 다룬 자료로, James Jones의 "Cultural and Individual Differences in Temporal Orientation"과 Robert Levine과 Ara Norenzayan의 "The Pace of Life in 31 Countries" 같은 논문들이 굉장히 유익하다. Jones의 논문은 CP(colored people, 유색인들)의 시간 개념을 설명하고 뒷받침한다는 점에서 특히 유용하다.

2. 연결하다

링컨의 장의열차

에이브러햄 링컨의 장례 행렬은 과거에는 미국인의 집단 기억을 이루었지만, 오랜 시간이 지나면서 이 일은 국민의 의식에서 사라졌다. 링컨의 장의열차에 대한 풍부한 묘사를 찾는 독자들은 Victor Searcher의 *The Farewell to Lincoln*을 꼭 읽어야 한다. Wayne and Mary Cay Wesolowski의 자비출판 도서인 *The Lincoln Train Is Coming by*는 매우 가치 있는 자료이지만 구하기 어렵다. 이 책에는 저자 자신의 조사뿐만 아니라 수많은 신문에서 발췌한 생생한 묘사와 사실이 담겨 있기 때문에 구해볼 가치가 있다(예를 들어 장의열차의 색깔은 Wayne Wesolowski가 한 기사를 보고 분석하기 전까지는 수수께끼에 싸여 있었다). 링컨의 장례 행렬을 다룬 책의 상당수가 수십 년 전에 나온 것이다. 하지만 이 국가적 사건을 다룬 더 최근 책들이 150주년에 맞춰 출간되었다. 그 중 하나가 2014년에 출판된 Robert M. Reed의 *Lincoln's Funeral Train: Epic Journey from Washington to Springfield*이다. 그 밖에 Robert Burleigh의 어린이용 그림책 *Abraham Lincoln Comes Home*은 어린이 독자를 대상으로 중요한 역사적인 순간을 회고한다. 링컨의 장례에 대한 또 다른 기술들을 열차가 지나갔거나 장례가 개최된 다양한 도시의 신문에서 찾을 수 있다.

헨리 베서머 경

헨리 베서머 경은 철강 산업의 아버지이지만 그에게 걸맞는 믿을 만한 전기를 누구도 써주지 않았다. 이를 바로잡기 위해 그는 자서전 *Sir Henry Bessemer, F. R. S.: An Autobiography*를 썼다. 그의 업적은 비록 살아생전에는 간과되었지만, 이 역사적 공백을 메우기 위한 최근의 시도들이 있었다. 20세기에 Institute of Materials가 *Sir Henry Bessemer: Father of the Steel Industry*를 출판했다. 이 책에는 베서머뿐 아니라 베서머에게 영감을 받은 사업에 대해서도 기술되어 있다. 이 책은 전문적인 내용도 있지만, 베서머를 아는 사람들이 말하는 베서머에 대한 일화도 포함되어 있다. 또한 영국의 Herne Hill Society는 *The Story of Sir Henry Bessemer*라는 작은 책을 출판했는데, 이 책은 미국에서는 구하기 어렵다. 베서머의 생애에 대한 자세한 내용은 그가 자서전에 쓴 이야기와 그에 대한 신문기사뿐이다. 강철은 세계에 풍부하게 존재하지만 우리는 그 금속을 만들어낸 인물에 대해서는 잘 모른다. 베서머의 발명에 대한 믿을 만한 학술서인 Kenneth C. Barraclough의 *Steelmaking, 1850-1900*은 꼭 읽어봐야 할 자료다.

윌리엄 켈리

헨리 베서머 경에 대한 자료도 적지만, 윌리엄 켈리에 대한 자료는 그보다 훨씬 더 적다. H. Holbrook Stewart의 *Iron Brew: A Century of American Ore and Steel*와 Elting E. Morison의 *Men, Machines, and Modern Times*가 켈리를 어느 정도 다루고 있다. Morison은 책의 대부분을 강철의 발명에 할애해 이야기 형태로 기술하고 있다. 이 책은 강철 애호가에게는 큰 도움이 된다. 윌리엄 켈리에 대해 더 많은 정보를 얻으려면 백과사전, 19세기 서적과 신문기사가 가장 좋다. 오래된 기사들 중 몇몇에는 켈리가 쓴 편지가 언급되지만 편지들은 사라진 것 같다. 그리고 켈리에 대해서는 더 큰 문제가 있다. 자신이 미국에 강철을 가져왔다는 켈리의 주장은 대부분 완전히 거짓말이다. 켈리의 강철 제조에 대해 잘 조사된 신뢰할 수 있는 연구는 예일 대학 명예교수이자 야금고고학 전문가인 Robert Gordon의 "The 'Kelly' Converter"라는 학술 논문이다. Gordon 교수는 스미스소니언 연구소에 있는 켈리의 전환로converter를 오랫동안 조사하고 그 재료를 분석했다. 그의 연구는 켈리가 철강 제조에 기여한 증거가 없음을 보여준다(이러한 연구 결과가 나왔음에도, 켈리의 영예를 기리는 표지물과 장식 액자는 그대로 설치되어 있다).

강철과 선로

강철은 사회에 매우 중요한 재료이지만, 일반인을 위해 쓰인 강철에 대한 최근 서적은 거의 없다. 탁월하지만 오래된 책인 Arthur Street와 William Alexander의 *Metals in the Service of Man*은, 몇 개의 장에 걸쳐 읽기 쉬운 문장으로 강철에 대해 다룬다. 여기에 더해 Stephen Sass가 쓴 *The Substance of Civilization: Materials and Human History from the Stone Age to the Age of Silicon*는 하나의 장에서, 강철을 뒷받침하는 과학에 대한 신뢰할 수 있는 연구를 제시한다. 강철의 문화적 역할을 검토한 책으로는 Douglas Alan Fisher의 *The Epic of Steel*(그리고 중요도가 덜한 그의 다른 책 *Steel Serves the Nation*)과 Theodore A. Wertime의 *The Coming of Age of Steel* 같은 오래된 책 몇 권이 도움이 된다. 고대로 거슬러 올라간 야금학사에 대해서는 R. F. Tylecote의 *A History of Metallurgy*에서 읽을 수 있다. 강철 제조에 대한 현대 연구인 Thomas Misa의 *Nation of Steel: The Making of Modern America, 1865-1925*와 Robert Gordon의 *American Iron 1607-1900*은 철저한 연구가 담겨 있다. 이 두 권은 연구자용으로 쓰였지만 재미있게 읽을 수 있다. 강철 레일의 영향을 다룬 매우 중요한 책으로는 Wolfgang Schivelbusch의 *The Railroad Journey: The Industrialization of Time and Space in the Nineteenth Century*가 있다. 이 학구적인 작은 책은 공학윤리나 사회학 수업에서 필수적으로 읽어야 할 것이다. 강철 레일의 영향을 다룬, 일반인을 위한 더 두꺼운 책으로 Harold Perkin의 *The Age of the Railway*가 있다. 이 책은 영국에 초점을 맞추고 있지만, 강철 레일의 영향을 포괄적으로 다룬다. 지도의 공백이 사라지는 것을 다룬 문헌으로는 Barney Warf의 *Time-Space Compress: Historical Geographies*라는 적절한 제목의 책이 있다.

크리스마스의 상업화

철도에 대한 책은 많지만, 크리스마스의 상업화에 철도가 한 역할을 검토한 책은 별로 없다. 역사가인 Penne L. Restad는 그 관계를 "Christmas in America: A History"라는 제목의 논문에서 설명한다. Bruce D. Forbes의 *Christmas: A Candid History*라는 책도 그 관계를 다룬다. 연구자들은 신문기사 스크랩을 검토하면, 크리스마스가 대수롭지 않은 휴일에서 우리가 아는 현대적인 형태로 진화하는 과정을 볼 수 있을 것이다.

3. 전달하다

뉴올리언스 전투

앤드루 잭슨에 대해 깊은 관심을 갖고 있는 독자들은 그의 첫 번째 전기 작가 Robert V. Remini가 쓴 책, 특히 *The Battle of New Orleans: Andrew Jackson and America's First Military Victory*를 선택할 것이다. 하지만 그러한 독자는, 이 다작한 작가의 견해에만 빠지지 않도록 주의해야 할 것이다. 다른 여러 책들이 제공하는 방대한 기술이 Remini의 시각을 보완한다. 그런 책으로 Gene A. Smith가 편집한 *A British Eyewitness at the Battle of New Orleans*와 Donald R. Hickey의 *Glorious Victory: Andrew Jackson and the Battle of New Orleans*가 있다.

이 책들에 더해, 그보다 더 오래된 책인 Francis F. Beirne의 *The War of 1812*에 뉴올리언스 전투에 대해 알기 쉽게 쓰여 있다. 영국의 관점을 원한다면, Robin Reilly의 *The British at the Gates: The New Orleans Campaign in the War of 1812*는 필독서로, 미국인의 서술에서는 볼 수 없는 사실들이 가득하다. 이 전투를 더 시각적으로 다룬 책을 찾는 독자에게는 Donald R. Hickey와 Connie D. Clark의 *The Rockets' Red Glare: An Illustrated History of the War of 1812*를 추천한다. 훌륭한 도판이 들어 있는 책이며, 활약한 주요 인물들과 상세한 지도도 실려 있다. 무슨 일이 일어났는지를 훌륭하게 설명하는, 잘 만들어진 책이다. 또한 Daniel Howe의 *What Hath God Wrought: The Transformation of America, 1815-1848*의 뉴올리언스 전쟁에 대한 장을 읽으면, 여기에도 새로운 세부적인 사실들이 포함되어 있다는 것을 알게 될 것이다. 수업에서는 이 전투에 대한 다큐멘터리(특히 History Channel과 PBS에서 제작한 것)를 감상해도 재미있을 것이다.

잭슨의 문서들을 읽고 싶은 연구자를 위해 미국 의회도서관Library of Congress에 2만 점이 넘는 자료가 있다. 앤드루 잭슨의 집이었고 지금은 역사관으로 운영되는 허미티지Andrew Jackson's Hermitage는 그의 아카이브가 있는 곳이기도 해서, 그곳에서 그의 문서들을 디지털로 받아볼 수 있다. 전투에 대한 신문기사도 매우 유익하다. 특히 루이지애나 농장에서 있었던 일들을 *The Niles' Weekly Register*(볼티모어에서 발행되던 신문)에서 읽어보면 마치 링 앞줄의 관람석에서 그것을 구경하는 것처럼 느껴질 것이다. 마지막으로 역사 팬이라면 특히 1월 초의 전쟁 기념일에 뉴올리언스 샬메트 전장 역사 기념공원 Chalmette Battlefield을 방문하면 좋을 것이다.

새뮤얼 F. B. 모스

새뮤얼 핀리 브리스 모스는 매우 존경받는 발명가였고, 그의 이야기는 한 세기가 넘도록 학교에 다니는 아이들에게 잘 알려져 있었다. 이로부터도 알 수 있듯이 그에 대해 쓰인 책들은 대부분 고서적이다. 최근에 들어서야 Kenneth Silverman의 *Lightning Man: The Accursed Life of Samuel F. B. Morse*라는 현대 전기가 생겼다. 이 책은 숙련된 전기 작가가 쓴 두꺼운 학술서로, 상세한 내용이 가득 채워져 있다. 본격적으로 알고 싶은 독자는 이 책을 읽어보면 좋을 것이다.

모스의 이야기에 대한 현대의 책 중에서는 300쪽 미만짜리가 없다. 짧은 것을 원한다면, 1901년에 출판된 John Trowbridge의 *Samuel Finley Breese Morse*와 같은 오래된 책을 찾을 수밖에 없을 것이다. 이것은 총 134쪽 분량의 가볍게 읽을 수 있는 책으로, 모스의 결점은 한 문장으로 응축되어 있다. 이 책은 좋은 연대표가 되어주지만, 전신이 설치된 해(1844년)가 잘못 기재되어 있다. 모스에 대한 더 긴 읽을거리로는, 퓰리처상 수상작인 Carleton Mabee의 *American Leonardo: A Life of Samuel F. B. Morse*가 있다. 보도식으로 쓰여 있어서 현대 독자들도 읽기 편할 것이다. 이 책에도 유감스럽게도 몇 가지 오류가 있지만, 'Native Americans'라는 하나의 장 전체를 모스의 정치적인 입장이었던 이민자 배척주의에 할애하고 있는 것은 높이 평가할 만하다. Oliver Waterman Larkin의 215쪽 짜리 짧은 전기 *Samuel F. B. Morse and the American Democratic Art*는 단시간에 즐겁게 읽을 수 있지만 구하기가 매우 어렵다. 또 Robert Luther Thompson의 *Wiring a Continent: The History of the Telegraph Industry in the United States*도 있다. 인물이나 이야기는 별로 다루지 않고 있지만 전신에 대해 읽고 싶은 사람에게는 좋을 것이다.

Samuel Irenaeus Prime의 *The Life of Samuel F. B. Morse*는 다른 많은 책들이 인용하는 참고도서이다. Samuel Prime은 모스 가문에게 선택되어 이 전기를 썼기 때문에 다른 사람들이 구할 수 없는 자료를 손에 넣을 수 있었다. Prime의 책은 그가 아니면 얻기 어려웠을 서한뿐만 아니라 증언의 초본과 뛰어난 주석도 포함하고 있는 훌륭한 자료이며, 과학적 관점에서나 법률적 관점에서나 모두 전문적이다. 모스의 화가로서의 일에 대해서는 거의 포함되어 있지 않다. 그럼에도 이 책은, 전신 개발을 전체적으로 알기 위해서는 꼭 읽어야 할 책이다. 화가로서의 모스를 알기 위해서는 William Kloss의 *Samuel F. B. Morse*라는 책을 보면 된다. 이 책의 저자는 모스의 그림을 찬양하면서, 그의 작품을 풀 컬러로 싣고 스킬에 대해서도 논평하고 있다.

모스의 편지는 모스의 막내아들 Edward Lind Morse가 편집한 두꺼운 2권 짜리 책 *Samuel F. B. Morse: His Letters and Journals in Two Volumes*에 들어 있다. 새뮤얼 모스의 두 인생—화가로서의 삶과 발명가로서의 삶—은 각각 약 41년간 지속되었다. 제1권은 모스의 어린 시절, 젊은 화가 시절, 신혼부부 시절을 다루고, 2권에는 발명가로서 설리호에서 보낸 시간, 전신의 발명, 최초의 전신선 개발에 대해 다룬다. 두 권을 다 못 읽는다면 2권을 읽는 게 좋다.

전신 개발에 대해서는 대체로 Silverman, Mabee, Lind Morse, Prime의 책을 같이 보면 광범위한 정보를 얻을 수 있을 뿐 아니라, 그 이야기와 전신의 발명에 대한 다양한 입장까지 살펴볼 수 있을 것이다. 어떤 책을 읽든 더 오래된 정보원을 이용해 날짜와 세부사항을 재확인하는 것이 중요하다. 오류가 한 세대의 책에서 다음 연대의 책으로 넘어가기 때문이다.

모스를 연구하는 학생이나 연구자는 모스가 엄청난 양의 편지를 썼다는 사실과, 그의 편지 대부분을 Library of Congress 웹사이트에서 무료로 구할 수 있다는 사실에 감사할 것이다. 많은 자료를 얻고 싶었는데 Samuel Finley Breese Morse Papers(MSS 33670)를 발견하면 감격할 것이다. 예일 대학의 아카이브는 그보다는 훨씬 작지만, 모스가 쓴 중요한 편지들, 특히 영국의 특허를 획득하려고 시도했을 때의 편지가 보관되어 있다. 예일 대학에서 모스에 관한 가장 중요한 수집품은 Yale College Alumni file(RU 830, Box 2)이며, 모스가 활동하던 때 모스에 대해 쓰인 기사들을 포함하고 있다. New York Public Library도 모스의 편지 일부를 소장하고 있고, 이는 온라인으로 열람할 수 있다.

모스의 이야기를 언급하는 현대 자료로 뛰어난 책이 몇 종 있는데, 이는 모스의 활동을 전기통신 개발이라는 더 큰 연계 속에 엮어 넣어 보여준다. 가장 뛰어난 한 권은 Tom Standage의 *Victorian Internet: The Remarkable Story of the Telegraph and the Nineteenth Century's On-line Pioneers*이다. 이 책이 뛰어난 것은 제목이 훌륭하기 때문일 뿐 아니라, 전신과 전화, 무선의 탄생에 대한 신선하고 흥미로운 이야기들이 적혀 있기 때문이다. 이 책만큼 유명하지는 않지만 그에 못지않게 흥미로운 다른 책으로 David Bodanis의 *The Electric Universe: How Electricity Switched on the Modern World*가 있다. 이 또한 훌륭한 방식으로 인물들에게 생명을 불어넣고, 무미건조한 세부 내용을 흥미진진하게 소개하며 전기에 대한 우리의 지식과 우리가 그것을 현대 세계를 창조하기 위해 이용해온 방법을 설명하고 있다. 이 두 권의 책 모두 전기통신의 개발(과 그것을 가능하게 한 인물들)에 전반적으로 관심이 있는 사람 누구에게나 도움이 될 것이다. 이런 대표적인 해설서들에 더해 Senator John Pastore의 *The Story of Communications from Beacon Light to Telstar*라는 오래된 책도 있는데, 이것은 단시간에 읽을 수 있는 짧은 개론서이다.

제임스 A. 가필드

가필드의 대통령 재임 기간은 짧았기 때문에 그에 대한 자료는 적다. 다행히 Candice Millard의 *Destiny of the Republic: A Tale of Madness, Medicine and the Murder of a President*라는 가필드의 전기가 최근 출판되었다. 제대로 된 조사를 바탕으로 잘 쓰인 이 책은 PBS의 다큐멘터리 프로그램의 토대가 되었다. 대체로 가필드 대통령은 제대로 평가받지 못했다. 그에 대한 책이 몇 권 있지만, 대부분은 그의 재임 기간과 마찬가지로 짧다. 하지만 그 책들을 합쳐서 보면 이 인물의 전체적인 모습을 파악할 수 있다. 수십 년 전에 출판된 Edwin P. Hoyt의 *James A. Garfield*라는 얇은 책은 가필드 대통령에게 다채로운 색깔을 입히고 암살로 끝을 맺는다. 이 책은 가필드의 젊은 시절에 있었던 핵심 장면들을, 더 긴 책보다 자세히 다룬다. 또 다른 짧은 책인 Ira Rutkow와 Arthur M. Schlesinger, Jr의 *James A. Garfield*는 의학적인 흥미가 있는 사람이라면 읽어야 할 책이다. 외과의사인 Rutkow는 가필드를 죽음에 이르게 한 것이 무엇이었는지에 대한 의문에 답을 주고, 1881년 당시 의학 상황에 대해 입수 가능한 어떤 자료보다도 상세히 기술한다.

가필드의 문서 컬렉션은 Library of Congress와 오하이오주 Hiram College에 보관되어 있다. 그중 일부는 Theodore Clarke Smith의 *The Life and Letters of James Abram Garfield*라는 두 권짜리 책으로 묶여 있다. 2권의 'The Tragedy'라는 장에 30페이지가 채 안 되는 분량으로 대통령이 받은 총격에 대해 상세하게 서술되어 있다. 다른 책인 James C. Clark의 *The Murder of James A. Garfield: The President's Last Days and the Trial and Execution of His Assassin*은 구하기가 좀 어렵지만, 머리말을 National Archives 웹사이트에서 다운로드 받을 수 있다. 〈뉴욕타임스〉 1881년 7월 3일자 기사 "A Great Nation in Grief "에는 풍부한 정보와 목격담이 실려 있다. 앞에 거명한 책의 대부분이 이 기사를 정보원으로 하고 있다.

역사를 좋아하는 사람에게는 암살범 기토가 발사한 총알, 가필드의 척추 추골, 기토의 뇌가 National Museum of Health and Medicine에 보관되어 있다는 사실을 알려주고 싶다. 가필드의 해부 소견은 *Complete Medical Record of President Garfield's Case, Containing All of the Official Bulletins*(C. A.

Wimer에 의해 1881년에 출간됨)에서 볼 수 있다.

전신

전신이 언어를 부호로 압축했듯이, 전신의 역사가 작은 책에 압축되어 있다. Lewis Coe의 *The Telegraph: A History of Morse's Invention and Its Predecessors in the United States*의 문장들은 한 문장 한 문장이 단락으로 늘릴 수 있을 정도로 길지만, 이 풍성한 책은 모스의 발명이 끼친 넓은 의미에서의 영향을 독자에게 보여준다. 전신에 대해 더 자세히 알고 싶은 사람은 George P. Oslin의 *The Story of Telecommunications*에서 상세한 내용을 많이 얻을 수 있을 것이다. 이 두꺼운 책은 훌륭한 사진부터 사전 같은 형식까지 갖추고 있어서 누구나 얻을 게 있다. 해설이 약간 엉성하지만 다루는 범위가 독보적이다. 또한 Jeffrey L. Kieve의 *The Electric Telegraph: A Social and Economic History*는 영국에 초점을 맞춰 쓰고 있다. 더 최근의 책인 David Hochfelder의 *The Telegraph in America, 1832-1920*은 연구자용으로 잘 조사된 철두철미한 책이다. 전신, 언어, 저널리즘의 연결고리에 대해 알고 싶은 독자는 3장을 읽는 것이 좋다. 상당히 많은 정보를 얻을 수 있을 것이다.

언어의 진화와 테크놀로지의 역할에 대해 알려면 Naomi S. Baron의 *Alphabet to Email*를 꼭 읽어야 한다. 전신에 대한 부분은 짧지만, 내용이 폭넓고 신선하며 매력적이다. Baron의 책을 보완할 수 있는 책으로 Edmund Wilson의 *Patriotic Gore*가 있다. 이 책은 전신이 탄생했을 무렵의 언어를 스냅 사진처럼 포착한 귀중한 책이다. 그리고 남북전쟁이 일어났던 기계의 시대는 '언어 단련'의 계기가 되었고 전신도 그 요인 중 하나였다는 것을 전제로 하고 있다. 전신의 영향을 조사하는 또 한 가지 방법은 전신이 뉴스 소비방식을 어떻게 바꾸었는지를 조사하는 것이다. Meneham Blondheim의 *News over the Wires: The Telegraph and the Flow of Public Information in America*는 전신의 탄생부터 AP 통신사의 창설까지 뉴스 통신의 역사를 학술적으로 조사한 책이다. 전신이 도래하기 전과 후에 뉴스가 어떻게 전송되었는지 이 책에 매우 자세하게 나온다.

오늘날 온라인 통신의 종류와 관련해 언급할 만한 가치가 있는 책이 몇 가지 나와 있다. 우리가 사용하는 기기와 소셜미디어의 영향에 대해 Sherry Turkle의 *Reclaiming Conversation: The Power of Talk in a Digital Age*는 이러한 커뮤니케이션 형태의 방심할 수 없는 성질에 사회가 주의를 게을리 해서는 안 된다고 경종을 울렸다. 하지만 터클의 이 책은 낙관적이고, 소셜미디어에 의해 야기되는 현대 사회의 고독은 직접 만나 대화함으로써 완화할 수 있다고 결론짓는다. 즉각적인 커뮤니케이션의 영향은 Lewis Mumford의 초기 저서

*Technics and Civilization*에도 기술되어 있다. 그 책에서 멈포드는 타당한 예측을 하면서, 특히 공감과 동정은 송수신이 어렵다는 점을 언급한다. 공감과 동정은 교육자나 부모, 연구자들이 현재 염려하고 있는 점이다.

4. 포착하다

에드워드 마이브리지

마이브리지에 대해 독자가 읽어야 할 것으로 Rebecca Solnit의 문학적 걸작 *River of Shadows: Eadweard Muybridge and the Technological Wild West*를 넘는 것은 없을 것이다. 조사가 잘 된 뛰어나고 아름다운 읽을거리로, 마이브리지를 연결고리로 역사를 기술한다. 솔닛의 책은 칭찬할 만하지만, 마이브리지를 그린 훌륭한 책은 이뿐이 아니다. 뛰어난 저술로 Edward Ball의 *The Inventor and the Tycoon*도 있다. 이 책은 스탠퍼드와 마이브리지의 관계, 마이브리지의 인생에 등장하는 모든 인물과 사건들을 폭넓게 다룬다. 장대한 이야기가 필요치 않은 독자도 있을 것이다. 찾기 어려운 사실을 조사하는 연구자에게는 Arthur Mayer의 *Eadweard Muybridge: The Stanford Years(1872-1882)*가 좋은 선택이 될 수 있다. 또한 최근 영국에서 출판된 Marta Braun의 *Eadweard Muybridge*는 새로운 시각을 제공하며, 얇은 분량에도 탄탄하게 구성되어 있다.

잘 짜인 살인사건 이야기를 좋아하는 독자도 많을 것이다. Terry Ramsaye의 *A Million and One Nights: A History of the Motion Picture*는 마이브리지가 활동사진에 기여하지 않았다는 입장을 취하지만, 마이브리지가 일으킨 살인사건의 전모를 살인 미스터리 스타일로 정교하고 매혹적으로 설명한다. 이야기에 흠뻑 빠지기를 원하는 독자에겐 이 책이 제격이다. 살인사건 재판에 관해서는 Napa Historical Society의 문서들 또한 독자들의 마음을 사로잡을 것이다.

그 밖에 도움이 되는 자료로는 Robert Bartlett Haas의 *Muybridge: Man in Motion*과, Brian Clegg의 *The Man Who Stopped Time*이 있다. 게다가 California Digital Newspaper Collection(https://cdnc.ucr.edu/)[2021년 2월 접속]에서, 많은 '골든 스테이트'(캘리포니아) 신문을 온라인으로 읽을 수 있다. 마이브리지가 달리고 있는 말을 포착하려 시도한 최초 실험과 살인 사건에 대한 자세한 내용을 거기서 볼 수 있다. 또한 The Compleat Eadweard Muybridge(http://www.Phenherbert.co.uk/muybCOMPLEAT.htm)라는, Stephen Herbert가 관리하는 포괄적인 웹사이트가 있다. 마지막으로 마이브리지는 여러 권의 책을 썼다. 대부분의 도서관에서 찾을 수 있는 책이 *Animals in motion*

이다. 이 책에서 그의 야외 촬영 스튜디오와 그의 독자적인 사진촬영 설정으로 찍힌 사진의 대형 카탈로그를 자세히 볼 수 있다.

한니발 굿윈

아주 중요한 발명가인데도 이 선한 목사에 대한 자료는 거의 없다. Barbara Moran의 2001년 기사 "The Preacher Who Beat Eastman Kodak"은 굿윈의 이야기와 이스트먼과의 특허 전쟁을 묘사한 것으로, *Invention and Technology* 라는 지금은 폐간된 잡지에 실렸다. 굿윈은 George Helmke의 짧은(13페이지) 연구논문 *Goodwin and the Invention of a Base for Rollfilm*에서도 관심의 대상이 되었다. 이 논문은 대부분의 도서관에서는 찾을 수 없지만 매우 귀중한 자료다. 이 논문을 펴낸 Fleetwood Museum of Art & Photographica of the Borough of North Plainfield로부터 사본을 입수할 수 있다. 한니발 굿윈에 대한 자세한 설명은 Robert Taft의 *Photography and the American Scene*에서 찾을 수 있다. 또 다른 자료를 *Cyclopedia of New Jersey*와 Elizabeth Brayer 의 긴 책 *George Eastman: A Biography*에서 볼 수 있지만, 후자는 이스트먼을 지나치게 편들고 있다. 목사 굿윈과 권력자 이스트먼의 법적 타툼에 대한 훌륭한 요약을 H. W. Schütt의 "David and Goliath: The Patent Infringement Case of Goodwin v. Eastman"이라는 논문에서 찾아볼 수 있다.

굿윈을 본격적으로 연구하려면 Newark Public Library의 Charles F. Cummings New Jersey Information Center를 방문하는 것과, New Jersey Historical Society에 있는 Charles Pell Papers를 살펴보는 것을 추천한다. 모두 뉴저지주 뉴어크에 소재한다. 전자의 뉴스스크랩과 후자의 서신교환, 특히 Pell Papers에 있는 굿윈의 공식 발언은 사건의 공백을 메우는 데 도움이 될 것이다. George Eastman Archives는 굿윈과 관련된 많은 서한을 보관하고 있다(단, 굿윈이 보낸 편지는 없음). 법적 문서들(성경보다 두껍고 탁자보다 무겁다) 도 이곳에 보관되어 있다. 굿윈이 사용한 재료에 대해서는 William Haynes의 *Cellulose, The Chemical That Grows*라는 재미있는 책에 나온다. 이 책은 과거에 인기 있던 이 화합물의 역사와 용도를 알기 쉽게 기술하고 있다. Robert D. Friedel은 *Pioneer Plastic: The Making and Selling of Celluloid*라는 짧은 책에서 이제 거의 잊힌 재료의 역사를 기술한다.

프레더릭 더글러스

프레더릭 더글러스는 열렬한 사진촬영 애호가였고, 지금도 그의 사진이 어느 다락방에서 발견된 낡은 스크랩북에서 가끔 나타날 정도로 많은 종류의 초상 사진을 찍었다(Rochester Library에는 그러한 사진 한 장이 보관되어 있다). 프레데릭 더글러스는 몇 차례 연설에서 사진촬영에 대한 흥분을 쏟아내기도 했다. John Stauffer, Zoe Trodd, Celeste-Marie Bernier의 공저 *Picturing Frederick Douglass*에는 그의 주요 연설 중 이 예술형식에 대한 친밀감을 표현하는 3번의 연설이 담겨 있다. 또한 이 책에는 150장이 넘는 그의 초상 사진도 실려 있다. 더글러스의 연설 "Lecture on Pictures", "The Age of Pictures", "Life Pictures", "Pictures and Progress"는 Library of Congress 웹사이트에서 더글러스가 자필로 쓴 버전으로 볼 수 있는데, 그의 글씨는 대체로 읽기 어려울 것이다. 따라서 녹취록이 실려 있는 *Picturing Frederick Douglass*는 자료로서 대단히 귀중한 책이다. 더글러스의 사진촬영 이용에 대한 이해하기 쉬운 글을 이 책에 실린 Henry Louis Gates의 에세이에서 찾을 수 있다. 더글러스의 사진촬영 이용에 대한 유용한 자료로는 Marcy J. Dinius의 *The Camera and the Press*라는 잘 조사된 내용의 책도 있다.

노예제도 폐지를 주창한 더글러스의 연설에 대한 연구가 미국뿐 아니라 영국에서도 부활하고 있다. 더글러스는 영국에서 몇 년을 지내며 노예제도에 대한 여론을 움직였다. 영국 신문들을 미국 신문이 자주 다루었으므로, 영국 신문을 이용해 더글러스는 노예제도 폐지라는 메시지를 우회적으로 전달할 수 있었다. Hannah-Rose Murray 박사의 연구가 이를 증명한다. 이 책이 출판될 당시 한 웹사이트(frederickdouglassinbritain.com)가 그녀의 연구를 실었고, 거기에는 대서양 건너편에서 더글러스가 방문한 모든 곳을 표시한 훌륭한 지도도 함께 실려 있다.

셜리 카드

셜리 카드에 대해서는 2009년 *Canadian Journal of Communication* 잡지에 발표된 Lorna Roth의 중요한 논문 "Looking at Shirley, the Ultimate Norm"에 잘 나와 있다. 이 논문의 매우 획기적인 점은 코닥사의 전직 간부와 전직 직원들의 인터뷰와 기록을 모아놓았다는 것이다. 기술을 다루는 연구자와 교육자 모두가 이 논문을 읽도록 해야 할 것이다. 사진작가 Adam Broomberg와 Oliver Chanarin은 이 논문에 일반인의 관심을 끌어들였다. *The Guardian*은 두 사람의 전시회에 대한 보도 "'Racism' of colour Photography Explored in Art Exhibition"에서 "카메라가 인종차별적일 수 있는가?"("Can the camera be racist?")라는 의문을 제기했다. 이 문제는 Sara Wachter-Boettcher의 저서 *Technically Wrong: Sexist Apps, Biased Algorithms, and Other Threats of Toxic Tech*로 이어졌다. 이들 논문과 Roth 교수의 통찰에서 알 수 있는 사실은 우리에게 매우 중요한 테크놀로지에 편향이 내재되어 있다는 것이다.

폴라로이드

캐럴라인 헌터와 켄 윌리엄스, 폴라로이드 혁명적 노동자 운동PRWM, Polaroid Revolutionary Workers Movement에 대한 문헌은 매우 적다. 다만 두 사람을 폴라로이드의 열성 직원으로 기술하고 있는 폴라로이드사에 대한 책들이 있는데, Mark Olshaker의 *The Instant Image: Edwin Land and the Polaroid Experience*와 Peter C. Wensberg의 Land's Polaroid: A Company and the Man Who Invented It이 거기에 해당한다. Wensberg는 폴라로이드사의 전 간부로, PRWM 운동이 발생했을 때 재임 중이었다. 하지만 Wensberg는 회사 사람이라서 그 관점으로 이 책을 썼다. 있다. 흥미롭게도 21세기에 쓰인 폴라로이드사에 대한 책들은 폴라로이드 역사의 이 중요한 부분을 언급하지 않는다. 일부 저자는 사회적 영향을 제대로 설명하지 않은 채 즉석사진의 재미를 탐구하는 것을 택한다. 이들 새로운 책은 수정주의에 빠져 있거나, 게으른 저널리즘이거나, 아니면 둘 다일 것이다.

Erick J. Morgan의 "The World Is Watching: Polaroid and South Africa" 처럼, PRWM의 이야기를 들려주는 몇몇 학술 논문이 있다. 이 에피소드를 역사적인 사건으로 언급하고 있는 다큐멘터리들도 있는데, 예를 들어 "Have You Heard from Johannesburg?"에는 캐럴라인 헌터가 등장하는 장면이 나온다. 헌터는 시사 프로그램 'Democracy Now!'에서 2013년 인터뷰한 바 있다. 헌터의 1970년대 영상으로는 보스턴의 WGBH 프로그램 Say Brother에 게스트로 초대된 것이 있다.

PRWM에 대한 더 자세한 정보로 Harvard Crimson에 당시 있었던 일에 대한 묘사가 있다. 또한 African Activist Archive Project라는 기록 자료도 Michigan State University의 웹사이트에서 열람할 수 있다(www.africanactivist.msu.edu). PRWM의 아카이브는 할렘에 소재한 New York Public Library의 Schomburg Collection for Research in Black Culture에서 볼 수 있다. 그것은 거의 문서화되어 있지 않은 역사의 한 장을 보여주는 훌륭한 자원이다. 폴라로이드사의 아카이브는 Harvard Business School에 있으며, 이 또한 이 주제를 연구하는 사람들에게는 귀중하다.

5. 보다

윌리엄 윌리스

발명가 윌리엄 윌리스는 에디슨에 대한 역사서 대부분에서 각주로 기록될 뿐이다. 현대의 책들에서도 그런 추세는 계속된다. 다행히 엔지니어이자 에디슨의 팬이었던 William Hammer가 에디슨 발명 연대기의 편자가 되어,

*Electrical Engineer*에 윌리엄 월리스에 대해 3편의 글을 썼다. 1898년에 발표된 그 3편은 쉽게 찾아볼 수 있다. 그밖에 Johns Hopkins University Press가 출판한 *The Papers of Thomas A. Edison* 제3권에 월리스에 대한 언급이 있다. 월리스의 죽음을 알리는 신문기사가 몇 개 있으며, 코네티컷의 신문들에 이따금 그에 대한 언급이 있다. 슬프게도 에디슨의 전등 발명에 촉매 역할을 한 월리스에 대해 쓰인 것은 거의 없다. 다행히 월리스에 관한 가장 포괄적인 자료를 코네티컷 주의 Derby Historical Society에서 쉽게 구할 수 있다. 이 자료에는 위의 신문기사들 다수와 William Hammer의 논문이 포함되어 있다. 거기에는 월리스에 관한 아주 작은 파일과 사진이 포함되어 있다. 월리스의 아크등 중 하나가 코네티컷 주 앤소니아에 지금도 있지만 개인 소장품이다. The Smithsonian도 그의 아크등 1개와 월리스의 텔레마천을 소장하고 있다.

에디슨의 전등

전구 개발에 대해서는 이 주제에 대한 최고의 책 중 하나인 Robert Friedel과 Paul Israel의 공저 *Edison's Electric Lights: The Art of Invention*에 철저하게 기록되어 있다. 이 책은 초판을 입수하는 것이 최선이다. 나중에 나온 판보다 사진이 더 많기 때문이다. 전구 개발에 대한 이야기는 이 책뿐 아니라, 에디슨에 대한 수많은 전기에서도 찾을 수 있다. 그중 몇 가지를 소개하면 Neil Baldwin의 *Edison: Inventing the Century*, George Sands Bryan의 *Edison: The Man and His Work*, Robert E. Conot의 *A Streak of Luck*, Frank Dyer와 Thomas Martin의 *Edison: His Life and Inventions,* 그리고 Matthew Josephson의 *Edison: A Biography*가 있다. 마지막 책은 전구를 다루는 데서 다른 책들보다 뛰어나다. 이 오래된 학술서는 직렬 또는 병렬 조명을 토대로 전기시스템을 만들어내는 에디슨의 생각을 검토한다. 전구 개발을 좀 더 짧게 묘사한 Ronald Clark의 *Edison: The Man Who Made the Future*도 있다. 이 책에는 전구의 탄생에 관한 짧은 장이 포함되어 있다. 에디슨의 문서 대부분은 Rutgers University 웹사이트에 있으며 이것도 훌륭한 정보원이다. 전구 개발에 대한 기록 자료는 Smithsonian Institute의 William Hammer Collection에서 Edisonia라는 표제로 찾으면 된다. Hammer는 에디슨에 대한 모든 보고와 신문기사를 보관함으로써 미국에 큰 공헌을 했다.

에디슨 이후, 전등과 함께 하는 생활에 대해서는 Paul W. Keating의 *Lamps for a Brighter America: A History of the General Electric Lamp Business*라는 책이 시작으로 좋다. 조명의 역사에 관해서는 Brian Bowers의 *A History of Electric Lights and Power*도 있다. 이 책은 인공조명이 어떻게 등장했는지에 대한 설명에서 뛰어나다.

에디슨의 열렬한 팬으로서 발명 장소에 가보고 싶은 독자들은 옛 모습 그대로인 멘로파크Menlo Park를 찾아갈 수 있다. 하지만 그 건물은 이제 뉴저지주가 아니라, 미시간주 디어본의 Henry Ford Museum에 위치하고 있다. Henry Ford는 에디슨에게 감탄하여 건물 전체를, 흙의 일부까지 함께 이축했다. 건물 1층에는 탄소 필라멘트 제작에 사용된 여러 개의 화로가 있다. 2층에는 유리구에서 공기를 빼는 데 쓰인 진공펌프가 놓여 있고, 벽은 병들로 가득하다. 멘로파크는 방문할 가치가 있는 곳이며, 에디슨 연구자라면 반드시 가봐야 한다.

빛과 사회

사회 속 인공조명의 영향은 수차례 그리고 수많은 방식으로 쓰인 주제이다. 인공조명이 우리 문화에 미친 영향을 다룬 가장 획기적이고 중요한 연구를 Wolfgang Schivelbusch의 *Disenchanted Night: The Industrialization of Light in the Nineteenth Century*에서 찾을 수 있다. 이 책은 정보가 풍부하고 사고를 자극하는 생각으로 가득한 필독서다. 그 밖에 인공조명에 대한 책은 Jane Brox의 *Brilliant: The Evolution of Artificial Light*에서부터, 전문적이지만 읽기 쉬운 John A. Jakle의 *City Lights: Illuminating the American Night*까지 다양하다. David E. Nye의 *Electrifying America: Social Meanings of a New Technology*는 조명과 전기의 사회적 영향을 규명한 것으로, 그의 조사는 연구의 본보기로 간주된다.

빛 공해라는 주제는 과학 논문에서 잘 조사되어 있다. 그러한 논문 중 일부는 학술적인 영역을 넘어 일반인들에게도 닿고 있다. 그중 한 편이 Catherine Rich와 Travis Longcore의 *Ecological Consequences of Artificial Night Lighting*이다. 인공조명이 야생생물과 인간에게 미치는 영향에 대한 몇몇 정보는 이런 책에서 다른 책이나 기사, 또는 뉴스로 전파되었다. 잃어버린 밤에 대해 쓴 가장 읽기 쉽고 재미있는 책은 Paul Bobard의 *The End of Night: Searching for Natural Darkness in an Age of Artificial Light*이다. 조사가 잘 되어 있고 명료하게 서술되어 있다. 몇몇 대목에서는 서정적이기도 한 이 책은 인간의 오랜 친구인 '어둠'을 잃는 것에 대한 통찰과 경고를 공유한다. 사실만을 알고 싶은 독자에게는 International Dark-Sky Association의 짧은 책 *Fighting Light Pollution*을 권한다. 이 책은 빛 공해의 결과가 무엇인지, 그리고 우리 각자가 빛 공해를 줄이기 위해서 무엇을 할 수 있는지 다룬다.

6. 공유하다

골든 레코드

골든 레코드의 제작에 대한 확실한 설명은 *Murmurs of Earth: The Voyager Interstellar Record*에 있다. 이 책은 Carl Sagan, F. D. Drake, Ann Druyan, Timothy Ferris, Jon Lomberg, Linda Salzman Sagan의 에세이를 모은 것이다. 레코드가 어떻게 만들어졌는지, 무엇이 실렸는지에 대한 정보가 들어 있다. 골든 레코드를 만들기 위한 작업은 모두 1970년대 후반에 이루어졌지만, 보이저 1, 2호의 40주년에 맞추어 최신 자료가 업데이트되었다. 추가된 내용에는, Jim Bell의 저서 *Interstellar Age: Inside the Forty Year Voyager Mission*의 한 장, Timothy Ferris가 *New Yorker*에 기고한 글 "how the Voyager Golden Record Was Made", 그리고 Osma Records 제작으로 재발행된 콤팩트디스크CD에 딸린 부속물insert이 포함된다. 레코드의 제작에 대한 이야기는 Keay Davidson 의 *Carl Sagan: A Life*와 William Poundstone의 *Carl Sagan: A Life in the Cosmos*을 포함한 Carl Sagan의 전기에도 적혀 있다. 흥미롭게도, 골든 레코드 는 William Macauley의 논문(영국) 같은 학위 논문, *Star Stuff* 같은 어린이책, PBS 프로그램 *The Farthest* 같은 다큐멘터리의 주제가 되기도 했다. 이 다큐멘터리는 볼 가치가 있다. 골든 레코드는 대부분의 미국인이 태어나기 전에 생긴 것이지만 지금도 여전히 사람들을 매료시킨다.

NASA의 Jet Propulsion Laboratory 웹사이트에서 이 레코드를 만드는 모습을 사진으로 볼 수 있다. 또한 Library of Congress에서 Carl Sagan and Druyan Archive의 Seth MacFarlane Collection에 접속하면 골든 레코드의 기록 자료를 볼 수 있으므로, 관심이 많은 독자들은 참조하기 바란다. 그러나 이것은 손에 넣을 수 있는 것 중 일부에 불과하다. 자료의 대다수는 Library of Congress에 보관되어 있는 하드카피이므로 수도 워싱턴을 방문해야 한다. 안타깝게도 이 컬렉션에 실제 골든 레코드(제작된 것은 불과 몇 장)는 포함되어 있지 않지만, 그림과 편지들은 이 레코드를 편집하는 작업이 스릴 있고 스트레스가 많은 일이었음을 잘 보여준다.

앨런 로맥스

앨런 로맥스는 미국의 보물이다. 그는 세계 각지에서 의미가 있는 노래들을 모았기 때문이다. 로맥스는 장기간에 걸친 폭넓은 경력을 가지고 있지만, 골든 레코드에 로맥스가 관여한 것과 관련된 자료들은 모두 Library of Congress 웹사이트에서 구할 수 있다. 로맥스가 선택한 노래들에 대한 가장 읽기 쉬운 소개글은 Bertram Lyons가 쓴 "Alan Lomax and the Voyager Golden Records"라는 제목의 블로그에서 찾을 수 있다. 2014년 Library of Congress 웹사이트에 올라온 이 기사에는, 로맥스가 골든 레코드를 위해 고른 27곡 중 15곡이 나와 있다. 이 리스트를 뒷받침하는 다른 자료들을 Carl Sagan과 Ann Druyan의 문서들에서 찾을 수 있다.

로맥스와 그의 일에 대한 정보는 그에게 초점을 맞춘 여러 권의 책에서 찾아볼 수 있다. John Szwed가 쓴 전기인 *Alan Lomax: The Man Who Recorded the World*가 있고, 또한 공저로 쓴 *The Southern Journey of Alan Lomax*도 있다. 로맥스가 어떤 일을 했는지 이해하기 위해서는 그가 사랑한 저서 *Cantometrics*(칸토메트릭스, 로맥스가 고안한 민속음악 연구방법 – 옮긴이)를 읽어야 한다. 여기서 로맥스는 체계화된 분류법으로 자신의 연구를 보다 과학적으로 진행하고자 음악적 스타일(템포, 리듬, 프레이징, 다성성)을 37가지로 분류하는 방법을 만들어냈고, 그것을 바탕으로 각각의 노래를 그래프로 표현했다(이는 심전도와 유사하다). 세이건이 별에 관한 그래프를 읽었듯이 로맥스도 음악에 관한 그래프를 만든 것이다. 하지만 로맥스의 일은, 자신이 그만한 가치가 있다고 생각한 만큼 주목을 받지 못했다. 어쨌든 로맥스는 많은 논문을 썼고 방대한 음악 컬렉션을 만들었다. 그 다수는 Library of Congress의 Alan Lomax Archives에서 찾아 볼 수 있다.

에디슨의 축음기(포노그래프)

축음기의 시작을 다룬 책들이 많이 있으며, 때때로 내용이 중복되기도 한다. 그 중 일부를 소개하면, Neil Baldwin의 *Edison: Inventing the Century*, George Bryan의 *Edison: The Man and His Work*, Robert E. Conot의 *A Streak of Luck*, Frank Dyer와 Thomas Martin의 *Edison: His Life and Inventions,* 그리고 Matthew Josephson의 *Edison: A Biography*가 있다. 또한 Ronald W. Clark의 *Edison: The Man Who Made the Future*라는 짧고 읽기 쉬운 책도 있다. 이 책은 축음기에 하나의 장 전체를 할애하고 있다. 이들 책 중에서 Conot의 현대적인 서술이 다른 것들보다 뛰어나다. 저자 자신의 연구뿐 아니라 초기 서적 자료의 성과에서 이득을 얻은 탓이다.

애석하게도 축음기 발명은 전구 발명의 그늘에 가려졌다. 축음기가 에디슨보다 덜 유명한 발명가에 의해 발명됐다면 아마 축음기에 대해 더 많이 쓰였을 것이다. 이 공백을 메우는 책들이 몇 권 있다. Roland Gelatt의 *The Fabulous Phonograph*, Oliver Read와 Walter L. Welcho의 *From Tin Foil to Stereo: Evolution of the Phonograph*, Tim Fabrizio와 George F. Paul의 *The Talking Machine: An Illustrated Compendium, 1877-1929*이다. 이 책들을 합치면 축음기의 역사와 영향을 보다 전체적으로 이해하는 데 도움이 될 것이다.

축음기 개발을 전체적으로 조망하기 위해서는 에디슨 연구소의 실험노트를 살펴봐야 하는데, 이는 뉴저지주에 가지 않고도 볼 수 있다. 축음기 발명과 관련한 문서들은 Johns Hopkins University Press가 발행한 *The Papers of Thomas A. Edison*의 제3권에 포함되어 있다. 이것은 온라인으로 제공되는 Rutgers University의 Thomas Edison Papers(http://edison.rutgers.edu/)의 확대판이다. 이 3권에는 1876년 4월부터 1877년 12월까지의 연구가 포함되어 있다. 노트에는 다양한 아이디어와 그림이 나오는데, 이를 통해 당시의 느낌뿐 아니라 그의 다른 활동에 대해서도 알 수 있다. 3권 부록에 에디슨의 조수 찰스 바첼러가 쓴 축음기 개발에 대한 기술이 들어 있는데, 이는 발명한 지 거의 30년 뒤에 쓴 것이다. 그런 이유로 바첼러는 수개월간의 개발 과정을 불과 며칠 사이에 벌어진 일로 치부한다. George Parsons Lathrop이 1889년에 *Harper's Weekly*에 기고한 "Talks with Edison"에는 그 이야기가 마치 에디슨이 말하는 것처럼 묘사되어 있다. 이 역시 에디슨 발명 12년 후에 출판된 잡지 기사인데, 에디슨이 직접 한 말을 인용하고 있다.

에디슨은 자신의 마음에 들었던 이 발명에 대한 큰 계획을 가지고 있었다. 축음기가 발명되고 나서 1년 후인 1878년 *North American Review*에 게재된 "The Phonograph and Its Future"라는 기사에 그 계획이 서술되어 있다. 그는 경탄할 만한 발명가였지만 뛰어난 미래학자는 아니어서, 음악에서의 축음기의 잠재력을 알지 못했다. 그럼에도 불구하고 이 기사는 재미있게 읽을 수 있으며, 그가 실제로 예언한 것들의 대부분이 20세기 말까지 실현되었다. 또 다른 정보원으로는 축음기의 특허(No. 200, 521)와 1877년 *Scientific American*에 게재된 기사가 있다. 이 기사는 축음기 발명을 알리는 역할도 했지만, 그 자체가 축음기 역사의 핵심적인 부분이기도 하다.

녹음 기술의 역사와 영향

James Gleick의 *The Information: A History, A Theory, A Flood*는 정보를 점토에 표시하던 시대부터 지금의 컴퓨터까지, 데이터 저장 방법을 연대순으로 기록하고 있다. 철저한 조사를 바탕으로 한 책으로 어떤 독자에게도 부족함이 없을 것이다. 데이터의 배후에 있는 과학 발전 이야기는 오랫동안 간과되어 왔지만, 이제 글릭이라는 최고의 저술가가 그것을 조명했다. 정보에 대한 공인된 책에 아직도 결여되어 있는 부분은 자석이 데이터 기억장치로서, 또 일반사회에 대해 해낸 역할을 검토하는 것이다. 내가 이 책을 집필하는 시점에 James D. Livingston의 *Driving Force*라는 책도 있고, 전문가용으로 연구자가 쓴 많은 논문도 있지만, 자석 그 자체를 글릭처럼 신뢰할 수 있는 저자가 다룬 적은 아직까지 없다. 따라서 자석은 대부분의 사람에게 미지의 상태로 남아 있고, 문화

속에서의 자석의 이용은 당연시되고 있다. 자석은 나침반부터 하드디스크, 의학 연구에까지 걸쳐 사회를 떠받치고 있다. 어떤 저술가가 자석에 합당한 스포트라이트를 비추는 가치 있는 일을 해주기를 바란다.

자석이 정보 저장에 대한 논의에서 빠져 있는 것과 마찬가지로, 에디슨 축음기의 주석박도 기록 재료에 대한 논의에서 빠져 있다. 기록 매체를 다루는 대다수 전문서적은 에디슨의 주석박을 간과하고, Valdermar Poulsen이 철사에 쇠밥 부스러기를 더해 만든 자기철사 녹음기에서부터 논의를 시작한다. 자기 매체가 전 세계에서 기록 매체로 가장 큰 비중을 차지하는 것은 분명하지만, 이 매체가 나타나기 전에 데이터는 음성에서 시작했고, 실린더에 감긴 주석박에 기록되었다. 이 사실을 간과하는 일을 후속 저자들도 답습하고 있다. 하지만 사려 깊은 연구라면 에디슨의 발명도 기록 재료에 포함해야 할 것이다. 자기 기록에 대한 연구를 이끄는 대학 중 하나인 UC San Diego(샌디에이고 캘리포니아 대학)는 대학 웹사이트 Recording Technology History에서 2005년 Steven Schoenherr이 작성한 주석에서 에디슨의 시도를 인정하고 있다.

정보 저장에 관한 공인된 책에는 음성 녹음에 관한 내용을 포함할 필요가 있다. 음성을 기록하는 능력의 영향력에 대해서는 몇 가지 책에서 기술하고 있다. 매우 구하기 쉬운 책으로 Smithsonian에서 펴낸 *Infoculture*가 있고, 저자는 Steven Lubar이다. 이 밖에 Andre Millard의 *America on Record: A History of Recorded Sound*라는 학술서가 있다. 이 책은 음성 저장의 역사와, 이런 저장 수단들이 미국인의 생활에 끼친 영향을 다룬다. 자기 매체의 역할에 대해서는 James Livingston의 "100 Years of Magnetic Memories"에 자세하게 나온다. 이 기사는 음성 기록이 가능해진 것이 어떻게 음악에 영향을 미쳤을 뿐 아니라 닉슨 대통령의 탄핵 재판을 불러오기까지 했는지를 살펴본다. 이 가볍고 짧은 기사에는 핵심 사건들의 연표가 제시되어 있다. 이 기사는 훌륭한 개요를 제시하지만, 자석 이면의 과학을 더 깊이 이해하기 위해서는 D. A. Snel이 쓴 *Magnetic Sound Recording: Theory and Practice of Recording and Reproduction* 같은 더 두꺼운 책이나, B. D. Cullity의 *Introduction to Magnetic Materials* 같은 전문적인 학술서를 읽을 필요가 있을 것이다.

데이터와 프라이버시

컴퓨터, 인터넷, 데이터의 사회적 문제, 법적 문제, 윤리적 문제는 Sara Baase의 교과서 A Gift of Fire에 자세히 나와 있다(제목은 '프로메테우스의 불'을 암시한다). 열성적인 독자나 연구자는 이 책에 나오는 명쾌한 해설, 소송 사례, 참고자료가 큰 도움이 될 것이다. 일반 독자를 대상으로 하는 책으로는 Bruce Schneier의 *Data and Goliath: The Hidden Battles to Collect Your Data and*

Control Your World와 Viktor Mayer-Schönberger와 Kenneth Cukier이 공저한 *Big Data: A Revolution That Will Transform How We Live, Work, and Think*가 있다. Oxford University Press에서 출판된, 전통을 자랑하는 'Very Short Introduction' 시리즈 중 Raymond Wacks가 쓴 *Privacy*라는 책도 좋은 읽을거리이다.

7. 발견하다

페니실린

페니실린 이야기는 알렉산더 플레밍이 페트리 접시에서 곰팡이를 발견하면서 시작된다. 그러나 이 곰팡이가 병원균을 사멸시키는 것을 관찰한 일은 시작에 불과했다. 페니실린을 사람들에게 도움이 되는 항생제로 만들기 위해서는 이 곰팡이를 대량으로 키워야 했다. 그 연구를 한 사람이 옥스퍼드 대학 연구자들인 Howard Florey, Ernst Chain, Norman Heatley였다. 이들 연구자와 플레밍의 전기들은 페니실린 이야기의 전체 이야기를 보여준다.

비교적 최근 출간된 두 책은 누구에게나 도움이 될 것이다. Eric Lax의 *The Mold in Dr. Florey's Coat: The Story of the Penicillin Miracle*은 조사가 잘 되어 있으며, 스토리텔링의 좋은 본보기다. Lax는 이 책을 집필하면서 Heatley와 그 밖의 다른 과학자들의 희귀한 개인 자료를 입수한 덕분에 책의 내용이 한층 더 충실해졌다. 또 다른 믿을 만한 책으로 Kevin Brown이 쓴 *Penicillin Man: Alexander Fleming and the Antibiotic Revolution*이 있다. Brown은 역사학자이고, 런던의 Alexander Fleming Museum의 큐레이터이기도 하다. 그런 이유로 그는 플레밍의 삶과 일을 깊이 이해하고 있으며, 진귀한 자료들을 이어 맞춰 종합적인 이야기를 구성했다. Brown의 책은 Lax의 책과 함께 입수할 가치가 확실히 있다. 페니실린에 관한 다른 전기들 중에는 더 오래된 책인 Gwyn Macfarlane의 *Alexander Fleming: The Man and the Myth*와, 같은 저자의 *Howard Florey: Making of a Great Scientist*가 있다. 맥팔레인은 좋은 저자이지만, 한 명의 저자가 두 명의 중요 인물에 대해 썼기 때문에 이야기에 편향이 있을 수 있다. 신중한 독자는 다른 책들을 구해볼 필요가 있다. 이 균형을 잡기 위한 책으로는 Lennard Bickel의 *Rise Up to Life: A Biography of Howard Walter Florey Who Gave Penicillin to the World*가 있다.

페니실린 개발에 대해서는 전기 외에도 많은 책에서 찾아볼 수 있다. 짧은 책인 John Drury Ratcliff의 *Yellow Magic: The Story of Penicillin*은 페니실린 발견 당시 쓰인 것으로, 당시 세계가 이 업적을 어떻게 보았는지를 알려준다. 또한 John C. Sheehan의 *The Enchanted Ring: The Untold Story of*

*Penicillin*은 페니실린 개발 후반부에 Sheehan이 한 일에 초점을 맞춘다. 이 책은 1942년의 보스턴 Cocoanut Grov 화재(나이트클럽에서 발생한 대화재로 사망자 492명과 부상자 130명을 냈다 – 옮긴이)도 다루고 있다. 이때 페니실린이 화상 환자를 많이 구하면서 미국에서 유명세를 얻었다. Sheehan의 책에 더해 Robert Hare의 *The Birth of Penicillin*은 곰팡이 포자가 창밖에서 들어왔다는 속설이 거짓임을 밝힌다. Hare는 곰팡이 포자가 실제로는 연구소 1층에서 왔다고 주장했다. 페니실린의 이야기를 책이 아닌 영상으로 보고 싶다면, 2006년 영화 *Penicillin: The Magic Bullet*에서 플로리의 이야기를 볼 수 있다.

페니실린은 수많은 사람들의 생명을 구했고, 알렉산더 플레밍, 언스트 체인, 하워드 플로리는 1945년에 노벨상을 수상했다. 숨은 영웅 노먼 히틀리는 제외되었다. 영리한 히틀리는 페니실린 제조의 핵심 인물이었다. 제2차 세계대전 중 대량의 페니실린을 만들기 위해 과학기기를 사용하지 못하자, 히틀리는 재치 있게 책장과 환자용 변기를 이용해 필요량을 제조했다. 불행히도 히틀리는 응당 받아야 할 인정을 얻지 못했다. 하지만 몇몇 저자들이 이를 바로잡기 위한 시도를 했다. David Cranston과 Eric Sidebottom은 *Penicillin and the Legacy of Norman Heatley*라는 짧고 가독성 높은 자비 출판 서적에서, 곰팡이에서 페니실린을 추출하는 히틀리의 연구를 다룬다. 히틀리 자신도 저서 *Penicillin and Luck*에서 자신의 시도에 대해 썼다. Wellcome Trust에 보관된 그의 실험 노트와 일지도 재미있는 읽을거리다. 하지만 히틀리의 공헌은 그것들보다 훨씬 높은 평가를 받을 만하다.

소개한 책들에 포함된 내용 외에 더 많은 정보가 필요한 연구자들에게는, 원본 자료의 대부분을 아카이브에서 구할 수 있다는 점을 알려주고 싶다. 플레밍의 문서들은 British Library에 있고, 체인Ernst Chain의 문서들은 히틀리Norman Heatley의 것과 함께 Wellcome Trust Library에 보관되어 있다. 플로리Howard Florey의 문서들은 Royal Society에 있고 일부는 Yale University에 있다. 예일 대학에서는 John. F Fulton의 컬렉션이 유용하다. 풀턴은 플로리의 동료이자 친구였기 때문이다. 마지막으로, 페니실린을 접종한 최초의 미국인에 대한 상세한 내용은 Yale Medical Library에 있다.

유리

유리에 대한 대중서가 지난 몇십 년에 걸쳐 몇 권 출판되었다. 일반 독자를 대상으로 한 최근작인 William S. Ellis의 *Glass*는 초기 시절부터 현대의 광섬유에 유리가 이용되는 현대의 사례까지, 유리라는 재료에 대한 흥미로운 이야기를 들려준다. Hugh Tait의 *Glass: 5,000 Years*는 유리의 역사를 도판과 함께 보여준다. 이 책에는 고대 유리 제품의 컬러풀한 견본이 다수 실려 있다. 일반 독자와 열성적인 유리 불기 애호가 모두 이 책에서는 많은 것을 얻을 수 있을 것이다. 특히 다른 책에서는 보기 드문 유리 부는 방법을 단계별로 보여준다. Thait의 책 끝부분에 있으므로, 유리 불기에 흥미가 있는 사람은 꼭 보기 바란다. 유리에 대한 미학적 검토가 아니라 보다 전문적인 정보를 원하는 사람들에게는 유리에 대해 포괄적으로 다루는 C. J. Phillips의 *Glass: The Miracle Maker*를 권한다. 오래된 책이지만 영원한 고전이다. 이보다 훨씬 전문적인 책들이 존재하지만, 이 책은 유리의 역사를 담고 있으며 기술적 응용에 대해서도 다룬다. 과학에서의 유리의 역할에 관심이 있는 독자들에게는 이 주제를 다룬 유용한 과학 논문인 Marvin Bolt의 "Glass: The Eye of Science"를 권한다.

파이렉스

오토 쇼트에 대한 자료는 거의 없고, 영어로 된 자료는 더 적다. 기본적인 일대기는 Schott Glass 웹사이트에서 찾아볼 수 있다. 2009년판 *Schott Solutions*에 "From a Glass Laboratory to a Technology Company"라는 기사가 있다. 이러한 기사들에 더해, 몇 편의 과학 논문이 오토 쇼트의 생애를 다룬다. W. E. S. Turner의 1932년 논문 "Otto Schott and His Work"는 중요한 전기적 개설이다. Turner 교수는 쇼트의 가족들로부터 자료를 입수했고, 쇼트의 아들에게 자신의 개설을 검토받을 수 있었다. 영향력이 큰 또 다른 논문으로는 Schott Glass의 직원 Jurgen Steiner가 쓴 "Otto Schott and the Invention of Borosilicate Glass"가 있다. 이것은 쇼트의 일에 대한 가장 포괄적인 기술 중 하나로, 45개의 참고문헌(대부분은 독일어이다)을 포함하고 있다.

파이렉스 개발에 대한 미국 자료는 다양한 과학 논문, 학술 연구, 일반 도서에서 찾아볼 수 있다. 과학 면에서는 원본 파이렉스 논문인 E, C. Sullivan의 "The Development of Low Expansion Glasses"가 있다. 파이렉스 개발의 역사를 기술한 책으로는 Margaret D. W. Graham와 Alec T. Shuldiner의 공저 *Corning and the Craft of Innovation*이 있다. 이 책은 코닝사의 지원을 받았기 때문에 비판적으로 읽어야 한다. Davis Dyer와 Daniel Gross의 공저 *The Generations of Corning*은 파이렉스의 기원에 대해 가장 포괄적인 역사적 기술을 제공한다. 마지막으로 Regina Blaszczyk의 *Imaging Consumers: Design and Innovation from Wedgewood to Corning*은, 제한적이지만 파이렉스의 개발을 다루고 있다. 대체로 파이렉스 이야기는 여전히 제대로 된 학술적 검증을 기다리고 있다.

파이렉스에 대한 일반인을 위한 요약 자료로는 William B. Jensen의 "The Origin of Pyrex"라는 뛰어난 짧은 논문이 있다. 이것은 매우 읽기 쉽고 간결하게 설명되어 있다. 1949년 *Gaffer Magazine*의 기사 "The Battery Jar that

Built a Business"는 좋은 정보원으로, Corning Incorporated 아카이브에서 보관하겠다고 해도 이상하지 않을 것이다. Corning Museum of Glass는 자체 웹사이트에 파이렉스 개발에 대한 몇 개의 짧고 간략한 역사와 참고문헌을 수록하고 있다. 2015년 이 박물관은 파이렉스 100주년을 기념하는 전시회를 열었다.

베시 리틀턴의 삶과 인품에 대해서는 아들 Joseph C. Littleton이 쓴 *Recollections of Mom*이라는 자비 출판 도서에 잘 나와 있다. 이 책은 Rakow Research Library(of the Corning Museum of Glass)에서 구할 수 있다. 또한 Smithsonian Archives of American Art에는 유명한 유리 작가 Harvey K. Littleton(베시와 제시 탤벗의 아들)의 구술 역사가 보관되어 있다. 거기에도 파이렉스의 시작과 관련된 몇 가지 요소가 포함되어 있다. 흥미롭게도, 메리 로치의 *Bonk: The Curious Coupling of Science and Sex*에 베시 리틀턴에 대한 언급이 있다.

적성국교역법Trading with the Enemy Act은 아스피린부터 붕규산유리까지 미국이 많이 이용하는 기술들과 관련이 있기 때문에 여전히 검토가 필요하다. 대부분의 교과서는 이를 언급하지 않으며, 대체로 경제사가의 학술 연구에서만 한정적으로 논의된다. *Scientific American*의 1917년 기사 "Trading with the Enemy Act"는 전쟁 약탈품을 다룬다. 뉴욕주 아카이브 등 주 아카이브에서는, 독일이 적국이 된 즉시 미국에서 이용할 수 있게 된 제품들의 목록을 찾을 수 있다. 하지만 과학적 전리품, 특히 적국에서 압수한 기술에 대해 쓴 것은 거의 없다.

전자

전자의 발견을 다룬 책은 여러 권 있지만, 대부분은 학술적인 책이다. 예를 들어, *A History of the Electron: J. J. and G. P. Thomson*(Jaume Navarro), *Flash of the Cathode Ray: A History of J. J. Thomson's Electron*(Per F. Dahl), *Electron: A Centenary Volume*(Michael Springford), *J. J. Thomson and the Discovery of the Electron*(E. A. Davis와 Isobel Falconer)이 있다. 이러한 책들은 일반 독자를 위한 것이 아니며 발견에 얽힌 이야기도 거의 제공하지 않지만, 그래도 독자들은 J. J. 톰슨의 연구의 영향을 읽어낼 수 있을 것이다. 일반 독자를 위한 가장 좋은 정보원은 잡지 기사와 과학 논문 안에 포함된 짧은 전기적 소개이다. 1956년 *Nuovo Cimento*에 실린 D. J. Price의 "Sir J. J. Thomson, O. M., FRS: A Centenary Biography"와 역시 1956년 *Physics Today*에 게재된 George Paget Thomson의 "J. J. Thomson and the Discovery of the Electron"은 톰슨의 영향력을 비연구자들에게 설명하는 글에 가깝다. J. J. 톰슨의 아들

George Paget Thomson(그 자신도 높은 평가를 받는 과학자였다)은 살아생전의 아버지에 대한 기억을 여러 기고문에 남겼는데, 대부분은 같은 내용이다. 흥미롭게도, 그중 하나인 "J. J. Thomson as We Remember Him"이라는 제목의 기사는 조지의 누이인 Joan과 공저로 집필되어 J.J 톰슨의 인품에 새로운 통찰을 제공한다.

J. J. 톰슨은 *Recollections and Reflections*라는 제목의 자서전을 썼다. 안타깝게도 그는 일기를 쓰지 않았기 때문에 어린 시절은 여전히 수수께끼로 남아 있지만, 그의 양육법과 발견에 대해서만큼은 확실히 알 수 있다(특히 그가 과학교육 방법에 대해 견고한 의견을 가지고 있었음을 분명히 알 수 있다). 더 오래된 전기가 몇 가지 있는데, 그중 하나가 Lord Rayleigh의 *The Life of Sir J. J. Thomson: Sometime Master of Trinity College, Cambridge*이다. 이 책에는 그의 인생과 일이 철저하게 묘사되어 있다. 그의 연구를 다룬 현대의 문헌으로는 톰슨을 주제로 한 Isobel Falconer의 학위논문, 그리고 마찬가지로 Falconer의 기사와 저서 *J. J. Thomson and the Discovery of the Electron*을 읽어볼 가치가 있다. 마지막으로, 톰슨 시대 물리학계의 상황은 W. H. Freeman and Co.가 펴낸 Emilio Segrè의 *From X-rays to Quarks: Modern Physicists and Their Discoveries*의 머리말에 잘 정리되어 있다.

J. J. 톰슨에 대해 쓰인 것은 많지만, 아쉽게도 Ebeneezer Everett에 대한 것은 거의 없다. 이 공백을 메우기 위해 J. J. 톰슨은 영국에서 매우 높은 평가를 받는 과학전문지 *Nature*에 에버렛의 추모문을 기고하여 과학에 대한 에버렛의 기여를 기렸다. 그 글로 볼 때 톰슨이 에버렛에게 존경심을 갖고 있었던 것은 분명하다. 기술자의 중요성은 과학계에서는 극비인 경우가 많았지만, 마침내 그 중요성이 알려지게 되었다. 이 주제를 다룬 과학 간행물로는 E. M. Tansey의 "Keeping the Culture Alive: The Laboratory Technician in Mid-Twentieth Century British Medical Research"가 있다.

8. 생각하다

피니어스 게이지

피니어스 게이지는 많은 심리학 및 신경과학 입문서에서 의료 환자로 다루어진다. 사고 후 150년이 지나도록 Hanna Damasio 등이 작성한 최근 보고서가 *Science*에 발표되었다. 사망 당시에는 부검되지 않았지만, 이 연구자들은 게이지의 두개골에 현대 의료 기구를 사용함으로써 게이지가 손상을 입었던 구체적 위치를 밝혀냈다. 최근 논문 "The Return of Phineas Gage"를 읽어 보면, 의학계가 현 상황에서 게이지의 예후를 어떻게 이해하고 있는지에 대한 최신 정보를 얻을 수 있을 것이다. 하지만 흥미가 있는 독자의 경우, Dr. John Harlow(1848, 1849, and 1868)와 Dr. Henry Bigelow(1850)의 의학 논문과 버몬트주 신문기사를 읽으면, 사고 당시에 가장 가까운 정보를 얻을 수 있을 것이다. 게이지에 대한 모든 것을 알고 싶은 독자에게는 지금까지 나온 것 중 가장 포괄적인 책인 Malcolm Macmillan의 *An Odd Kind of Fame*을 추천한다. 맥밀란의 책 부록에는 앞에 언급한 중요한 의학 논문들 중 일부가 포함되어 있으며, 또한 오리지널 연구도 풍부하게 들어가 있다. 하지만 가볍게 읽을 수 있는 책은 아니다. 저자는 이야기가 아니라 일반적인 기술 형식으로 사건들을 연대순으로 서술한다. 이는 게이지에 대한 기록 자료나 수집된 논문이 적기 때문일 것이다. 하지만 이 책은 신경과 환자 1호에 대해 더 알고 싶은 모든 사람에게 매우 유용할 것이다.

조지 윌러드 코이

조지 W. 코이가 발명한 전화 교환기의 중요성을 감안하면 코이와 그의 발명에 대한 정보는 너무 적다. 발단이 되는 이야기는 오래된 희귀본에서 찾을 수 있다. 예를 들어, John Leigh Walsh의 *Connecticut Pioneers in Telephony*와 Reuel A. Benson Jr.의 *The First Century of the Telephone in Connecticut,* 그리고 *Popular Science Monthly*의 1907년 1월 기사 "Notes on the Development of Telephone Service III" 같은 것이다. 이들 정보원은 대부분 New Haven Museum, Connecticut Historical Society, Connecticut State Library에 보관되어 있다. 전화교환대의 기능이 가장 잘 설명되어 있는 것은 Venus Green의 *Race on the Line: Gender, Labor, and Technology in the Bell System*의 20, 21쪽이다. 전화교환대의 전기 회로도를 원하는 사람은 앞에 소개한 Walsh의 *Connecticut Pioneers in Telephony*의 부록을 보면 만족할 것이다. 최초 전화교환기에 대한 정보를 얻기에 가장 좋은 장소는 New Haven Museum이다(파일 자료와, 전시물에 전화교환대 복제본이 있다). 코네티컷주는 최초로 전화 회사가 개설된 주로, 중요한 기념일에는 지역 신문이 다양한 기사를 작성했다. 흥미롭게도 코이가 전화교환을 시작한 보드맨 빌딩Boardman Building은 역사적 건물로 지정되었다가 1973년 해체되었다. 지금은 그 자리에 철도 선로가 지나가고, 사적 안내판도 없다. 하지만 코이의 공적은 서서히 인정되고 있다. 2017년에는 극단 브로큰 엄브렐러Broken Umbrella가 *Exchange*라는 제목으로 그에 대한 연극 공연을 했다. 이러한 노력에도 불구하고, 코이는 여전히 코네티컷과 미국 역사에서 거의 알려지지 않은 부분이다.

앨먼 스트로저

앨먼 스트로저는 전화 역사에서 잊힌 인물이라서 그에 대한 문헌은 한정되어 있다. 그의 발명에 관한 정보로는 Stephen van Dulken이 쓴 *Inventing the 19th Century*의 작은 항목이 있고, 이는 스트로저의 연구를 기술한 것이다. 스트로 저의 인생과 발명에 대한 기술은 David G. Park, Jr.의 *Good Connections: A Century of Service by the Men & Women of Southwestern Bell*이라는 책에 도 얼마간 있다(두 권 모두 Kansas City Public Library에서 구할 수 있다). Lewis Coe의 *Telephone and Its Several Inventors: A History*도 스트로저와 그 밖 의 많은 발명가를 다루고 있어서 읽을 가치가 충분히 있다. 책에 나오는 것 이 상의 자료를 찾는 연구자는 La Porte Historical Society와 Penfield Historical Society를 방문하는 것도 좋다. 스트로저에 관해 1899~1902년 사이에 작성된 수많은 신문기사는 '헬로 걸스'에게 작별을 고하는 것과 관련이 있다.

트랜지스터의 탄생

트랜지스터의 탄생을 다룬 책은 많다. 영향력이 매우 큰 것으로는 Michael Riordan과 Lillian Hoddesono의 공저 *Crystal Fire: The Invention of the Transistor and the Birth of the Information Age*를 들 수 있다. 이 책은 조사 가 잘 되어 있으며, 이 이야기를 어떻게 전해야 하는지를 훌륭하게 보여주는 잘 쓰인 책이다. 반도체를 주제로 하는 더 최신 책으로는 T. R. Reid의 *The Chip: How Two Americans Invented the Microchip and Launched a Revolution*, Walter Issacson의 *The Innovators: How a Group of Hackers, Geniuses, and Geeks Created the Digital Revolution*, John Gertner의 *The Idea Factory: Bell Labs and the Great Age of American Innovation*이 있다. 각각은 기존의 설명에 상세한 정보를 추가하는 책으로, 훌륭한 해설의 전통을 이어가고 있다. 실리콘 시대의 탄생에 대한 더 전문적인 기술로는 Frederick Seitz 등이 쓴 *The Electronic Genie: The Tangled History of Silicon*이 있다. Seitz는 이 현대의 경이를 창조한 과학자 중 한 명으로 꼽힌다. 이 밖에도 Denis McWhan의 *Sand and Silicon: Science that Changed the World*는 실리콘이라는 원소와 사회에 서의 용도에 대해 독자가 알고 싶은 거의 모든 것에 대해 알려주는 책이다.

반도체 물리학에 대한 정보는 많은 재료 과학 교과서에서 찾을 수 있지 만, 대부분의 독자들에게는 너무 전문적일 것이다. 다행히 실리콘의 결정 구 조와 특성에 대한 읽기 쉬운 텍스트를 Bell Laboratories가 수십 년 전에 제 작했다. 주요 저자 중 한 명인 Alan Holden은 복잡한 개념을 명료하게 설명 하여 일반 독자도 이해할 수 있게 하는 재주가 있었다. *The Nature of Solids* 와 *Conductors and Semiconductors*는 둘 다 Holden의 저서로 구해볼 가치가 있다. Graham Chedd의 *Half-Way Elements*는 구하기 힘든 페이퍼백이지만 일반인을 위해 알기 쉽게 쓰였다. 반도체에 대한 이해를 목적으로 하는 이러한 오래된 책과 더불어, 최근에도 비슷한 목적의 책이 출판되고 있다. Stephen L. Sass의 *The Substance of Civilization*이나, Rolf E. Hummel의 역작인 *Understanding Materials Science: History, Properties*라는 교과서가 그런 범주에 들어간다. 재료과학에 대한 만화책은 없지만 만들어져야 할 것이다. 그때까지는, 대단하지만 시대에 뒤떨어져버린 영화 *Silicon Run*에서 현대의 집적회로 제조를 볼 수 있다. 이를 통해 휴대전화와 컴퓨터의 심장부를 만드는 각 단계를 재미있게 볼 수 있다.

인터넷의 영향력

아직은 인터넷이 영향을 미치기 시작한 지 얼마 되지 않았지만, 초기 몇몇 과학 논문은 뇌가 이 발명으로 어떻게 변화하고 있는지 보여준다. *Science*에 게재된 2011년의 연구논문 "Google Effects on Memory: Cognitive Consequences of Having Information at Our Fingertips"(저자는 하버드 대학 연구자 Betsy Sparrow와 공동연구자들이다)는, 디바이스가 우리에게 미치는 영향에 눈을 뜨라고 목소리를 높였다. 이 논문은 중요했지만, 전해져야 마땅한 일반인들에게는 전달되지 않았다. 다행히 니컬러스 카Nicholas Carr가 잡지 *The Atlantic*에 "Is Google Making Us Stupid?"(구글은 우리를 바보로 만들고 있는가?)라는 제목으로 폭탄 발언을 했다. 카는 나중에 이 주제를 자세히 설명하는 *The Shallows: What the Internet Is Doing to Our Brains*라는 책을 썼다. 그는 자신의 경험을 과학 이야기와 접목해 학문적으로 뒷받침하면서도 다가가기 쉬운 책을 만들어냈다. 이 책은 퓰리처상 최종후보 목록에 올랐는데, 그 이유는 자세한 해설과 깊이 있는 연구 때문일 것이다.

그 밖의 책들도 우리 뇌가 인터넷에 의해 어떻게 변화하고 있는지에 대한 기본적인 자료를 제공한다. 특히, Torkel Klingberg의 *The Overflowing Brain: Information Overload and the Limits of Working Memory*는 정보를 저장하는 과정에서 뇌가 어떻게 기능하는지, 작업기억(우리 뇌의 메모리)에 어떤 한계가 있는지, 웹에서 보내는 시간에 따라 뇌가 어떻게 그 한계에 도달하는지 등을 단계적 접근법으로 탐구한다. 또한 Nicholas Kardaras의 *Glow Kids: How Screen Addiction Is Haijacking Our Kids—and How to Break the Trance*는 컴퓨터가 우리 뇌에 미치는 영향을 다룬다. 제임스 글릭James Gleick의 *The Information*라는, 수상경력이 있는 책은 정보의 홍수가 인간을 어떻게 만들고 있는지를 상세하게 설명한다.

인터넷이 사회의 다양한 측면을 어떻게 바꾸는지를 보여주는 시도도 많이 존재한다. Charles Seife의 *Virtual Unreality: The New Era of Digital Deception*은 인터넷 정보의 낮은 신뢰도에 대해 논하고, 웹상의 가짜 뉴스 문제를 여러 가지 면으로 예측한다. 또한 Michael Patrick Lynch의 *The Internet of Us: Knowing More and Understanding Less in the Age of Big Data*는 지식knowing과 구글적인 지식Google-knowing에는 차이가 있다는 주장을 펼친다. Scott Timberg의 *Culture Crash: The Killing of the Creative Class*는 정보 시대의 아티스트의 역할을 조사한다. 몇십 년 전인 1995년에 Clifford Stoll은 *Silicon Snake Oil: Second Thoughts on the Information Highway*에서 인터넷이 어떻게 우리를 변화시키고 있는지를 보여주었다. 이 책에서 스톨은 월드와이드웹에 대한 자신의 견해를 구글이 탄생하기 바로 몇 년 전에 밝혔다.

인지과학자들은 디바이스가 우리의 주의를 끄는 교묘한 방법을 찾고 있다고 주장한다. *Human Attention in Digital Environments*(Claudia Roda 편집, Cambridge University Press 출판)는 일반 독자가 이해할 수 있는 범위를 뛰어넘는 전문 서적이지만, 이 책을 훑어본다면 PC와의 상호작용으로 인간의 주의가 사로잡혀 제어되고 있다는 사실을 알 수 있을 것이다. 인지과학자들은 우리가 컴퓨터와 상호작용할 때 어떻게 생각하는지, 그리고 어떻게 사고방식을 관리하는지를 조사한다. 이 사실만으로도 독자는 컴퓨터 사용을 망설이게 될 것이다.

많은 책과 기사가 뇌와 창의성을 다룬다. 하지만 인터넷이 창의성에 미치는 영향에 대한 연구는 아직도 새롭다. 그래도 몇 가지 주요한 연구가 창조성이 어떻게 생기고, 어떻게 인터넷의 영향을 받는지를 밝힌다. Kenneth Heilman의 기사 "Possible Brain Mechanism of Creativity"는 다양한 창조 활동으로 활성화되는 뇌 부위를 다룬다. 그의 저서 *Creativity and the Brain*은 다루는 범위가 넓지만, 마지막 장까지 창조성이라는 주제는 다루지 않는다. 창조성과 뇌라는 주제에 대한 서설로는, Wlodzislaw Duch의 기사 "Creativity and the Brain"과, Nancy Coover Andreasen의 책 *The Creating Brain: The Neuroscience of Genius*가 있다. 안드리아센의 저작은 뇌 가소성부터 더 창의적이 되기 위한 뇌 체조까지 다루는, 이 주제에 관한 뛰어난 입문서이다. 창조성, 뇌, 인터넷 사이의 상호작용이라는 주제는 아직 상당히 새롭기 때문에, 배우고 이해해야 할 것이 아직 많다. 창조성에 플로우flow가 필요하다는 데는 모든 연구자들이 동의한다. Mihaly Csikszentmihalyi의 *Flow: The Psychology of Optimal Experience*가 이 주제를 잘 다루고 있다.

테크놀로지와 인간

10년마다 사회와 테크놀로지를 검토하는 책이 몇 권씩 불쑥 등장한다. 테크놀로지를 경이롭게 보는 것도 있고, 걱정스럽게 보는 것도 있다. 20세기에 나온 Alec Broers의 연구논문 *The Triumph of Technology*는 테크놀로지를 애정 어린 눈으로 바라본다. 한 세기 전에 나온 Hendrik van Loon의 *The Story of Inventions: Man, the Miracle Maker*는 우리의 초기 조상들이 만든 도구가 인류에게 매우 많은 것을 가능케 했다는 것을 보여주었다. 여러 가지 의미에서 이 책들은 발명을 긍정적인 관점으로 바라보기에 적당하다. 하지만 발전한 이 시대에 우리는 테크놀로지를 단순히 얻은 것과 잃은 것으로 볼 필요는 없다. 더 최근의 책은 정반대 상태가 공존하는 이른바 '슈뢰딩거의 고양이' 같은 접근법을 취한다. 그러한 책 중 한 권인, Alan Lightman, Daniel Sarewitz, Christina Desser가 편집한 *Living with the Genie: Essays on Technology and the Quest for Human Mastery*는 하이테크 애호와 하이테크 공포 사이에서 균형 잡힌 접근법을 취한다.

테크놀로지가 우리의 현재와 미래에 미치는 영향에 대해 이보다 훨씬 비관적인 책으로는, 사회에 일어나고 있는 변화들을 학문적으로 검토한 Jackques Ellul의 *The Technological Society*가 있다. Lewis Mumford의 *Technics and Civilization*은 테크놀로지가 어떻게 우리를 만들었는지를 사실에 입각한 관점에서 파악한다. Marshall McLuhan의 *Understanding Media: The Extension of Man*도 마찬가지다. 매클루언의 책이 필독서인 이유는 매클루언이 때로는 예언적이기 때문이다. 하지만 이 책은 '반드시 이해해야 할 책'은 아니다. 매클루언은 교묘한, 하지만 이해하기 쉽다고는 할 수 없는 문장을 자랑하기 때문이다. *Future Shock*와 *Third Wave* 등 미래학자 Alvin Toffler가 쓴 책들은 사람들이 '한꺼번에 너무 큰 변화'를 느끼고 있는 점을 조명함으로써, 또한 '정보 과다'인 사람들에게 이름을 부여함으로써 독자의 공감을 불러일으킨다. 이런 책들에는 부분적으로 시대에 뒤떨어진 부분도 있지만, 다른 부분에는 최신 정보를 담고 있다.

전체적으로 《인간이 만든 물질, 물질이 만든 인간》은 행동을 하도록 유도함으로써 사회에 도움이 되는 유형의 책이다. 이런 책으로서 최근 출간된 것으로는 Nicholas Carr의 *The Shallows*가 있다. 이것은 Rachel Carson의 *Silent Spring*의 후손이라 할 만하다. 지대한 영향력을 미친 책인 이 책은 한 세대 전 우리의 창조물을 어떻게 검증할 것인지를 보여준다. 《인간이 만든 물질, 물질이 만든 인간》이 보여주듯이, 우리는 분명히 테크놀로지를 사랑하지만, 테크놀로지의 마법에 걸리면 안 된다. 진정한 사랑은 결점을 받아들이지만 결점을 고치려는 노력도 한다. 이것은 이 책의 핵심에 있는 사고방식이며, 이 책의 사명이기도 하다. 테크놀로지와 인류는 함께 창조해야 하지만, 그것을 위해 인류 자체를 희생해서는 안 된다.

━ 인용 허가

첫머리에 인용한 글은 *Parable of the Sower* copyright ⓒ 1993 by Octavia E. Butler에서 발췌했고, 저작권자의 대리인 Writers House LLC의 허가를 받아 실었다.

고든 틸의 말은 1993년 6월 19일 텍사스주 댈러스에서 열린 릴리언 호드슨 Lillian Hoddeson과 마이클 리오던Michael Riordan의 인터뷰에서 인용한 것으로, 미국 물리학회AIP, American Institute of Physics의 허가를 받아 사용했다.

이 책의 일부는 여러 잡지와 온라인 매체에 변형된 버전으로 먼저 실렸다. 이 가운데는 *Science*에 실린 "The Making of a Science Evangelist", Time. com에 실린 "How Lincoln's Final Journey Brought the Country Together" 와 "The Day Clocks Changed across America: What Happened When the U.S. Adopted Standardized Time", *American Scientist*에 실린 "Bessemer's Volcano and the Birth of Steel"와 "A Wire Across the Ocean"이 있다.

1: Fox Photos/Getty Images

2: The Worshipful Company of Clockmakers' Collection, UK/Bridgeman Images

3 – 5: Courtesy Sheffield Archives and Local Studies www.picturesheffield. com

6 – 11, 89 – 92, 95, 96, 97, 98, 100: Courtesy of AT&T Archives and History Center

12, 14 – 16, 20, 29 – 32, 34, 40, 42, 44, 45, 60, 94: Library of Congress

13: Chicago History Museum, ICHi–176199

17: Angela Pitaro's collection

18, 19: Illustrated by Mark Saba after Atlas of Historical Geography of the United States, used with permission

21: National Portrait Gallery, London

22: National Portrait Gallery, Smithsonian Institution

23: Artist: Mark Saba.

25, 88, 93: Public Domain: Wikipedia; New Haven Free Public Library; CT State Libraries

24, 41, 49, 61, 66, 75, 80: Author's collection

26, 51, 101: Division of Work and Industry, National Museum of American History, Smithsonian Institution

27: Courtesy of the Smithsonian Libraries, Washington, DC

28: Scientists and Inventors Portrait File, Archives Center, National Museum of American History, Smithsonian Institution

33: Special Collections, University of Virginia, Charlottesville, VA

35 – 38: Courtesy of the Department of Special Collections, Stanford Libraries

39: By permission of Kingston Museum and Heritage Services

43: Courtesy of the George Eastman Museum

46: Courtesy of POLOMAD

47: Copyright Guardian News & Media Ltd. 2018

48, 50: Courtesy of The Derby Historical Society

52, 53, 56, 59: U.S. Department of the Interior, National Park Service, Thomas Edison Historical Park

54: Chicago History Museum, ICHi-176200; Photography by David H. Anderson

55: The Thomas A. Edison Papers at Rutgers University

57, 58: Courtesy NASA/JPL-Caltech, with permission from John Casani

62, 102: Gordon Library Archives and Special Collections at the Worcester Polytechnic Institute

63, 64, 67 - 70, 72, 73: Courtesy of International Business Machines Corporation, Copyright International Business Machines Corporation

65: Courtesy of the Science History Institute

71: Gordon Library Archives and Special Collections at the Worcester Polytechnic Institute (all three images)

74, 76, 77: Alexander Fleming Laboratory Museum (Imperial College Healthcare NHS Trust)

78, 79: Schott Archives

81: Collection of The Rakow Research Library, The Corning Museum of Glass, Corning, NY. Gift of Corning, Inc. BIB 144715. Permission to use from Nancy Jo Drum

82: Collection of The Corning Museum of Glass, Corning, New York, 2010.4.1123

83: Division of Medicine and Science, National Museum of American History, Smithsonian Institution

84 - 86: Copyright: Cavendish Laboratory, University of Cambridge

87: Warren Anatomical Museum in the Francis A. Countway Library of Medicine, Gift of Jack and Beverly Wilgus

99: Reused with permission of Nokia Corporation

─ 찾아보기

인간이 만든 물질
물질이 만든 인간